U0256402

DK

宝宝表情的秘密

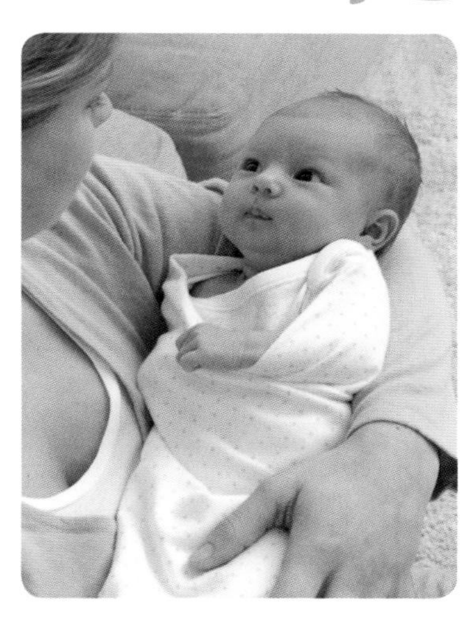

DK

宝宝表情的秘密

教你简单的方法
帮助你和宝宝度过快乐平安的日日夜夜

A DORLING KINDERSLEY BOOK

梅根·福尔 著
冯常娜 译

中国大百科全书出版社

A Dorling Kindersley Book
www.dk.com

Original Title: The Babysense Secret

北京市版权登记号：图字01-2012-6414

图书在版编目（CIP）数据

DK宝宝表情的秘密/（英）福尔（Faure. M.）著；冯常娜译.—北京：中国大百科全书出版社，2012.11
ISBN 978-7-5000-9026-7

Ⅰ. ①D… Ⅱ. ①福… ②冯… Ⅲ. ①婴幼儿—哺育 Ⅳ. ①TS976.31

中国版本图书馆CIP数据核字（2012）第246564号

译　　者：冯常娜

策 划 人：武　丹
责任编辑：李建新
特约编辑：赵秀琴
封面设计：应世澄

DK宝宝表情的秘密
中国大百科全书出版社出版发行
（北京阜成门北大街17号　邮编：100037）
http://www.ecph.com.cn
新华书店经销
北京华联印刷有限公司印制
开本：787×965 毫米　1/16　印张：14
2012年11月第1版　2012年11月第1次印刷
ISBN 978-7-5000-9026-7
定价：68.00元

目录

第7章　早产儿

第8章　新生儿

第9章　2~6周的宝宝

第10章　6周~4个月的宝宝

第11章　4~6个月的宝宝

第12章　6~9个月的宝宝

第13章　9~12个月的宝宝

作者简介

梅根·福尔是一名职业医生，她在美国和南非从事过10多年的儿科学，是南非感觉统合协会（SAISI）的一名正式会员。该协会隶属于美国感觉统合组织，是一个监管南非感觉统合专业医生的机构。

同时，福尔也是南非感觉统合协会的一名讲师，主要讲解关于感觉统合失调的治疗和原理。因此她总是定期向专业人员和父母们讲解关于育儿的各种问题，特别是如何解决婴幼儿爱哭闹、睡眠习惯不好和喂养过程中可能遇到的问题。福尔是婴幼儿感觉统合训练组织的创始人和主席，该组织会为医生讲授专业课程，使他们能更了解和懂得如何对待婴幼儿的各种行为。

福尔是一名儿童心理学领域里的记者和作家。她总是将满腔热情投入到工作和对婴幼儿成长的研究中，特别是感觉统合这方面。她认为，为了让父母们更好地了解宝宝对世界的感受以及感官世界对宝宝的影响，应该将关于宝宝睡眠、喂养和培育的方法与父母们交流、分享。为了这个目标，福尔写有大量著述——她写过3本书，并在英国和南非的一些地区性和全国性刊物上发表了很多文章。她多次在电视上出现，在纽卡斯尔（NCT）会议上作过抚养孩子的报告，在英国和南非的许多地区参加过宝贝秀。另外，她在开普敦开了一家诊所，因为在那里她看见许多婴幼儿和学步儿童都有睡眠问题和感觉障碍。福尔已婚，有一个儿子和两个女儿。

前言

你正准备进入到人生中最激动人心的阶段，再过一段时间，你将迎接、爱上一个新生命，并与之形成终生的联系。在这个过程中，你也会成长，变成与从前完全不一样的另一个自己。这个短暂的阶段和你为人父母的新角色，会让你在人生的路上大踏步前行。

随着这种新关系和人生中新角色的诞生，你有一段时间会觉得有些压力，你想知道自己是否做得对，你可能逐渐地会把注意力主要集中在3个方面：怎样了解和哄好你的宝宝、你什么时候能再好好睡上一觉、是否给宝宝喂得适量。也许你的状态很好，你还在为当上父母而兴奋，想着如何扮演好父母的角色，但一定会出现更多需要你关心的问题——生活变化太大了！

这本书以独特的视角探讨了育婴的重要方面。我本人是一名对智力开发很感兴趣的职业医生，相信你的宝宝的智力已为你在育婴过程中遇到的关键问题提供了钥匙。育婴的秘密在于：首先看看你的宝宝在子宫里的行为反应，然后再看看我们这个忙碌的世界对宝宝有什么影响。一旦你通过宝宝的眼睛或者其他感官了解了这两个世界，你就获得了知晓宝宝的满足感、睡眠、喂养以及总体发展的钥匙，也获得了你成长为一名合格家长的钥匙。

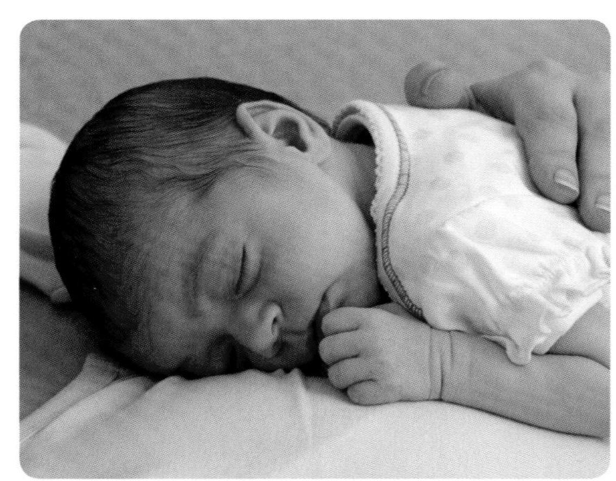

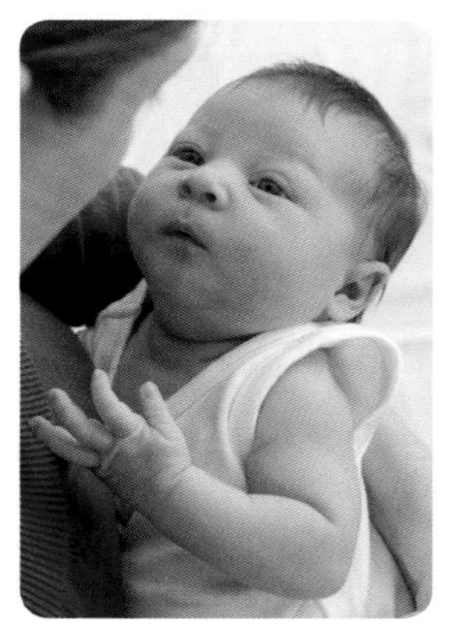

本书的前 3 章讨论的是宝宝的感觉以及这些感觉如何影响着宝宝的情绪、睡眠模式和发育。当你了解了宝宝的感官世界、懂得并按照宝宝发出的信号行事时，你就会变成一个体贴的父母，知道该如何满足婴儿的需要，并逐渐做到得心应手。对大多数父母而言，他们都期望自己能随时了解和预见宝宝的需要。第 4 章揭示了宝宝的秘密语言，并教你如何用一种简单可行的方式与宝宝交流。你会发现宝宝什么时候想睡觉，是不是饿了，或者是否已经做好应激准备和学习新的东西。读到第 5 章，你一定会被那些测试婴儿感觉的简单方法所吸引，当你整日以宝宝为中心，喂他吃喝、哄他睡觉、和他玩耍时，也一定会在自己和宝宝之间找到一个平衡点。然后你就可以翻到这本书的后半部分，看看养育各个年龄段宝宝的实战技巧。

我发现，几乎每个父母都希望拥有一本书，希望它能详细地解释该如何“读懂”自己的宝宝，以及如何解决在育婴过程中碰到的睡眠、喂养和表扬等方面的问题。其实，你的宝宝就是答案，他们会告诉你他们需要什么、何时需要。当你在为人父母的路上带着手里的这本书时，或许会帮助你度过快乐平安的日日夜夜。

Meg Faure

梅根·福尔

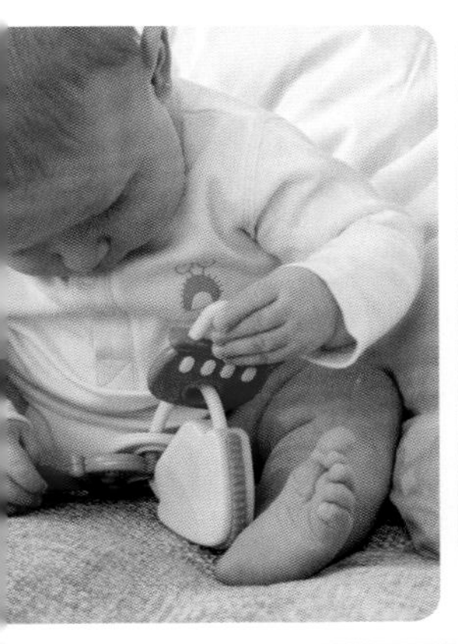

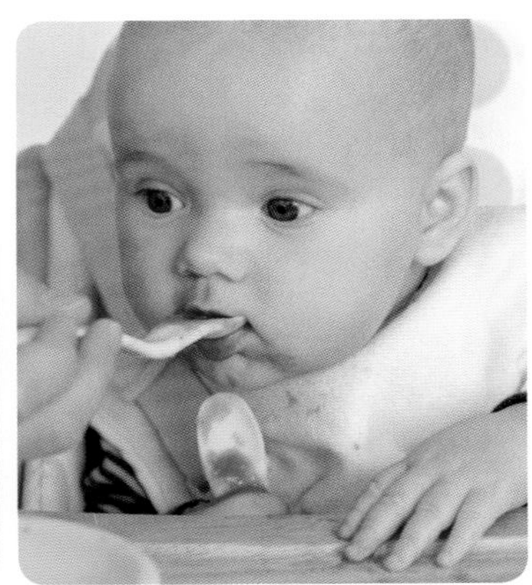

第 1 章

了解宝宝的感官世界

凯特在分娩过程中非常平静。在怀孕的最后 3 个月里，凯特曾感觉十分不安，总盼望着见到她的宝宝。此刻，小杰西正在凯特的肚子里面以另一种方式经历着分娩过程。杰西在美好的子宫世界里过得十分舒服。事实上，杰西觉得最后 3 个月特别安心，因为封闭的子宫壁容忍着她所有的活动，同时也深深地、静静地拥抱着她。而此刻，杰西不得不去一个陌生的地方。在出生后的一年里，杰西将学着适应新环境。而她的母亲凯特已经在她出生前的一年里学习了如何读懂、安抚自己的宝宝，使宝宝尽快熟悉这个忙碌的世界。

感觉的秘密

学习如何……

- 了解宝宝感觉的形成。
- 发现你自身的感觉经验。
- 了解宝宝对于感官知觉信息有什么反应，宝宝为什么会有这种反应。
- 认识到每个婴儿为什么都如此不同。
- 识别你的宝宝所具有的独特的感觉特征。

我们生活在感觉丰富的世界里，通过感官，我们分分秒秒都接受着外界的信息。这种感官知觉信息经过错综复杂的神经系统和大脑处理后，我们会做出情绪上的反应并遵照它行动。当碰到不同情况时，我们会选择留意某些感官知觉信息，并选择做出不同回应。但是，小宝宝的大脑还没有形成这种能力。这是因为宝宝在生命的头几个月里，还不能控制自己接受哪种感官知觉信息，也不知道自己对于哪些信息做出回应。

为什么感觉是重要的?

哭泣或者拒不睡眠总是有缘由的。了解宝宝发育未全的神经系统，可以帮你了解其中的原因，并能体会宝宝认知的世界。让宝宝平静下来的关键在于，了解周围环境对宝宝行为的影响；让宝宝获得满足感的关键在于，了解宝宝习惯表达的信号：你什么时候、为什么、怎么样喂养并鼓励宝宝，能使她平静。这样一来，你就会知道宝宝这种行为表现背后的原因，且无须按照严格的规则、程序或靠自己摸索来达到这一目的。

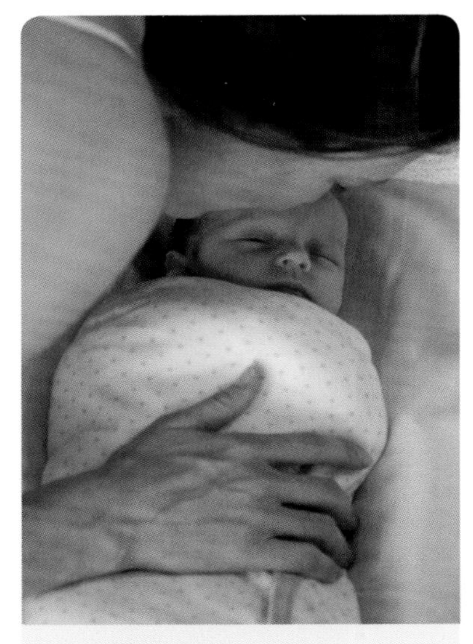

感知的秘密

触摸影响着亲子关系和情感。尽可能多地触摸和拥抱你的宝宝，这样能让宝宝形成积极的身体形象意识，并建立自尊。

感觉经验

神经系统由大脑、脊髓和神经组成。大脑的作用是接收信息（输入），决定什么信息是重要的或者相关的，然后破译这些信息，以便我们做出适当的行为反应。这种输入通过感官传递给大脑。我们的感觉经验并不局限于来自机体外部的刺激所引起的触觉、嗅觉、视觉、听觉和味觉这 5 种外部感觉，另外还有 3 种来自机体内部刺激所引起的内部感觉，包括运动觉（前庭感觉）、平衡觉（本体感觉）、机体觉（内脏感觉）。为了更好地了解婴儿的行为，我们有必要看看这些感觉如何帮助我们构建世界的形象。

5 种外部感觉

- **触觉** 皮肤是身体最大的表面器官，它从外界接收关于温度、疼痛、触摸和挤压的信息。触觉是婴儿在子宫里形成的第一种感觉，它对人的智力、情感和生存起了关键性的作用。发达的触觉使我们感受到自己和世界的形象，告诉我们哪里被抚摸、重或者轻、我们触摸的是什么。触觉帮助大脑计划身体的行动，也影响着宝宝以后的运动才能。

从生存的角度来说，新生儿会因为大人们抚摸她的脸蛋而表现出满足的回应。另外，触觉可以保护她远离伤害，比如避免使用过烫的洗澡水。你可以通过触摸来关心和安抚你的宝宝，以此建立彼此间的感情纽带。

● **嗅觉** 鼻子里分泌黏液的细胞膜是感知气味的神经末梢。嗅觉不像其他感觉那样需要经过大脑中转站，嗅觉会直接传递给情感中枢。这就足以解释为什么我们闻到气味会有强烈的情绪反应，为什么熟悉的气味会唤起我们深刻的记忆。当我们闻到类似于母亲身上的香水味时，会有一种瞬间回到童年，母亲亲吻我们道晚安的感觉。

● **视觉** 眼睛让人感知到物体的形状、亮度和颜色。出生时婴儿或多或少形成了一些视觉，但是新生儿对于明亮的光线和对比鲜艳的颜色会特别感兴趣。一周左右，婴儿的眼睛开始适应并随着感兴趣的物体转动，比如母亲的脸。

● **听觉** 声音作用于听觉器官产生的感觉。婴儿能很快学会辨识声音发出的方向，并给不同的声音加上不同的意义。

● **味觉** 味觉由舌头上的神经末梢感知得到，味觉与嗅觉紧密相连。舌头上不同部分的神经末梢对于咸味、酸味、苦味、甜味都很敏感。婴儿更喜欢甜味，所以他们常会在母亲怀里寻找甜蜜的乳汁。

四目相对 刚出生的宝宝视力是模糊的，所以当你抱着她，距离你的脸20~25厘米远时，她会看得最清晰。保持这个距离，你就会成为她注意的焦点。

3种内部感觉

● **运动觉（前庭感觉）** 内耳的神经末梢感觉改变着人的身体位置，具体而言，改变着婴儿理解力的运转。当这种感觉功能良好时，我们会知道自己正朝着哪个方向、以多快的速度运动，是否应该加快或者减慢运动的速度。如果这种感觉功能失调时，我们就会对正常的活动感到厌恶和恐惧。

● **平衡觉（本体感觉）** 肌肉和关节会告诉我们自己身体位置的信息，也告诉我们自己的四肢在怎样运动。抵抗阻力、锻炼和深度按压的运动与本体感觉紧密相连。许多人利用这种感觉对抗压力，比如当感觉混乱时，人们会选择长时间慢跑，或者练习瑜伽，或者享受一次深深的拥抱。在这些活动过程中，从我们的肌肉和关节里发出的信息会起到一种舒缓的作用。

● **机体觉（内脏感觉）** 内部器官会向我们透露身体是否舒适的信息以及身体的生存需要，这些信息由消化系统、温度调节系统和排泄系统发出。这些身体内部的信息会引起人的行为，并使人感受到自身状态良好或者非常不适，可能会导致我们有消化不良或者去小解的反应。但宝宝很难说明这样的信息，这让她感觉有些不安。

发现新的味道 婴儿喜欢甜味，所以常在母亲怀里寻找乳汁。但是随着她一天天成长，你可以让她尝试各式各样的口味。

每个宝宝都是独一无二的

正如每台计算机设置的垃圾邮件过滤器标准不同，我们每个人的感觉过滤也有所不同。有些人会自然地过滤掉外界引起的大量感觉，因此他们对于不重要的刺激不会记录或反应。由于他们只接受了少量感觉输入，这种个性类型通常使他们比其他人受到的刺激影响更小。而那些对于每一个细微的感觉都可以感知到的人很容易受到刺激的影响。

交际型婴儿 有些婴儿善于交际，他们对于自身所引起关注的事物非常敏感而且高兴，他们在人们周围十分享受。

了解你的宝宝

每个宝宝都是独一无二的。只要在母婴组花上一小时时间，你就能从那些难伺候，甚至还有些暴躁的宝宝里挑出真正心平气和的宝宝。作为母亲，你与宝宝的互动方式，会深深影响到宝宝对世界的反应。如果最初的几天你已经注意到宝宝的暴躁个性，那么你可以改变与她互动的方式，积极影响她的生活方式以及同他人相处的方式。概括起来宝宝大致有 4 种主要的感觉个性类型：

交际型婴儿 这类婴儿喜欢与他人以及她自己的世界互动。她很灵敏，而且会不断观察其他人的活动、有吸引力的对话和微笑。你们去商店的路上会花很长时间，那是因为她在用目光观察陌生人。与交际型婴儿相处不会枯燥，但你会精疲力竭，特别是当这类婴儿到了学步年龄时，她会忙得不亦乐乎，还有一些任性。她不喜欢独自待得太久，因为她就是喜欢长时间有他人的陪伴。这种类型的婴儿喜欢大人们时刻抱着她，而你则会因为没有空闲下来的手抱她而感觉头大。交际型婴儿喜欢外界对自己的感觉输入和刺激，因此她常常会快乐地与人互动。当她几乎感受不到外界刺激时，就会变得脾气暴躁，因为她从自己的世界里没有得到足够的信息。即使受到小小的警告，她也会变得很亢奋，因为她收到了较多的感觉输入。

慢热型婴儿 这类婴儿可能需要花一段时间来适应新的环境，会在你安全的臂弯里打量这个世界。

慢热型婴儿 有些婴儿对于改变会很敏感，他们需要花一段时间来适应新的环境、陌生的人或者不熟悉的感官知觉信息，这让他们显得很害羞。但慢热型婴儿并不像敏感型婴儿那样脾气不好，慢热型婴儿只要在父母身边就会很平静。随着慢慢长大到学步年龄，他们可能被称为“魔术贴婴儿”，因为只有当他们在母亲身旁或膝下的时候，才是感觉最快乐的。这类婴儿喜欢按部就班的日常活动，因为这样的日常活动让她生活在可预料之中，假如改变了她的日程，她就容易心烦意乱。无固定日程的慢热型婴儿是很难管理的，常常需要大人抱她或

喂她时才会平静下来。随着慢慢长大，他们的个性会很安静，也有一些焦虑。他们会很害羞，会逃避新环境，而不会立刻接受新环境。但是一旦跟某个朋友或某个环境相处感觉舒适以后，他们就会活跃起来，甚至变成其中的焦点。慢热型婴儿的大脑不善于过滤大量的感官知觉信息，她很容易因为外界的感觉输入和新奇的事物而感到不知所措。当她逐渐适应新环境以后，大脑的过滤功能会强一些，然后就会安静下来，更平和一些。由于起初她很敏感，因此会抗拒新环境和潜在的压力。

沉稳型婴儿 很容易照顾，因为她很安静、很平和，沉稳型婴儿是所有个性类型里最心平气和的一种类型。

沉稳型婴儿 如果你的宝宝看起来比别的宝宝更平和，她可能属于沉稳型婴儿的类型，这是所有感觉个性里最容易相处的一种类型。这类婴儿不管在哪里吃睡都很安稳，对外界的刺激和互动应对自如，也能灵活对待日程的改变。等长到几周大时，这类婴儿便适应了一种固定的习惯，睡眠很好，通常会很满足。到了晚上，沉稳型婴儿普遍很早就会入睡，但是他们的发育比其他婴儿稍微缓慢一些。这类婴儿不急于在地上滚或爬，因为他们对于躺着看世界的变化很满足。沉稳型婴儿到了学步年龄时，不管是在家看书还是出去玩都一样高兴。沉稳型婴儿在处理大量感官知觉信息方面有天生的才能，她的大脑不会记录不清晰或者不强烈的感觉输入。如果你的宝宝不容易被噪音惊醒，这说明她的大脑过滤功能很好；如果她不容易被尿憋醒，就说明这种感觉触动被有效地过滤掉了。

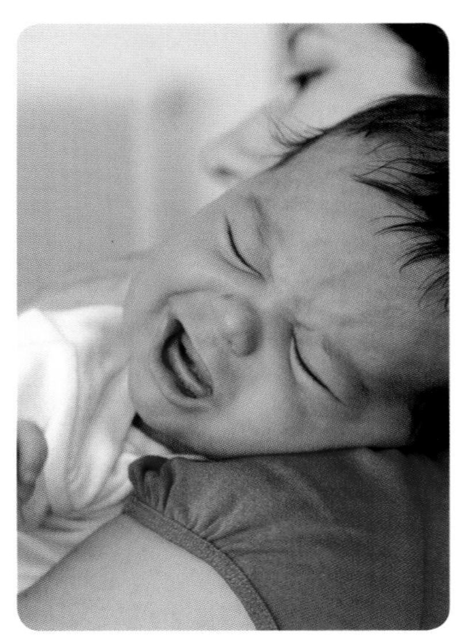

敏感型婴儿 比其他类型的婴儿需要的更多，你必须使敏感型婴儿的世界保持平静，因为她很容易被外界的刺激干扰。

敏感型婴儿 有的婴儿比其他婴儿更挑剔、更敏感。这种敏感型婴儿的心情随外界的改变而改变，通常她需要花很长一段时间才能安静下来，比其他婴儿更难取悦。养育一个敏感型婴儿是一种挑战。母乳喂养在最初可能会陷入困难，因为她对于你乳头的感觉、皮肤的触觉和母乳的气味与味道都很敏感。最好的喂养方法是，在她醒来后，在一个安静的房间里、暗淡的灯光下进行喂养，那时候她是最平静的。敏感型婴儿不像其他婴儿那样知道安抚自己。此外，对你来说，如何让她安静下来也是一个挑战。她可能表现为不喜欢被襁褓包裹（她对于毛毯和压力很敏感），也可能表现为不想发出声音（她的嘴巴也很敏感）。此时，坚持用襁褓包裹和母乳喂养是很重要的策略，因为这会让你的生活更容易些。敏感型婴儿对于感官知觉信息会不知所措，因为她不能很好地过滤这些信息，每一种刺激对她来说都是一种潜在的威胁，她需要你帮她过滤感官知觉信息，尤其是对于一个新生儿来说更是如此（见 23~27 页）。

感知的秘密

令人不安的感觉输入，比如学步儿童喧闹的玩耍，可能会给新生儿的大脑负载太多的信息。作为父母，要帮你的宝宝避免过度的刺激。

感觉的处理

我们的大脑始终在处理着无穷无尽的感官知觉输入信息。大部分神经负责把感觉传递给大脑，而只有 1/5 的神经负责把信息转化为行动，所以不难解释，在理解所有这些信息方面，大脑的任务量十分巨大。幸运的是，人脑与电子邮箱一样，也有一个“垃圾邮件过滤器”（称为“感觉惯性”），它可以阻止大脑记录过多的感官知觉信息。当感官知觉信息到达神经系统时，过滤过程便开始了，有效防止了大脑因声音、感觉和感官知觉的输入而变得不知所措。

感官知觉信息的过滤

在分娩房间里，凯特正全神贯注于她的呼吸和助产士指导她度过每次宫缩的声音，完全忽略了她的爱人正间歇地观看电视上的板球比赛。当感官知觉信息毫不相干或者非常熟悉时，大脑的过滤器便开始起作用，这时我们的大脑不会记录这种刺激因素。在分娩的最后阶段，分娩房间里电视的声音并不会吸引你，也不会打扰你。同样地，你可能感觉不到背后湿透的汗衫，也闻不到织物柔软剂的气味。这些便是大脑过滤不重要的信息的最好例子，是感觉习惯的过程。这也是为什么住在铁道附近的人们不会被夜晚火车经过的声音惊醒的原因，因为他们已经习惯了在同一时间听到同一声音，他们的大脑将这种信息过滤掉了。但是大脑不会过滤掉重要的或相关的感官知觉信息。

生完杰西回家以后，凯特感觉照顾新生宝宝的责任重大。她在洗澡的时候，总是担心是不是会听到杰西的哭声。其实她不必担心，因为家里的任何一种声音听起来都没有杰西的哭声大。如果感官知觉信息至关重要或者遇到生命威胁，大脑的过滤功能会起到相反的作用：我们会对输入信息十分敏感，会集中注意力。这正是上面所说，为什么在凯特看来，杰西的哭声听起来比家里的任何一种声音都大。

过滤过程至关重要，它让我们把注意力集中于重要的信息，而不会被不相干的“噪音”过度刺激。如果这种过滤过程没有起到作用，大量不重要的信息就会轰炸神经系统，造成过度刺激或者感官知觉负荷过多。宝宝大脑过滤信息功能的强弱决定了他们的个性，另外还有 3 个因素影响宝宝过滤信息的能力：时间、压力和年龄（年龄越大，过滤能力越强）。成年人也受制于这些因素，在过滤刺激方面，除了个性，更重要的在于年龄。

感觉的过滤

感官知觉信息过滤的能力总是与个人的感知能力相关，不论我们自己是交际型还是慢热型，个人的感知能力都不是静态的。举个例子来说，尽管你通常属于沉稳型，但在生活中还是有很多时候表现得像个敏感型的母亲。同样地，沉稳型婴儿在一天中也会有几个更敏感的阶段，主要有 3 个因素影响着婴儿过滤感官知觉信息的能力：

1 时间 随便问问哪个经验丰富的母亲，她都会给夜幕降临的时候定性为："恐怖时刻"、"巫术时刻"，等等。在这一时刻，你和宝宝对于感官知觉信息和压力的容忍能力都会降低，幼童会变得倔强、好辩或手脚不停。新生儿在这个时候更有可能肠绞痛，而你的母乳会变少，对小宝宝的滑稽动作难以容忍。

2 压力 任何一种新的状况都会增加我们的压力。如果我们能应付新状况，比如把新生宝宝带回家，我们不会感到有压力，但是如果因为某些原因，我们经历类似威胁这种状况，就会感到有压力。在这种情形下，成年人对于刺激比放松时更为敏感。宝宝的紧张会让你对声音、触摸和气味更为敏感。这种感官知觉超负荷会导致你的紧张，当你在家听到宝宝的哭声或幼童的声音，或者面对爱人的需要和提供的帮助时，你会变得极为敏感。

3 年龄 年龄是影响宝宝过滤感官知觉输入能力的关键因素。在最初的 3 个月里，宝宝没有能力完全过滤感官知觉输入，所以极易受过度刺激的影响。本书把宝宝的各个年龄段贯穿到一起（见第 7~13 章），每一章都为你出谋划策，帮助你有效发展宝宝的感官知觉过滤能力，也帮助你培养健康的日常生活习惯。

一旦你了解了宝宝的感官知觉个性（见 14~15 页），以及她现阶段过滤输入信息的能力，你就会更有能力让她兴奋、保持她的满足感、使她形成良好的生活习惯、培养她健康的睡眠和饮食习惯，而你作为一个母亲也能更轻松地生活。

感官知觉的故事

时间 傍晚时分，杰西和凯特都累了，当凯特喂杰西吃奶时，她感觉自己比平时更敏感。如果这时她姐姐和两岁的外甥顺便来访，凯特就会对这个学步儿童的尖叫感觉非常敏感，她会变得心烦意乱。

压力 当杰西只有3周大时，凯特作为母亲第一次抱杰西外出。杰西看起来像是睡熟了，而凯特出门的感觉也很好。一小时后，杰西醒来开始哭。凯特突然面临这种在公共场合给宝宝换尿布和哺乳的压力，杰西则不停地尖声哭闹。凯特更紧张了，这时她变得对哭声非常敏感，看到眼泪也觉得非常刺眼。

年龄 和许多宝宝一样，杰西在傍晚非常挑剔，因为每天的这个时候，她过滤感官知觉输入的能力很弱。凯特想用为杰西洗澡和按摩的方式来安抚她，遗憾的是，所有这些刺激手段只是让杰西哭得更厉害了。但是到了9周左右，凯特发现情况有转变，杰西在夜晚变得比以前温顺了。

"过滤过程防止大脑因声音、感觉和感官知觉的输入而变得不知所措。"

第 2 章

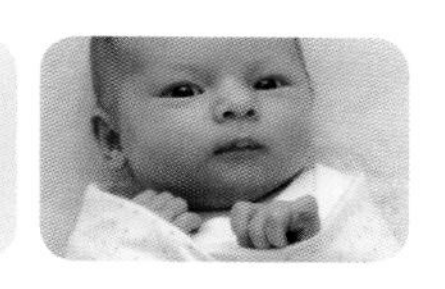

从子宫降临人世

詹姆斯站在夏洛特身旁紧握着她的手，因为他们小宝宝的到来，他泪流满面。詹姆斯从未感到如此骄傲和喜悦。尼古拉斯开始了他的第一次呼吸，他轻柔地哭着，满屋子寻找父母的眼睛，他的感觉频频不断地被新世界的光线、声音和气味所震撼。当尼古拉斯被交到他的母亲夏洛特手里时，一连串新的感官知觉输入冲击着他的大脑：分娩房间里冰冷的空气、夏洛特身上的气味混杂着刺鼻的消毒水味道，还有明亮的灯光妨碍他寻找母亲的脸。尼古拉斯对于这些突如其来的变化感到不知所措。为了让他从子宫到人世的感觉平稳过渡，回家以后，他的父母必须尽可能地调整环境，甚至在医院里他们就可以开始这个过程。把灯光调暗一些，减少不必要的声音，都可以让他平稳过渡。

子宫里的感官世界

学习如何……
- 了解宝宝在子宫里的感官界。
- 使他从子宫到人世的感觉平稳过渡。
- 出生后就提供知觉上的关怀。
- 增加感觉上的安慰："妈妈空间"和"宝宝空间"。
- 准备新生儿的婴儿房。

子宫是宝宝最理想的发育空间。那里营养适量，而且你的身体释放的荷尔蒙经过胎盘，很好地调节着宝宝的生长和发育。宝宝在子宫的恒温环境中睡眠和醒来，它就像一个定做的保温箱。子宫里的感官环境是宝宝发育的关键，在子宫内的经验会存入他的大脑，为他以后了解世界做好准备。

了解子宫里的世界

了解宝宝在子宫里的感官知觉输入，有助于他与外部世界的平稳过渡，当他有了新的感觉时，也会让他在最初几天或最初几周觉得更满足。请注意以下因素：

触觉 在怀孕的前3周，宝宝的触觉就已经逐渐形成了，那时候他才像黄豆一样大小（长度大约13.5毫米），触觉是人之初的第一种感觉。到了7周左右，细小的肢体上开始长出手指，他对于触觉有感觉和反应，并把手指放在嘴巴周围。到了12周，除头部外的身体对触觉都十分敏感。头部在妊娠期间感觉迟钝，可能经过即将到来的产道"大挤压"才变得灵敏。在待产的几周里，有弹性的子宫为宝宝提供了始终如一的深层包裹，就像一个全天的拥抱或按摩。子宫里的世界全无光影。这个紧密的拥抱使你的宝宝安全地蜷缩成小小的球形，他的手正处于球形的中间线（身体的中央）。处于这个方位，你的宝宝能吮吸到自己的手指，这是个很重要的自我安慰方式。他的反应并不成熟，但已经开始逐渐显现，被压力包围会让他感觉很安全。另外，子宫里的温度总是最适宜的恒温。

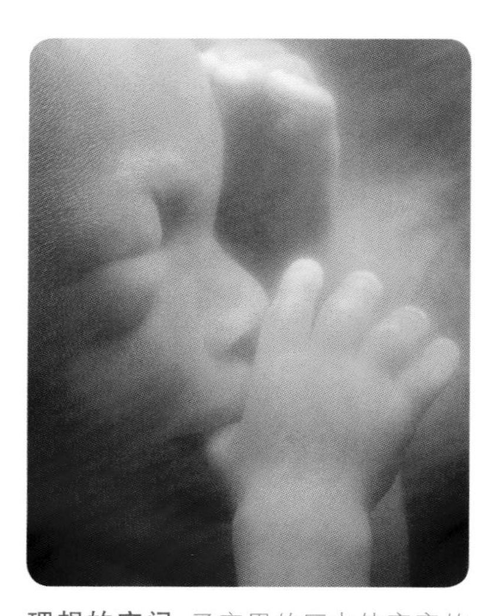

理想的空间 子宫里的压力使宝宝的双手伸向他的脸部，他开始吮吸自己的拇指，这对他来说是一个重要的自我安慰方式。

尽管尼古拉斯出生当天不能清楚地看到母亲，但当母亲抱着他时，会立刻感受到母亲平静的抚摸；他感觉到了温度的变化，知道自己从温暖的子宫世界来到了冰冷的分娩房。给他注射时，他也会感觉到针头的刺痛，只是他的触觉还没有发展到能辨别出自己被触摸或者被针扎的确切位置。

视觉 宝宝的小眼皮会在妊娠26周睁开，在6个月时，我们知道宝宝对于子宫里的光线会很敏感。在32周时，假如有人用手电筒的强光对着你的腹部，宝宝就会顺着光线左右移动。尽管宝宝对这种明亮的光线很感兴趣，但事实上他很少暴露在强光之下，子宫里也很少有视觉上的刺激。一般来说，子宫世界在视觉上是无形的，它通常很黑暗，特别是当你穿着暗色或者厚重的衣服时更是如此。在子宫里没有颜色鲜明的色彩或者对比强烈的形状，所以宝宝无法锻炼他的视觉能力。

尼古拉斯的视觉在出生当天是极不发达的，他看到的只是世界的模糊画面。他只能注意到离他眼睛大约20~25厘米的物体，这是尼古拉斯躺在母亲的臂弯或者吃奶时能辨认出母亲容貌的最佳距离。他起初对颜色对比鲜明的影像最为敏感。

听觉 宝宝的听觉是从妊娠中期开始发育的，在20周以前，他就能听见嘈杂的声音了，并且有所反应。在出生当天，你的宝宝已有5个月的听力经验了。在子宫里，所有声音都是柔和的：因为声波需要经过羊水，到达宝宝的耳朵时，已经被衰减了，所以他听到的是低频率的声音。宝宝听到的最清晰的莫过于你的声音，因为它不仅能从身体外部传来，也能以振动的形式通过你的骨骼传来。你爱人的声音是宝宝第二熟悉的声音，在刚出生的几个小时内，你的宝宝就能通过声音认出你的爱人。

第一眼 宝宝出生后，只要让他和你之间保持适当的距离，他就能目不转睛地盯着你的脸。

即使子宫外部的世界是安静的，你的宝宝也能听见羊水的涌动和血液流动的声音，当然也能听见你的心跳和消化系统的声音。这些背景声音构成了一幅恒定的白噪声音频景观。你一贯的心跳声让宝宝感到特别安慰。专家发现，如果母亲在妊娠期的心跳达到平均节奏（每分钟72次），婴儿出生后就会更容易入睡，哭闹次数也比其他婴儿少一半。子宫里的那些听起来类似流水的白噪音，可以促进我们更好地睡眠，不管任何年龄都是如此。

出生以后，尼古拉斯听到的是完全不同于在子宫里听到的声音。尼古拉斯听到的这些声音不再经过羊水的缓冲而平和下来，每一种声音在他听来都更大更刺耳。在所有嘈杂和不规则的声音里，他发现安静、有节奏的白噪音能帮助他平静下来。

运动和引力 运动和引力的知觉是由听觉里的平衡（前庭）系统带来的，在妊娠5个月开始起作用。正如听觉和触觉一样，运动觉在宝宝出生时已经相对发育。有趣的是，运动觉完全发育的时间更晚——到青春期才会完全发育。这是因为运动神经不像大脑里的其他感官知觉神经，传导运动信息的神经需要花很长时间才能充分发育。宝宝在

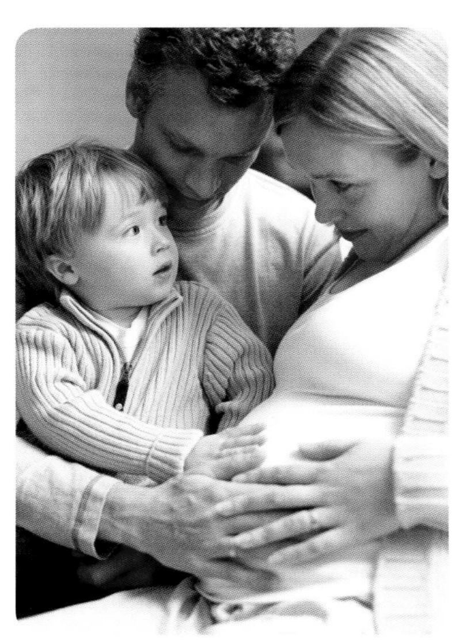

开始认识你 宝宝在子宫里听到的声音，比如家人的声音，会让他出生以后感觉非常熟悉和安慰。

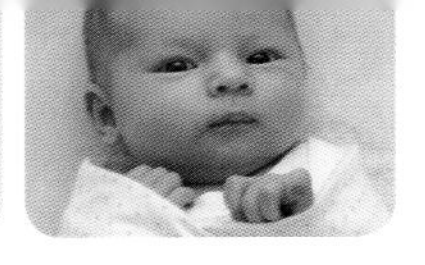

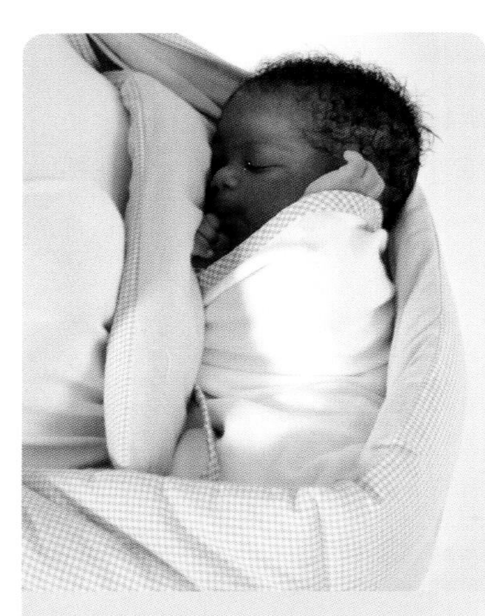

感知的秘密
走路时，我们的身体会有些晃动，这就是许多宝宝更喜欢被抱着，而不是被放在婴儿车里推着的原因。

子宫里有羊水的供养，他在这个独立的液态膜泡里自由自在地浮动。由于人的身体在水中会感觉比在空气里轻好多倍，所以宝宝在液态膜泡里的感觉很好，他觉得自己漂浮的身体很轻盈。由于子宫里的重力很小，他会被持续的摇摆催眠。当你活动的时候，宝宝就被轻轻晃动着睡着了；当催眠活动停止时，比如当你休息或者躺下时，他就会醒来玩耍，这时你可能会感觉到他在轻轻踢你。在妊娠晚期，宝宝的前庭系统就已经充分发育，他能感觉到重力，因此会倒转身体形成头朝下的姿势等待出生。

当尼古拉斯出生时，运动系统让他突然感觉自己比以前重好几倍，而且他不得不尝试着对抗重力。每一个宝宝在出生后第一年最大的运动目标就是，从学会抬头开始，控制对抗重力。

嗅觉和味觉 宝宝的嗅觉和味觉是在妊娠 28 周开始起作用的。在妊娠期，假如你吃的是甜食，味道就会经过胎盘使羊水也变甜。每当这时候，宝宝吞咽羊水的次数就会更频繁，因为他喜欢这种味道。到妊娠晚期，宝宝的味觉和嗅觉已经高度协调，他会品尝你吃的食物，甚至能闻到外部世界的气味（这些都会在羊水中以化学信号表现出来）。

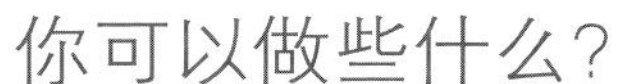

刚出生时，尼古拉斯的嗅觉非常敏感，他能从一根棉签上辨识出母乳的气味。如果主要由母亲照料，尤其是以母乳方式进行喂养，那么等到他两周大的时候，比起父亲身上的气味，尼古拉斯会更熟悉、更了解母亲的气味。

母乳喂养的益处 类似母乳的甜味会刺激宝宝吮吸自己的手，这是一个重要的自我安慰方式。

你可以做些什么？

在妊娠晚期，尼古拉斯的感官知觉系统已经发育良好，并准备好应付外面的世界。在子宫里，他的周围是一个刺激丰富的环境。他能听到母亲身体里的汩汩声、脉搏声和涌动声，能感觉到母亲的动作、声音和心率的振动，能尝到羊水的香味并感受到它的温暖。这种喧嚣的感官知觉输入是最主要的舒缓刺激。与刺激丰富的子宫环境恰恰相反，宝宝生活得非常平静。从感官知觉的角度来看，子宫是促进宝宝发育的最理想的地方。

为了让你的宝宝平缓过渡到现实世界，你可以试着按照他在子宫里的感官世界模拟出一个新的感官天堂。在宝宝出生当天以及之后的几周内，你的任务是让他平缓过渡到外部世界。

出生当天

你可以用很多种方法帮助宝宝习惯子宫外面的世界。如果是在医院分娩，或许你可以把以下这些列入你的宝宝出生计划：

触觉 怀孕时，宝宝经历的唯一一种触摸形式是皮肤对皮肤，即他赤裸的皮肤贴着你的子宫壁。一旦宝宝出生，你能做的最好的事情就是把他平放在你的腹部和胸部。把赤裸的宝宝紧贴于你的胸部，用毛毯或毛巾裹住你们，以便使他保持温暖（如果担心他撒尿的话垫上一块尿布）。如果房间很冷或者他看起来很冷，可以给他戴个帽子。当宝宝处于这种位置时，他便能抓到你的乳房并开始吃奶。这种自然的放置通常被称为“袋鼠式保育法”（见 81 页）。

最初的几天，每天要尽可能长时间地使用这种袋鼠式保育法护理宝宝。即使是通过剖宫产出生的早产儿，也可以把他放到母亲的胸部保暖，这种方式比把他放进早产儿保育箱要好。新妈妈的身体与她们的宝宝是如此协调，她们的体温正是呵护宝宝的最佳温度。

视觉 宝宝出生后的片刻，你会注意到他细微的“眼跳”——眼睛的细微活动，因为他在扫视整个房间，搜寻你的脸。研究表明，只有当宝宝的眼睛遇到母亲或者父亲的眼睛时，这种细微的眼跳才会停止。为了帮助宝宝找到你的脸，给他提供一个视觉上的舒缓空间，你可以要求将分娩房间的灯光调暗一些，然后将他抱在你的怀里，离你的眼睛20~25厘米远。为了让他的注意力集中到你的脸上，这就是最佳距离。

听觉 宝宝在出生以前最熟悉的就是你的声音。出生后的片刻，他就会安静下来，留心听你的声音，看你的脸。宝宝出生以后，你和你的爱人可以通过与宝宝轻声交流的方式使他平静下来。

嗅觉 宝宝最喜欢的气味是子宫的熟悉气味和母乳的甜蜜香味。宝宝出生后，不要立刻给他洗澡。你可以轻轻地擦掉他身上的血迹，但是不要洗掉胎儿皮脂（见右图）。有证据表明，相比洗掉了胎儿皮脂的宝宝，出生后没有洗掉的宝宝会更快将手塞进自己的嘴里。宝宝用来自我安慰的最首要、最重要的方法，就是吮吸自己的手。在这个阶段，除了胎儿皮脂以外，母亲身上的气味对婴儿也起到舒缓和安慰的作用。所以，在宝宝出生后最初的几天里，尽可能地抱着他或者将他贴紧你。

当事情没有按计划发展时

即使你仔细想过宝宝的出生计划，并对理想的出生计划有现实的考虑，但是当宝宝出生那天，你还是会发现实际上与你设想的画面全然不同。如果你的宝宝生病了或者遇到了困难，或者你在分娩后十分疲劳，你就得听从医生的建议，与宝宝分开一段时间。千万不要让这种消极体验成为你的关注焦点，一定要积极些。你要尽快告诉医生，你会对宝宝进行“袋鼠式保育法”。即使几天过去了，你也要每天花点时间脱去他的衣服，把他贴紧你的胸口，这么做可以帮助你和宝宝恢复健康。

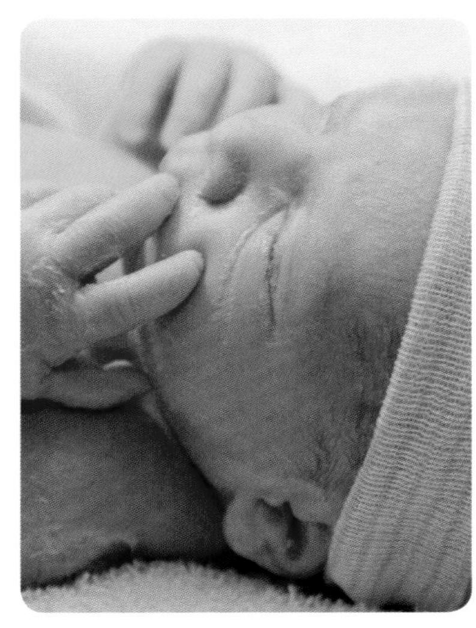

天然润肤膏 胎儿皮脂是一种天然的美白润肤膏，它在子宫里起到保护宝宝的作用。出生后的几天内，这种物质会被宝宝的肌肤吸收。

降临人世

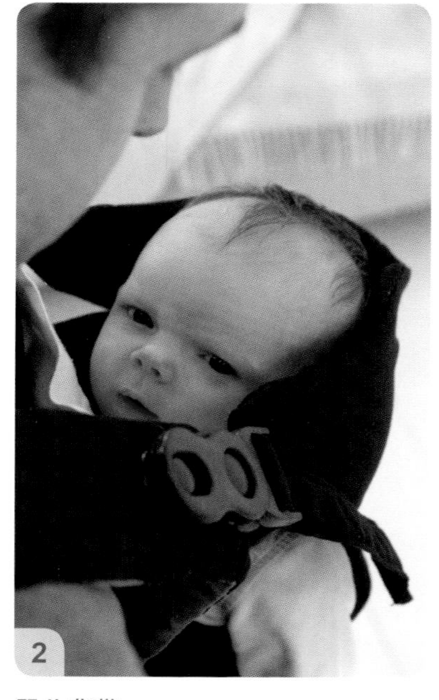

婴儿背带

❶ 背巾能支撑小宝宝的脖子和身体，宝宝甚至能用这个姿势进食。但要防止这种蜷缩的体位导致窒息的风险。

❷ 直立的婴儿背带只用于宝宝对头部有一定控制力的时候（8周左右），然而到了9个月甚至更大时，直立的婴儿背带对宝宝很有用。

宝宝出生后的几个星期内，他醒着的时候多是在“妈妈空间”里——在你或者爸爸的臂弯里。你应该把宝宝出生后的这3个月的生活当做妊娠期的第四个阶段。通过模仿子宫世界，帮他获得在医院、育儿室和你怀抱里的感官知觉经验，你会发现他是个知足的婴儿。按照以下几个感知原则，你就能帮他获得现实世界里和社会生活中的感官经验，尽可能让他感到舒缓：

嗅觉 宝宝几个月大以前，不要使用任何香水或擦面乳液。即使等到宝宝几个月大时，也只能慢慢让他接触各种气味，然后看他的反应。个人护肤品和空气清新剂的浓烈气味会让他受不了。当你用母乳喂他，使他贴近你身体的气味时，这一点尤其重要。对爸爸来说，回家立刻换掉工作服是很明智的做法。这么做可以消除工作服带来的所有气味，比如公交车上的气味，宝宝在傍晚会对这些气味特别敏感。为了让宝宝的感官知觉朝着更健康、更理想的方向发展，建议爸爸在和宝宝待在同一房间时不要抽烟。

视觉 你可以化一点儿妆，特别是眼睛周围。这样会吸引宝宝注视你的脸，既有助于提高他的注视能力，也能鼓励他与你互动。

触觉 当你抚摸宝宝时，要轻柔而坚定地触摸，这样能让他感觉安全和受到保护。穿一些柔软而舒适的衣服，方便他依偎在你怀里。新生儿对于自己被抱来抱去十分敏感，所以应该让你的家人或朋友在安静的环境中抱他，这样他会觉得满足。每换一个人抱他，宝宝的感官知觉系统就会吸收关于这些人的大量信息，特别是他们的气味、抚摸和声音。你也会发现自己对宝宝被抱来抱去很敏感。听从你内心的直觉，不要难为情，告诉人们你的小宝宝已经被抱过很多次了。

运动觉 宝宝会觉得摇摆这样的运动很受用，因为这类似于他在子宫里的经历。如果他醒着，特别烦躁，你可以抱着他轻轻地晃动。

婴儿背带是抱宝宝的简单工具，可以解放你的双手。婴儿背带的类型主要有两种：布料背巾（宝宝几乎可以平躺着）和直立背带。布料背巾是万能的，当宝宝到了学步年龄，它可以用来托住幼童的臀部。它以后也可以用作直立背带，但是没有特制的直立背带舒服。直立背带

可以让宝宝面朝你或者背朝你，这取决于你想让他接收多少视觉上的刺激。如果是睡眠时间，可以将他的脸朝向你的怀里。如果是在他可以接受刺激的清醒时间（见51页），就将他的脸朝外。在某些习俗中，婴儿通常背在母亲的背后，这也很好。如果有人能教你如何安全地把宝宝系在你的背后，那就试试这种成功的、世代推崇的方法吧。

婴儿的睡眠空间

不论宝宝是睡在你的床上、你房间里的婴儿床上，或是睡在他自己的婴儿房里，你必须做好准备。宝宝的空间必须保持安静和有助于睡眠。很显然，宝宝醒了就要吃，如果能使房间保持安静，他就有可能慢慢睡着，一直睡着。当他再大一点儿的时候，他会伸展四肢，舒心地睡。

视觉 调光开关很有必要，你可以在宝宝的睡眠时间和晚上喂奶时调暗光线。尽可能让晚上喂奶的环境保持平和、昏暗、安静，这样宝宝吃完奶后就会很快睡着。如果房间里灯火通明，你们大声对他说话或者和他疯闹，他就会觉得夜晚的生活得让自己保持清醒状态。

如果宝宝在婴儿房里度过最初的几个月，那么装饰婴儿房时应该使用柔和的颜色，可以尝试传统的浅色调和色彩协调的乳胶漆。等到宝宝6个月大时，才可以使用明亮的布艺或色彩鲜艳的墙纸装饰房间。窗帘或百叶窗要有黑色的内衬，让房间暗一些，更像子宫里的环境，促进宝宝平静的睡眠。这一点对于宝宝白天的睡眠阶段也尤为重要——一直到3岁，宝宝都需要白天的睡眠（以后你也会铭记这段时间）。最好不要在婴儿床上放置任何玩具或者活动物体。婴儿床只能是睡觉的地方，而不是游戏区。把玩具和颜色对比强烈（黑和白）的图片放在尿垫附近，这样宝宝醒来时就可以受到刺激。

襁褓 用襁褓包裹新生儿会让他更安稳，也会让他在睡觉时伸展四肢。襁褓（把宝宝用毯子紧紧地包裹住，见下页）在最初的日子里是相当重要的，因为这是模拟子宫的紧密拥抱的最好办法。襁褓给婴儿提供了让他平静的压强，也让他避免因惊吓反射或拥抱反射（非自愿的手脚运动）而四肢乱动。惊吓反射是婴儿在夜晚惊醒的原因。在最初的9~12周内，当宝宝不安分或者肠绞痛时，你可能总希望用襁褓把宝宝包着睡觉。当宝宝醒来时，务必要注意他是否踢开了襁褓。至少要有两条襁褓毯子，这是个好主意。

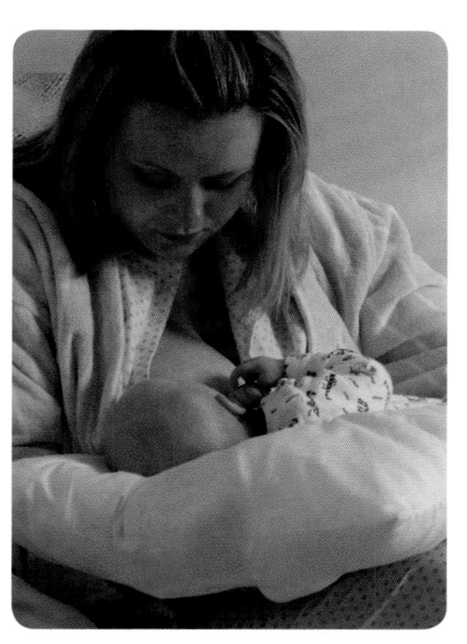

夜晚和白天 晚上要调暗灯光，在安静的环境中给宝宝喂奶，可以有适量的互动和适度的运动，这样他会把夜晚和安静、睡觉联系在一起。

感官知觉的故事

做准备 在尼古拉斯出生前，詹姆斯就取笑夏洛特“筑巢”。她整天忙于布置一个特别的空间，为尼古拉斯的到来做准备。她根本不确定婴儿房里什么是重要的，甚至不确定尼古拉斯会睡在婴儿房还是她的房间。但是她知道，应该用柔和的颜色装饰婴儿房；装一个调光开关，使房间的灯光有镇静作用；买一些柔软的床单，等待尼古拉斯睡在上面。

襁褓 用襁褓包裹宝宝时，要把他的手放在他的脸附近。这一点很重要，因为他能通过吮吸手进行自我安慰。把宝宝的手包裹在他身体两侧是不明智的选择，因为这样一来，他无法让自己安静，也无法调节自身的温度。要是用有伸缩性的棉毯包裹宝宝的话，容易太热。要么把长方形的毯子叠成三角形，要么使用特殊形状的襁褓毯子。

如何用襁褓包裹婴儿

❶ 把宝宝平放在三角形的襁褓毯子上，使他的脖子处在三角形的长边上。

❷ 把毯子下方的尖端折叠上来。

❸用三角形的一角裹住宝宝，让他的手放在脸的附近。这样，在需要的时候，他可以通过吮吸双手让自己平静下来。

❹ 用三角形的另一角裹住宝宝，在宝宝身体的下方收拢边缘。

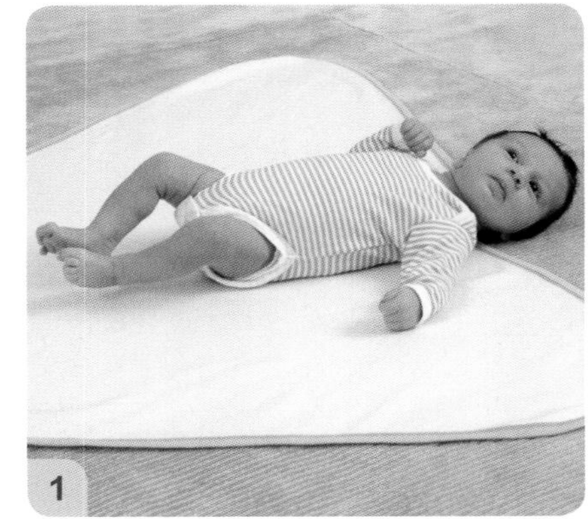
1

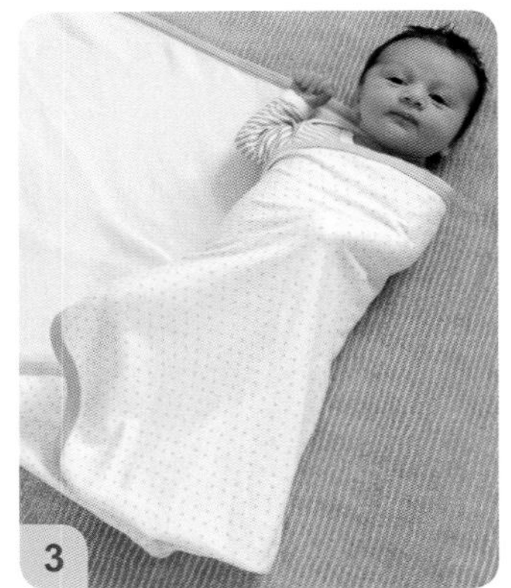
3

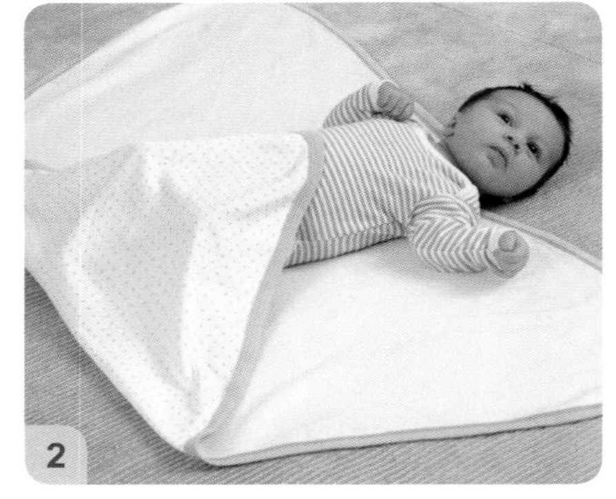
2

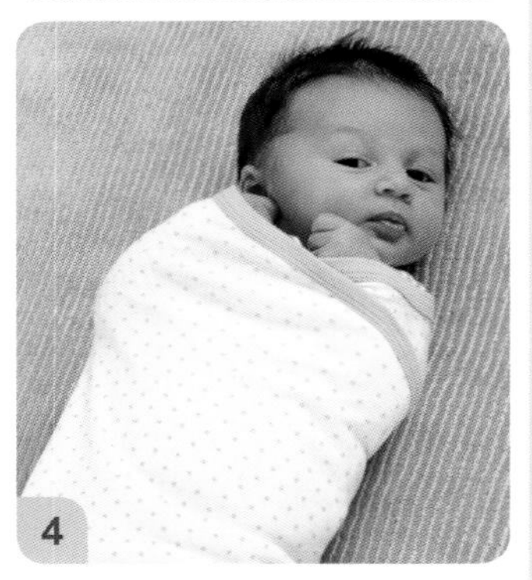
4

触觉 被单和枕套必须柔软，棉布床单很好。柔软是最重要的，因为材质粗糙的东西更容易让敏感的宝宝在夜里醒来。

嗅觉 在初期，宝宝的空间应该远离任何气味，因为他的嗅觉器官非常敏感。等他长大一些，可以在他的房间放置薰衣草的熏香炉，或者喷一些有镇定作用的香剂，这样能促进他更好地睡眠。你可以在婴儿床上放一件带有你的气味的小衣服或小毯子，通过这种方式安慰和鼓励宝宝，让他闻着你的气味安心地睡眠。

听觉 为了让宝宝快速进入梦乡，帮他培养良好的睡眠习惯，你可以试着重现子宫内的环境。在最初的几个星期，白噪音和子宫的声音可以起到镇定作用。你可以录制一段白噪音的录音（吸尘器的声音、洗衣机的声音或电台静电干扰的声音），或者买一张唱片放给宝宝听。唱片里安静的音乐混合着稳定的节奏，也同样能起到镇定作用。

运动觉 在喂奶时间，摇椅是非常有用的助手，你的宝宝会爱上这种有镇定作用的摇摆运动。你要确保它是舒适的，而且应该用手臂和脖子护着宝宝。在最初的几个星期，你可能每天会因此花上很多时间。不要让宝宝在摇椅上真的睡着，而是应该在他进入一种昏昏欲睡的状态时，就把他抱到婴儿床上睡觉。摇摆或者悬吊的小床可以起到额外的镇定作用，促进宝宝安稳地睡眠。

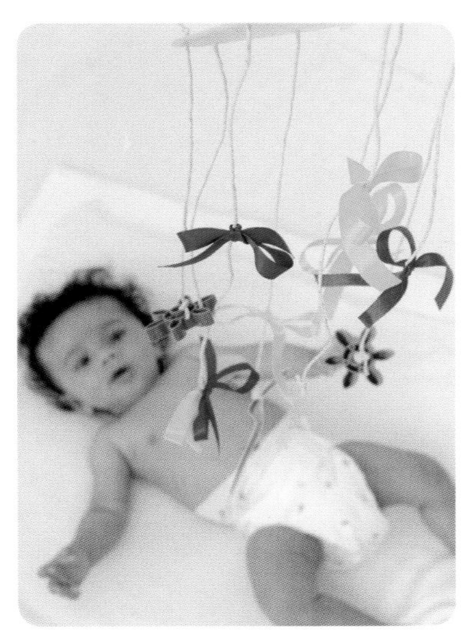

培育重点 把色彩鲜艳的移动物体放置在婴儿尿垫的上方，这个位置方便他醒来就可以看到。

有镇定作用的衣服

尼古拉斯被宠坏了，他有很多可爱的小衣服。詹姆斯的妹妹甚至给他买了一些时髦的牛仔服。那些天詹姆斯开始注意到，当尼古拉斯穿上这些时髦的衣服时，小家伙比平时更容易急躁，他想知道这是否因为尼古拉斯对这些僵硬的面料太敏感了。

- **触觉** 像床上用品、背心和衣服等，如果布料太硬或者是缝合处，宝宝就容易惊醒和频繁地发脾气。牛仔布、灯心绒、蕾丝、硬棉布、刺痒的羊毛以及其他硬布或者有织纹的布料都会刺激宝宝。宝宝喜欢柔软的布料，如果背心的缝合处使宝宝不安，你可以把它翻个面。如果它们实在让宝宝很烦恼，你也可以买一些无接缝的衣服，或者把背心的标牌拆掉。
- **嗅觉** 清洁剂会在宝宝的衣服上留下气味，即使是我们很难闻到的最淡的香味，也会让新生儿闻着感觉不舒服。此外，有些香水和化学品会刺激宝宝的皮肤，甚至可能引起过敏症。所以，你用来洗浴和清洗宝宝衣物的产品会影响宝宝的镇静和舒适。为了除去化学成分，所有新衣服在穿之前应该全部清洗一遍。

会传递感觉的婴儿

在初期，当婴儿遇到有刺激性的感觉输入时，敏感型婴儿和慢热型婴儿的反应要比其他婴儿的反应更消极。许多母亲发现，这两种类型的婴儿在遇到强烈的气味或刺眼的光线时更爱哭。只有穿着柔软的衣服，垫着柔软的床单，他们才睡得最香。如果你的宝宝是敏感型婴儿，那么你尤其要了解他在初期的感官知觉体验。交际型婴儿喜欢刺激，即使在非常小的时候，他们也不太可能因为感官知觉的输入而不知所措。因此你不必太担心他从外界接收到了什么信息，以及在他所处的环境中感官知觉输入的程度。沉稳型婴儿会选择性地接收来自外界的新体验。即使周围的环境存在多种刺激，他也能很快入睡，而且不会遭受肠绞痛之苦（见 112 页）。如果你的宝宝是沉稳型婴儿，也许你可以享受更多的外出时间，因为他很少因为感官环境而不安。

第 3 章

感官世界对宝宝的影响

这是马修初次去商店的情景之一。宝宝马修满 12 周了，朱莉娅觉得自己总困在家里，实在需要出去走走。一天早上逛完街后，朱莉娅坐在咖啡馆靠窗的位置，外面是熙熙攘攘的街道。她把马修放在膝盖上，面朝她，然后开始逗他笑，用膝盖颠他。马修高兴地笑着、叫着，宠爱他的妈妈更加起劲地逗他。咖啡上来以后，朱莉娅把马修放回他的婴儿车，自己去喝咖啡。然而几秒钟之内马修就尖叫起来。朱莉娅不知道他是不是觉得无聊，所以再次把他抱起来逗他玩乐，马修却哭得更厉害了。朱莉娅试着给他喂奶，摇他晃他，但都无法使他平静下来。这是因为马修发育未全的大脑已经接收了太多的感官刺激。

宝宝的感觉状态

学习如何……
- 辨识宝宝的6种感觉状态。
- 了解感官知觉输入如何影响宝宝的状态。
- 知道应该在何时抚慰、何时刺激宝宝。
- 帮助宝宝进入睡眠。

也许你对于早期育儿知识知之甚少，也许你感到很失败，因为你根本无法预料宝宝下一秒的心情，也不知道该如何了解宝宝，那么从现在开始，大家就一起学习一下这方面的知识。在初期，大多数父母都会因为如何读懂宝宝而争吵。因此，了解宝宝的心情对父母来说是非常有帮助的，因为它能让你知道应该何时刺激、何时抚慰宝宝，对于建立宝宝的自尊心以及你们之间的亲子关系也有长期而深远的影响。每一天，宝宝都会有一部分时间在睡觉，另一部分时间清醒着。在24小时里，宝宝会经历6种非常有条理的状态，每一种状态都包含着许多线索，这些线索能让你知道宝宝的感觉和反应。

睡眠周期

关键点
1. 困倦
2. 浅层睡眠/快速眼动睡眠
3. 进入深度睡眠前的身体猝然抽动
4. 深度睡眠/非快速眼动睡眠
5. 浅层睡眠/快速眼动睡眠

睡眠过程 睡眠周期是指身体变得困倦和昏昏欲睡后，进入深度睡眠状态，然后又返回到浅层睡眠状态的过程。成年人的睡眠周期大约持续90分钟，学步幼童的睡眠周期大约1小时，婴儿的睡眠周期大约45分钟以上。

在45分钟的睡眠周期里，可以认为前10~15分钟是浅层睡眠阶段，最后10分钟婴儿容易醒来。在中间的20~25分钟里，婴儿处于深度睡眠状态，如果有需要的话，此时可以移动婴儿。

睡眠状态

睡眠状态有两种：浅层睡眠和深度睡眠（见33页）。

浅层睡眠 成年人的浅层睡眠阶段比婴儿的要少，而婴儿的浅层睡眠状态至少占睡眠时间的一半。在浅层睡眠状态，婴儿会抽动、微笑、眼珠在眼皮下跳动——也称作“快速眼动睡眠”。在快速眼动睡眠状态，婴儿在做梦、在脑海里放映白天见到的东西。我们认为这是婴儿为了获得某些技能，在大脑里形成记忆和强化学习模式的阶段。由于婴儿要学习的东西太多，因此他的快速眼动睡眠阶段就比大孩子或成年人的要长。在快速眼动睡眠状态下，婴儿很容易被外部和内部的感官知觉体验惊醒。当婴儿深睡时，他常常会经历一种突然的肌肉抽搐，这叫做进入深度睡眠前的身体猝然抽动。即使是成年人在睡眠中也会出现这种抽搐，但这种较小的干扰一般不会影响我们继续睡眠。然而，当婴儿睡得深一些时，就有可能被这种猝然抽动惊醒。如果你的宝宝在睡着15分钟以内醒了，或者他只是在打盹，那就有可能是被这种猝然抽动惊醒的。在新生儿身上，这种状况尤其明显，所以最好用襁褓包裹好新生儿（见26页），控制这种抽动，以免他被惊醒。

深度睡眠 经过浅层睡眠阶段以后，婴儿就进入深度睡眠，也叫非快速眼动睡眠。这个阶段没有快速的眼珠运动，婴儿很平静，很难醒来。这是睡眠阶段里最重要的一个阶段，身体成长和发育所需的生长荷尔蒙在大量释放。在非快速眼动睡眠状态，可以推测婴儿的大脑通过删除过程后，减少了许多不必要的连接。婴儿在白天经历的每一种感官知觉和运动经验，都会导致大脑中形成连接。可以想象成，在我们感

官知觉丰富的世界，婴儿的大脑是一个快速增长的连接网络。而有些连接是多余的。例如，当你旅行的时候，如果你的宝宝连续好几天听到的是日语，他就自动开始建立学习日语的语言连接。如果这种经验没有定期加强，一旦你离开日本，连接就变得多余，然后当宝宝在深度睡眠状态时，连接便被“删除”。这种删除过程是很重要的，它可以防止婴儿的大脑变得混乱，可以避免过度刺激。如果没有一段好的深度睡眠，婴儿的大脑就没有得到足够的“充电”，也会影响下一个清醒时段的学习。因此，频繁醒来的婴儿或者只是打瞌睡的婴儿，通常更容易受到过度刺激的影响。

清醒状态

与睡眠状态相比，4 种微妙的“清醒”状态更难读懂。随着宝宝慢慢长大，你会更容易辨识他的个性符号以及每个状态的标志。可以看看 33 页每个状态的图例。

困倦状态 困倦状态常见于宝宝睡觉前或者醒来时。他的眼皮看起来很重，眼神呆滞 —— 目视远方完全没有集中注意力。

平静而警觉状态 宝宝醒来一小段时间后，如果喂完奶并且很舒适，他就会从困倦状态进入到反应敏捷、满足的状态，这便是不可思议的平静而警觉的状态。在这种清醒状态下，宝宝的注意力非常集中，也很乐意和你互动。他会呈现出专注的表情，会有些许动作，而且会注意某种具体的事物，比如盯着你的脸看。在这种状态下，宝宝对于他的感官知觉世界有最好的反应，也能从他的感官知觉体验里学到更多的东西。

活跃而警觉状态 在活跃而警觉的状态下，宝宝会踢腿，会兴奋活泼地扭动他的身体。但这种状态并不是学习的理想状态，因为宝宝从他忙碌的运动肌肉中接收了太多的感官知觉输入，这种运动刺激会妨碍他的学习，也会分散他的注意力。在这种状态下，很可能导致婴儿感官超载。

哭泣状态 当宝宝哭泣时，表明他在向你传达非常清楚的信号：他接收的感官知觉刺激太多了。在这种状态下，宝宝感觉混乱且不知所措。这时，你就得运用感官知觉安抚方法（见 45~47 页），帮助宝宝调节状态，让他平静下来。

感知的秘密

要在宝宝平静而警觉的状态下刺激他并与他互动，因为此刻他会与你配合，他能通过互动学习到更多的东西。

感官知觉的故事

深度睡眠 去商场之后，马修在回家的路上就进入了深度睡眠。他睡得很沉，当朱莉娅把他从婴儿车上抱到婴儿床上时都没有弄醒他。一小时后，马修是如此安静，以致朱莉娅弯下身子去看他是否还在呼吸。她不敢相信自己会拥有如此长的一段平静而安静的时刻，因为马修通常白天很容易从睡眠中醒来。

朱莉娅学到了关于睡眠的重要一课：她的宝宝有两种睡眠状态——浅层睡眠和深度睡眠。

各种状态下的
刺激的影响

下图用递降顺序表示婴儿的状态，哭泣状态在上面，深度睡眠在下面：

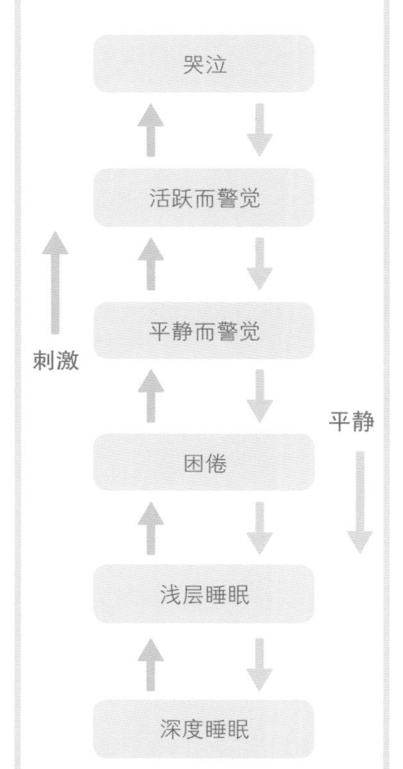

感觉如何影响宝宝

尽管社会互动和感官知觉信息都会影响宝宝的状态，但绝大多数宝宝在这 6 种状态间的转换都相对地有次序，也可以被预测。起刺激或激励作用的输入通常会将宝宝的状态提升一个级别；相反，起镇定作用的输入通过舒缓宝宝神经系统的方式，会将宝宝的状态下降一个级别。我们知道，在成年人的日常生活中，有些物质有充当兴奋剂的作用，比如咖啡因；另一些物质有充当镇静剂的作用，比如安定药。在感官知觉世界也存在同样的道理：一些感官知觉输入信息起镇定作用，而另一些则起刺激作用。例如，粗暴搬运或不和谐的声音会让我们感到紧张，而薰衣草的舒缓气味和深层按摩会让我们感到放松。了解哪些感官知觉输入起镇定作用，哪些感官知觉输入起刺激作用，对于学习如何安慰宝宝、如何在他烦躁时使他镇定下来、如何帮助他控制状态是非常重要的。

对宝宝做出回应

一旦你能辨识宝宝的状态，了解哪些感官知觉输入起镇定作用、哪些感官知觉输入起刺激作用，你就能更轻松地安抚宝宝，帮助他从他的世界学到更多东西。

平静而警觉状态：刺激　当宝宝处于平静而警觉状态时，是刺激他的最佳时间。这时当宝宝遇到感官知觉体验，他的脑细胞和学习会很好地接连在一起。他会很高兴参与各种刺激，也会与你互动。

● 运用多种不同的感官知觉输入刺激，比如，把宝宝平躺着放在婴儿游戏垫上开始玩耍，这会大大加强他的大脑视觉皮层间的连接，开发他的手眼协调能力，也能锻炼他的眼内和眼周的肌肉。然后，开始和宝宝说话，这可以开发他的大脑语言中心的连接。

● 随着宝宝慢慢长大，你可以调整刺激量：当他不足 3 个月时，一次刺激一种感觉；当他长大一些，可以同时刺激多种感官知觉。

活跃而警觉状态：安慰　当宝宝被刺激了一会儿，他会变得浮躁，这是他进入活跃而警觉状态的明显信号。如果他没有饿或没有不舒服，尝试用下面的方式回应他：

● 试着转换一种新的感觉刺激。比如，当宝宝在游戏垫上玩得很高兴（刺激他的视觉神经），接着他变得浮躁，但又没到睡眠时间，这时你可以把他抱到另一种环境。在那里，他可以盯着墙看，可以听音乐

宝宝的6种状态

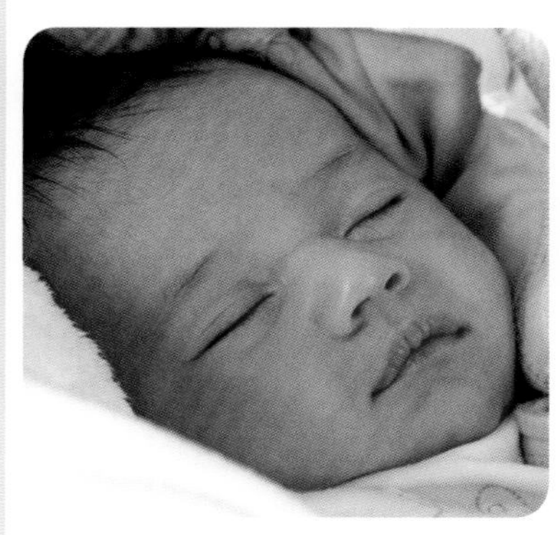

深度睡眠 一旦宝宝打盹，他就进入了深度睡眠状态。在这种状态下，他不容易被嘈杂的噪音惊醒。你会发现即使你抱起他，他也不会醒。

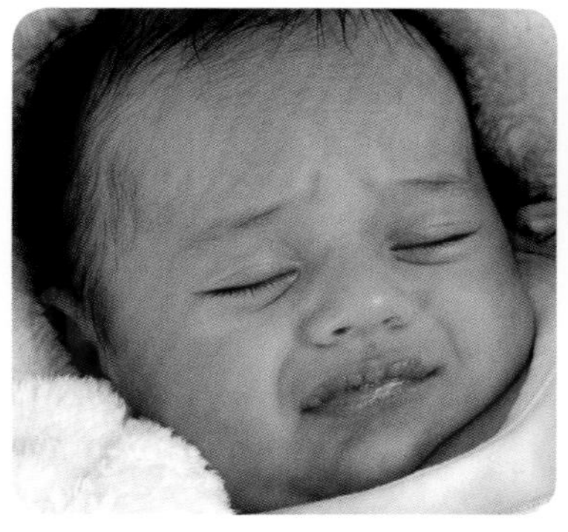

浅层睡眠 噪音会让宝宝从深度睡眠状态转到浅层睡眠状态。如果他原本睡得很安静，突然开始抽动或愁眉苦脸，那么他已经进入浅层睡眠状态。

困倦 当宝宝困倦时，打哈欠是个明显的标志。如果他安静地躺在婴儿床上醒来，这时你看着他的眼睛，他就会振奋起来，进入平静而警觉状态。

平静而警觉 在这种状态下，宝宝渴望玩耍和互动。但如果你把他放在游戏垫上太久，刺激因素会提升他的状态，就有可能进入活跃而警觉状态。

活跃而警觉 在这种状态下，宝宝有些浮躁，而且有些抵触。如果让他接收过多的感官知觉刺激，你会发现他的状态又提升了一个级别，结果会哭泣。

哭泣 如果宝宝正在哭泣，你轻轻地摇他，你就发现他会平静下来。他可能会回到活跃而警觉状态，甚至更加安静，回到平静而警觉状态。

（刺激他的听觉神经）。或者你也可以用婴儿背带带他散步（刺激他的运动神经）。

● 如果宝宝变得浮躁，你可以移开刺激物或者把他抱离这种刺激环境，然后帮他安抚自己。比如帮他吮吸自己的手，或者抓紧一个安慰性的物件。

● 当到了宝宝的睡眠时间时，你可以运用镇定和抚慰方法，帮他进入困倦状态。比如轻轻地摇他或者轻声地唱歌。

帮助宝宝自我镇定

❶ 如果宝宝浮躁，帮他把手放进嘴里。
❷ 这会鼓励他开始把手或者手指放进嘴里。
❸ 当他把手指放进嘴里，他便开始吮吸，这是他在子宫里就养成的一个重要的自我安慰方式。

哭泣状态：安慰 当宝宝哭泣时，你要排除基本因素（饥饿、疲劳、尿湿；见 45 页），过度的刺激是婴儿哭泣的普遍原因。你需要用安慰的感官知觉输入方式，让宝宝的状态下降一个级别（见下页）。

- 你需要安抚宝宝，你可以轻轻摇他、给他系上婴儿背带、让他吮吸奶嘴或者你的手指，特别是在他非常心烦以致无法自我平静的时候。

困倦状态：安慰 当你遵从着弹性的生活作息时（见 50~52 页），你就知道什么时候宝宝会疲倦，那便是运用感官知觉输入使他镇定的时候。

- 为了让宝宝获得理想的睡眠质量，在睡眠以前，你可以在夜晚昏暗的房间里喂奶，轻轻地摇晃他，让他的运动觉起到镇定作用，帮助他进入困倦状态。

保持平静而警觉状态 平静而警觉状态受到两种因素的影响，即状态的持续时间和持续这种状态的难易程度。足月的新生儿最初只有很少的时间处于平静而警觉状态：以 3 小时为一周期，只有 15~20 分钟处于这种状态。但是随着时间一天天过去，处于这种状态的时间会增加，允许你有更多的时间去刺激他和帮助他学习。不同宝宝有不同的过滤刺激的能力。有些宝宝能应付大量的刺激，并且仍然保持在平静而警觉状态；而有些宝宝会很快提升一个状态，变得过度亢奋且浮躁。在必要时，你可以运用下面的快速指南帮助宝宝保持平静而警觉状态，或者让他平静下来：

- **交际型婴儿** 这种类型的婴儿通常会主动寻找感官知觉输入，而且保持平静而警觉状态的时间也比大多数婴儿要长，刺激让他保持快乐和安定。但是即使是最善于交际的婴儿，在经过一段时间的感官知觉输入以后，也会疲倦。当你的交际型宝宝开始找茬儿，你要试着换成另一种感官知觉刺激，如果这样也不能让他平静下来，你会发现他该睡觉了。
- **慢热型婴儿** 慢热型婴儿保持平静而警觉状态的时间很短，要想让他在一种新的刺激中安定下来，则要花上一些时间。这类婴儿需要你让他安静，也需要你的关注，这样他才能在平静而警觉的状态中保持快乐。
- **沉稳型婴儿** 沉稳型婴儿保持平静而警觉状态的时间比其他任何类型的婴儿都要长，而且即使面对大量的刺激因素时，他仍然能保持平静。当接收了足够的感官知觉刺激时，他不会像其他婴儿那样开始哭泣，而是更有可能进入困倦状态并且睡着。他也会发出明确的信号表明他在如何处理感官刺激。
- **敏感型婴儿** 敏感型婴儿保持平静而警觉状态的时间极其有限。他很少处在平静而警觉的阶段，并且非常需要你安抚他，从而让他停止哭泣。

安慰与刺激宝宝

类似子宫里的感官知觉输入能起到镇定作用。了解如何安抚宝宝，能帮助他获得充足的睡眠，从而让他更好地发育和茁壮成长。下面的表格能帮你为宝宝打造一个安定的世界。对于宝宝来说，有很多令人讨厌的东西扮演着刺激输入的角色，这时你需要注意避免：对健康有害的气味，比如浓烈的香水味、烟草味、刺鼻的化学品气味；苦或咸的食物；非常明亮、刺眼或者闪烁的光线。

感官知觉	安慰	如何安慰?	刺激	如何刺激?
触觉	• 深层按压 • 微温 • 平滑而柔软的织物 • 触摸嘴巴或者嘴巴的周围	• 用襁褓包裹 • 抚摸宝宝的背部 • 抱紧他 • 深深地拥抱 • 保持恒温 • 开始喂他润滑的食物 • 使用柔软的床上用品和衣服 • 把手放在一起 • 吮吸手	• 轻触 • 不定时的抚摸 • 抚摸身体的正面和脸部 • 过冷或者过热的温度 • 不确定的各种类食物	• 胳肢他 • 吹皮肤 • 随意地抚摸 • 轻抚他的脸、腹或头 • 大幅度地改变环境的温度，比如外出、温水浴 • 改变食物的特征或变换口味
运动觉	• 缓慢而有节奏的运动 • 线性运动	• 摇摆 • 晃动 • 用婴儿背带抱 • 摇椅	• 快速而无规则的运动 • 来回运动或旋转运动	• 在空中摇摆（仅限6个月以上的宝宝）
嗅觉	• 中性的气味 • 母亲的气味	• 薰衣草或者洋甘菊的气味 • 母亲的气味 • 宝宝的气味	• 浓烈的、刺鼻的气味	• 柑橘和肉桂的气味
视觉	• 昏暗的灯光 • 熟悉的面容 • 有镇定作用的颜色	• 调暗光线 • 拉上窗帘内衬 • 暗淡的颜色和青色	• 强烈的灯光 • 对比鲜明的颜色 • 非常明亮的颜色	• 荧光灯 • 红色、黑色和白色
听觉	• 白噪声 • 熟悉的声音 • 有节奏的声音 • 低音	• 播放平缓的声音 • 播放白噪声 • 心跳声 • 哼摇篮曲	• 不定的噪音 • 高音或者波动的声音 • 嘈杂的声音	• 兴奋的声音 • 叫喊
味觉	• 熟悉的、淡淡的味道	• 奶水	• 浓烈的味道	• 带酸味或苦味的食物

第 4 章

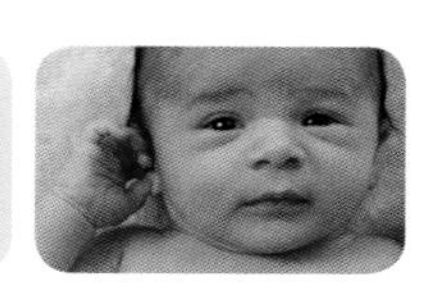

读懂宝宝的信号

露西是妮娜的第三个宝宝。妮娜亲自带大了另外两个小孩，人人都认为她对育儿技巧了如指掌。但是，她抚养露西的经历却完全不同于以前：妮娜经过紧急剖宫产生下了露西，完全不同于以前她所经历的自然分娩。在露西出生后的好几个星期里，妮娜一边吃止痛药从手术中恢复过来，一边努力照顾着这个新生儿和另外两个学步幼童。她不确定是因为吃止痛药让她读懂露西的能力变得迟钝，还是因为这个宝宝的确更难读懂。但是这次的育儿经历实在让妮娜感到迷惘。

宝宝的特殊语言

宝宝在出生后第一周就会发出语言信号，这些形成了你与她之间第一次宝贵的交流。如果你仔细听她的声音或者留心注意她，她便会收到你的信息：她对于你很重要，你很尊重她，因此她也会乐意尝试与你交流。如果你能从试着理解宝宝、满足她的需求开始，建立你与她之间的亲子关系，你必定会得到回报，而且你们的关系会更牢固，因为她能感觉到你在倾听。

与宝宝交流最有效的方式是倾听她的“儿语”。尽管每个宝宝都是独一无二的，但是宝宝们都有一种通用的语言，你可以用它解读宝宝的需要。能够读懂宝宝的信号、确定她正处于哪种感觉状态、了解她是变得亢奋还是平静，这些对于父母来说都非常关键。一旦你明白了这些，你就能够采取行动帮助宝宝。

宝宝的 4 种信号

宝宝不像成年人那样能从某种刺激环境中抽身而退，她没有能力控制自己的世界，需要把她的反应传达给你。好在宝宝有她自己独特的语言，可以让你准确地知道她在如何对待感官知觉信息。

宝宝有 4 种方式回应外界的刺激。她可能很高兴，想与你互动；可能接收的刺激有些过度，想寻求帮助；可能开始烦躁；最后可能哭泣。宝宝会用一些微妙的信号传达她的所有反应：

学习如何……

- 识别靠近信号、警告信号、抱怨信号。
- 解读宝宝哭泣的原因。
- 对宝宝的信号做出回应。

靠近信号

- 微笑或者嘴型为“哦”的表情：6周以下的新生儿也会“微笑”，他们并不一定用嘴唇微笑，而是用明亮的眼睛、舒展的眉毛和平稳的呼吸微笑。
- 睁着眼睛，保持着柔和的、放松的却机警的面部表情：宝宝的目光与你的目光交会，盯着你的眼睛看。
- 喔啊声。
- 四肢放松。
- 宝宝的身体通常保持平稳运动（大幅度的肢体动作很少）。
- 转向声音发出的方向。

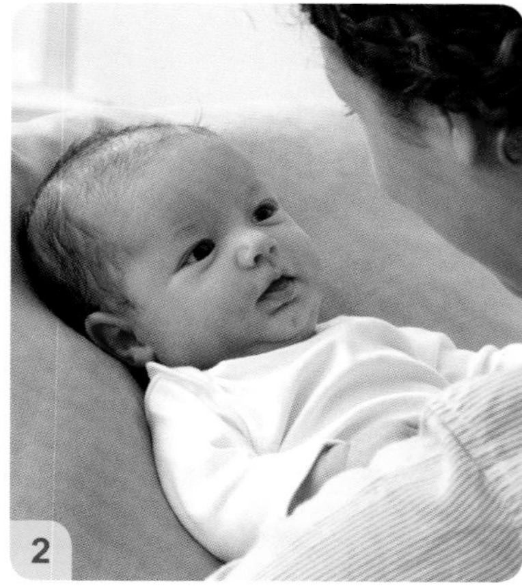

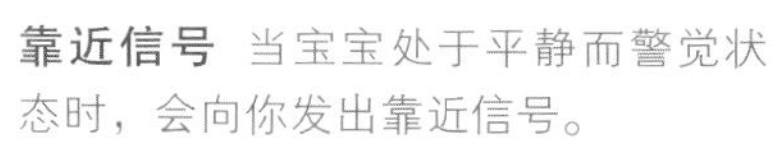

靠近信号 当宝宝处于平静而警觉状态时，会向你发出靠近信号。

❶宝宝微笑或张嘴是邀请你一起玩的典型信号。

❷柔和而放松的面部表情表明宝宝很镇静，这是学习的理想状态。

靠近信号："和我玩" 当宝宝休息好了且感觉舒适时，她处于平静而警觉状态（见31~33页），此时外界的刺激因素对于她是毫无压力的，她已准备好了做出回应，并用她收集到的信息去开发她的大脑。她会展示一些靠近信号，比如微笑或者喔啊声（见上页的方框）。这些是向你表达她很满足、很镇定，她已准备好与外界互动。

警告信号："帮帮我" 当外界的刺激输入让宝宝感觉有压力时，她会用一些信号表达，让你帮她减少压力的影响，使她的神经系统恢复平衡。她企图通过这种方式帮助自己保持平静。警告信号一般是宝宝面对刺激时用来自我安慰的方式，因为她想让自己的头脑清醒。虽然她也有自我整理、自我调节、自我平静的能力，但是需要很大的努力。这个时候要避免进一步的刺激，你要将她抱离刺激环境，如果她想睡觉的话就让她睡一会儿。

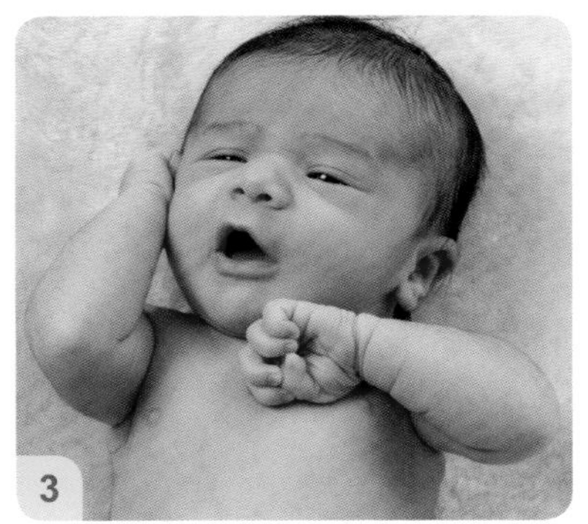

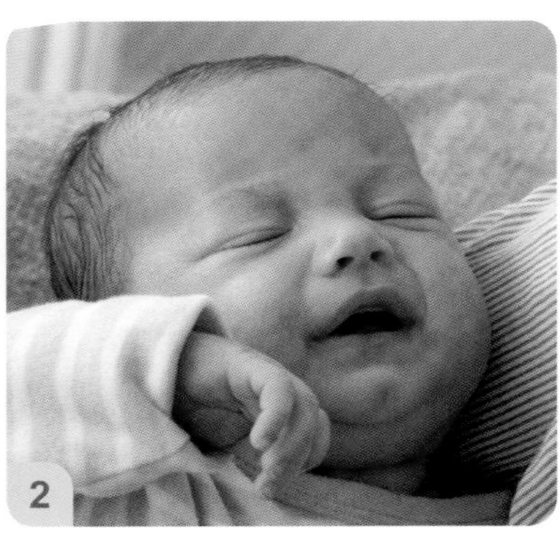

警告信号 宝宝可能发出一般的警告信号。

❶ 吮吸手指或手：把手指或手放进嘴里安慰自己。

❷ 双腿伸直或身体紧绷，表明想移走刺激物。

❸ 握拳或把手放在耳边，这是典型的警告信号。

❹ 进入困倦状态准备睡觉，阻止刺激因素影响自己。

警告信号

- 一只手或两只手放在脸上，或双手紧抱在一起。
- 吮吸手指或手：她用这种方式自我安慰。不要误认为她饿了，除非到了喂奶时间，或者她看到乳头和奶嘴很高兴（见41页）。
- 握拳。
- 双腿伸直，或者身体紧靠婴儿床边缘或你的脖子。
- 进入困倦状态。
- 呈现胎儿的姿势。

感官知觉的故事

误解信号的意思 露西躺在婴儿游戏垫上，她已经在这里躺了10分钟，母亲妮娜在为另外两个孩子做早餐。起初露西对明亮的颜色和移动的形状很感兴趣，但是此刻她开始踢腿和扭动。她已经接收了太多的感官刺激，她很想离开这里，可10周大的宝宝还没有翻滚离开的能力。她的母亲却误解了露西对刺激的反应，还以为她在游戏垫上很高兴。

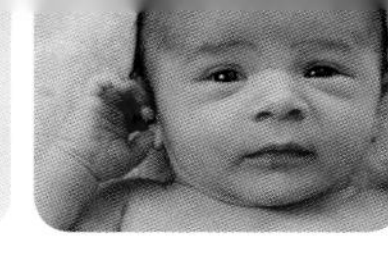

抱怨信号："走开" 如果婴儿感到压力，而你没有及时把她抱离刺激环境、放到床上或帮她平静下来，她就会过度受激。这时她就会因刺激变得压抑，以致无法通过自我安慰的方式抵消刺激的影响。这个阶段以抱怨为特点（见左边的方框），比如不耐烦或者扭动，但实际并没有哭。当宝宝开始烦躁不安时，你应该满足她的要求，把她抱离刺激环境，或者把刺激物从她周围拿走。你要教她如何把手放进嘴里进行自我安慰，用45~47页的小窍门安抚她，这一点非常重要。

抱怨信号

- 不耐烦。
- 转移注视方向或锁定注视方向（呆滞的眼神或"目瞪口呆的表情"——张嘴凝视前方），转移目光。
- 缺乏警觉性：凝视前方，面容困倦。
- 张开手指或敬礼：当宝宝想睡觉时，她会发出这种信号。如果你妨碍她，她会把手抬到脸前，手指张开，意思是说"不要打扰我"。
- 扭动。
- 宝宝弓起背和脖子，似乎想推开你。
- 出现发狂、无序、抽动的肢体运动，特别是被活动物体或其他刺激因素过度刺激的时候，常常伴有双脚出汗的情况。
- 吐舌头。
- 愁眉苦脸、发出一种低沉的咕哝声。
- 叫喊、打喷嚏、打嗝，如果到了睡眠时间，宝宝疲倦时会打哈欠，打喷嚏清理鼻子，或者喝完奶后打嗝。但是，千万不要立刻下结论，因为也可能会有其他原因，这要看具体状况和具体时间。
- 嘴巴四周颜色的改变，比如变苍白、变斑驳、变红、变青（频繁放屁或打嗝），这是神经系统对疲倦或者感官知觉超载的反应。
- 出现心率和呼吸等重要信号的变化，比如气喘或无规律的呼吸。
- 作呕、回奶。

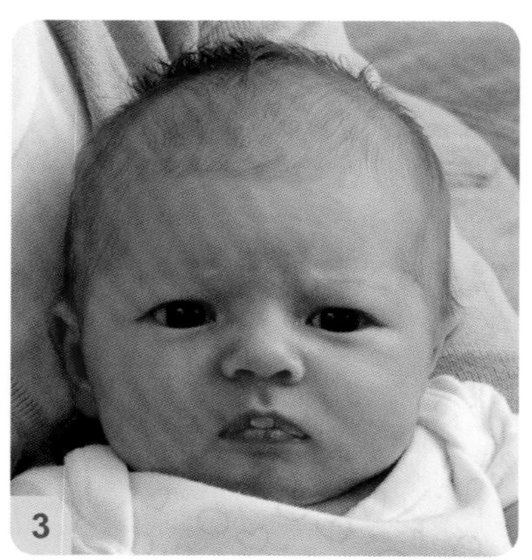

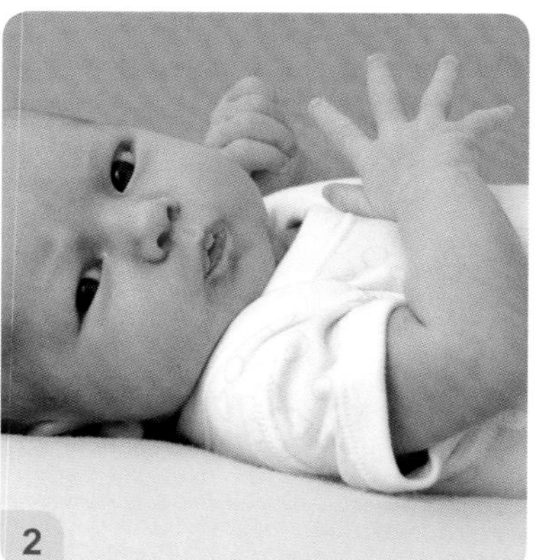

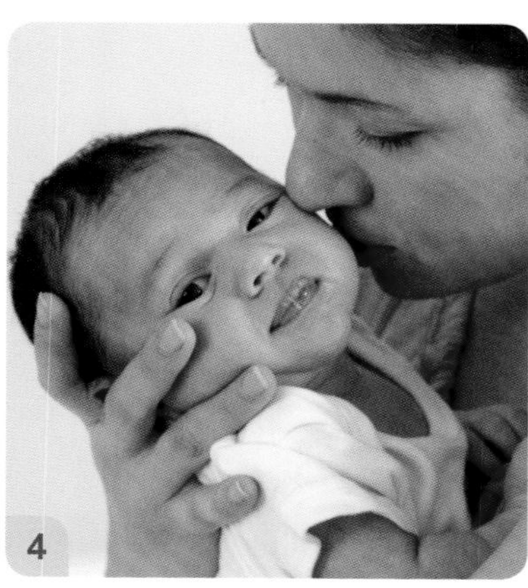

抱怨信号 这些是宝宝过度受激和寻求帮助时常见的抱怨信号。

❶ 转移注视方向：把脸转过去，不与刺激物进行目光接触，张开嘴巴，这是抱怨信号。

❷ 张开手指或敬礼：当宝宝想睡觉时，如果你妨碍她，她会把手抬到脸前，意思是说"不要打扰我"。

❸ 宝宝会用一些面部表情表达抱怨信号，比如皱眉或挤眼。

❹ 推开：宝宝会弓起背部，试图将你推开，这是让你移走刺激物、让她镇定下来的意思。

误解信号的意思

我们很容易误解宝宝的警告信号和抱怨信号，这些我们都犯过，所以不要感到内疚。即便是经验最丰富的母亲，当她回顾往事时，同样会惊诧当初怎么会那么轻易误解了宝宝试图交流的意愿。我们之所以会误解信号的意思，部分原因是因为很多人没有亲自带宝宝的经验，直到有了自己的孩子。结果，我们倾向于从书本上学习育儿的经验，书本带领我们注重“医疗经验”而不是行为反应。

我们很容易将宝宝的信号理解为消化功能失调、放屁、饥饿、厌倦，或者干脆将它们结合在一起。如果宝宝的信号一直被误解，比如她每次发脾气时你总是喂奶，或者把她的手从嘴里拿开，反而用刺激的方式逗她笑，那么，宝宝试图安慰自己的意愿就会受到干扰。你会发现每次宝宝烦躁时你只能喂奶，然后她只会依赖你的乳房——直接依赖食物来安慰自己。或者还有可能，如果你把宝宝的抱怨信号理解为厌烦，然后用刺激方式使她高兴，她便长期感到压力。
下面是一些通常会被误解的信号：

信号	通常的解读方式	试着这样解读
用手摩擦耳朵	耳朵感染	“我累了”
吮吸手	饥饿或磨牙	“我累了”或者“帮我保持平静”
转移目光	不感兴趣或厌烦	“我想要休息”或者“暂停”
狂乱或者抽动的肢体动作	兴奋	“我受够了，不能摆脱刺激”
发出低沉的咕哝声	想解大便或放屁	“我受激过度”*
打喷嚏	着凉或者清理鼻子	
嘴巴四周发青	放屁或者打嗝	
回奶	反流	*通常的解读方式有时是正确的，但也可能是压力在大脑里的自然反应。

感知的秘密
如果你没有注意到宝宝疲倦或者受激过度的信号，她最后可能会哭泣。你不必太担心，只需用温柔的话语和抚慰的动作让她平静下来。

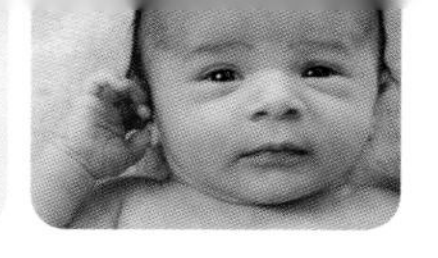

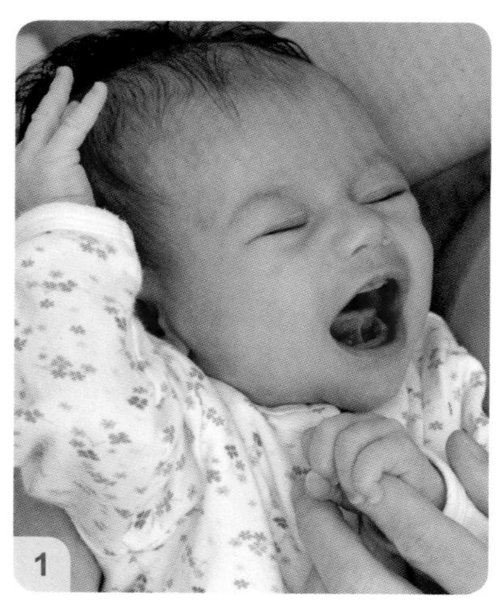

哭泣信号 当宝宝受激过度开始抱怨时，如果你一直刺激她，或者不帮助她入睡，过不了一会儿，她就会伤心啼哭。作为父母，最能够打击你的自信心、让你感觉完全束手无策的事情，莫过于面对一个哭泣到看似无法安慰的宝宝。当然，宝宝哭泣有很多原因，例如饥饿、尿裤子、外界环境不舒适（如强烈的光线，或者太热、太冷）。你如何知道她哪些时候是由于受激过度、饥饿、累了还是病了才哭泣呢？答案就在于要明白如何读懂宝宝信号的奥秘。在后面的几页中，你会学到如何区分饥饿的哭泣、疲倦的抱怨和肠胃胀气的刺激。

解读哭泣的意义

如果有一本手册能告诉你，宝宝长久而伤心的哭泣意味着什么、短暂而急促的喘息又意味着什么，那就太好了。但现实是宝宝的哭泣方式并不是始终如一的，所以我们没办法根据哭泣的声音解释原因。只有排除其他原因，看看宝宝所处的环境，才能更好地了解她哭泣的真正原因。留意导致她哭泣的信号，这是处理宝宝哭泣的第一步。关于警告信号和抱怨信号的提示，详细参考 38~41 页。如果你没有注意这些早期信号，或者宝宝已经开始哭泣，那么下面这些可以帮你查明原因：

胃腹胀气引起的哭泣

宝宝哭泣时通常会踢腿、愁眉苦脸，或者看起来痛苦不堪，所以她每次哭泣时，我们很容易误认为是她肚子痛或消化功能失调。事实上，宝宝烦躁和哭泣的原因并不总是放屁、打嗝、胃痉挛。但是在喂奶时或喂奶后不久，宝宝胃里形成胀气，这会让她感觉很不舒服。如果宝宝停止吃奶或抱怨奶嘴，那就让她休息片刻，看看她是否在打嗝或放屁。有些宝宝喜欢一口气吃完奶，而你的宝宝可能需要休息片刻再继续吃奶。

喂完奶后，将宝宝的身体保持竖直，轻拍或抚摸她的背部，鼓励宝宝排气。有时打嗝不会对宝宝造成任何负担，而且也发生得很快；而有时她完全不打嗝。有些宝宝可能出现回奶的状况，并在打嗝时吐出凝乳；而有些宝宝不会。胀气不大可能成为烦躁或肠绞痛的原因，除非你的宝宝已经受激过度，在这种情况下，胀气增加的刺激感受会导致她哭泣。

哭泣信号 如果宝宝表现出受激过度的信号，而且无法自我安慰，她就开始哭泣。

❶ 宝宝哭泣时，她会用另一种肢体语言表达她的感受，比如用手摩擦她的脑袋、抓住你的手。

❷ 宝宝哭泣时，可能会弓起或绷直身体、张开双手，出现狂乱而无序的肢体动作。

饥饿引起的哭泣

宝宝哭泣时，总有阿姨问你她是不是饿了。如果一小时前你刚喂过她奶，听到这样的问话一定很生气。当然，你也想排除她是否因饥饿而苦恼。本书的第二部分（见第 7~13 章），根据宝宝的年龄详细描述了喂养和饥饿之间的关系。但是作为一般规则，以下方法同样适用：

新生儿 新生儿出生初期需要频繁喂奶，但并不意味着每次哭泣都表示饥饿。不可否认的是，宝宝饥饿时的哭泣与疼痛或受激过度时的哭泣差别不是太明显，你需要花些时间辨别这些哭泣的原因。宝宝出生几周内，喂奶的间隔慢慢拉长，你就会熟悉她饥饿时独一无二的哭泣。到那时，如果你需要线索，可以考虑以下两点：

❶ 回想一下上次喂奶的时间。如果这次哭泣离上次喂奶的时间不超过两小时，那就可能不是因为饥饿。

❷ 考虑她的年龄。宝宝快速生长期是在 4~6 周，再就是从 4 个月开始，在这段时期，你要频繁喂奶。

大一点的宝宝 宝宝长到 5~6 个月时，她的营养需求不再仅仅满足于奶水。如果她总是烦躁不安，只有更频繁地喂奶才能让她满足，那你就得请教医生，看看什么时候开始给她喂固体食物最合适。

不舒适引起的哭泣

有时宝宝看起来有些不舒适，但又找不出她烦躁的明显原因，哭泣时通常伴随着身体扭动。这可能是因为以下原因：

- 尿布湿了、脏了，或患了尿布疹。这些都可能引起宝宝身体上的不舒适感，从而导致她哭泣。
- 环境太热或太冷。婴儿房间的最佳温度是 16~20℃，最理想的温度是 18℃。过热或过冷都会让宝宝感觉不舒适。
- 刺激阈值。宝宝的刺激阈值各不相同，达到了她的刺激阈值就会不舒适，这与宝宝的感知过滤能力有关。刺激阈值好比疼痛阈值，如果刺激或感知变化阈值低，就会导致宝宝起反应，让她无法忍受；如果感知信息阈值高，她可能不会有过多的抱怨，你也很难知道她的尿布何时脏了，或者她何时烦恼何时不烦恼。因此，对于敏感型婴儿来说，脏尿布会让她痛苦；反之，对沉稳型婴儿来说，任何程度的不适都不会影响到她。

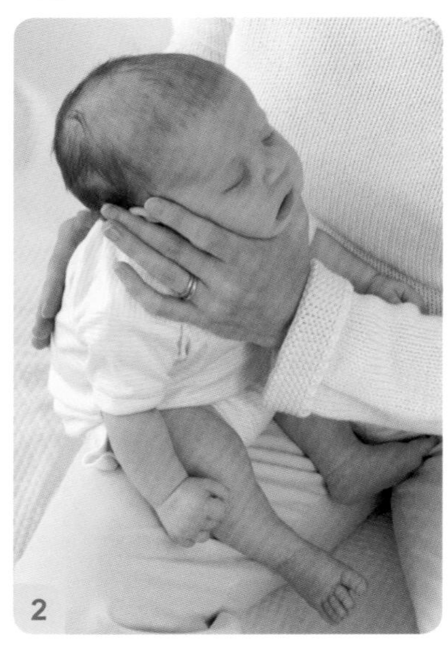

让宝宝打嗝

❶ 肩部打嗝：这个姿势最受欢迎。在你的肩上放一块棉布，抱住宝宝靠在你的肩上，让她的肚子贴着你的胸，不断地揉或轻拍她的背。

❷ 坐立打嗝：如果肩部打嗝失败了，那就尝试一下坐立打嗝。把宝宝放在你的膝盖上坐着，一只手放到宝宝的下巴下面，贴着她的胸，另一只手揉或轻拍她的背，直到她开始打嗝。

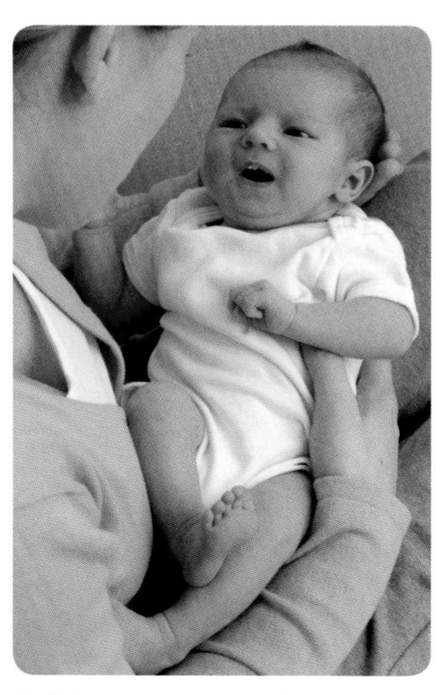

读懂信号 当宝宝看起来很烦躁时，记住一定要暂停刺激，好好理解她给的提示。

疾病引起的哭泣

如果宝宝平常总是很高兴，突然变得非常急躁和爱哭，同时还有些发热或者没食欲，你应该立刻带她看医生。疾病或感染有可能是宝宝哭泣的原因，或者她有先天性的问题（出生时就有的问题），比如代谢障碍。有一种常见的原因会导致宝宝不舒服，即反流（见左边的方框）。

疲倦引起的哭泣

如果排除了饥饿、不舒适、肠胃胀气和疾病等原因，宝宝还是哭泣，那就有可能是她累过头了。白天的睡眠是很重要的，能让宝宝在醒着的时候保持平静，晚上也更容易入睡。读完第5章，你就会明白如何制定白天的睡眠计划，它能帮你预测宝宝是否因疲倦而哭泣。

过度受激引起的哭泣

当宝宝开始哭泣，怎么也哄不好，而你又找不出明显的原因，换句话说，当她不饿、不需要换尿布、也没有生病时，你应该考虑她过度受激的可能性。

❶ 查看宝宝周围的环境。是太过刺激还是新鲜的刺激因素太多？如果是这样的话，她可能接收了太多的信息，她的大脑无法过滤或处理这些输入，这种情况导致她哭泣。

❷ 回想宝宝哭泣前发出的信号。如果她很烦躁，发出了“退后”的信号但还是继续受激，她就可能已经到了无法自我镇定的烦恼状态，导致她无法安慰地哭泣。

❸ 看看当时的时间。如果当天已接近尾声，宝宝就可能是因过度受激而哭泣。

如果宝宝长时间受激过度，而且没有安静的时间，她就会停留在压力状态，这会对她的总体发育起负面作用。尽管每个宝宝的哭泣都是独特的，但你要学会解读你的宝宝过度受激时的哭泣。当她哭泣时，她会频繁地踢腿、嘴巴周围变青、把手放在脸上和嘴上，尝试自我安慰。

敏感型婴儿 如果你的宝宝一直烦躁不安，没给出什么警告信号就开始不停地哭泣，你可能不知所措。敏感型婴儿比其他婴儿更有挑战性、更容易烦恼。他们很容易受到环境不舒适的影响，也可能因为最小的刺激而过度受激。如果你的宝宝是敏感型婴儿，你应该格外注意她的清醒时间（见51页），观察她过度受激的信号。

反流 如果宝宝吃完奶后哭泣、不愿被放在床上，或者睡一小会儿就醒了、而且非常不安，这时你需要考虑是否因为反流的原因。大多数宝宝都有回奶、吐出凝乳的情况，但是，不是所有宝宝反流时都有吐出凝乳的表现。轻微或无声的反流现象也能导致宝宝不舒适，他们不会吐出凝乳（见141页）。如果你怀疑是反流原因导致宝宝不舒适，一定要找医生确诊，听听医生的治疗建议。

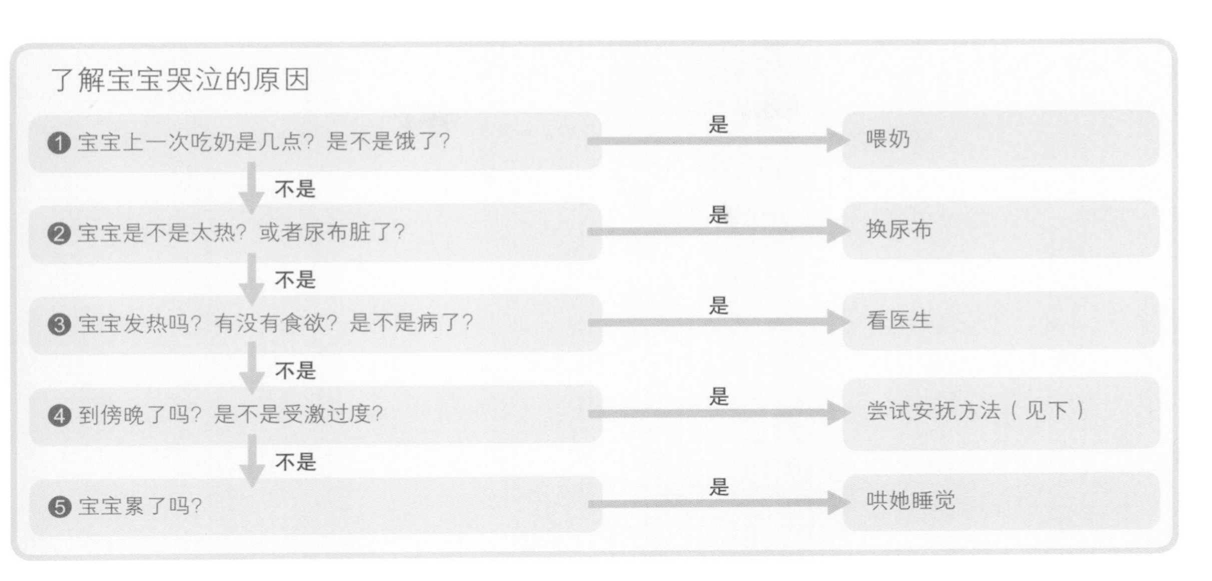

安抚感官知觉的方法

宝宝的大脑处理感官知觉输入时，会影响她的状态。如果感官知觉信息是刺激性的，宝宝的状态会提升，比如，从平静而警觉状态上升到活跃而警觉状态。镇定性的感官知觉输入会降低宝宝的状态，能使宝宝平静下来或进入睡眠。

一旦找到宝宝哭泣的原因，你就需要用上安抚方法（见下）。试着按顺序运用这些方法，用每一种方法安抚 5 分钟，然后再换到下一种。

5 分钟安抚

安抚宝宝时，5 分钟原则很重要。你可以尝试用下面的某种方法安抚 5 分钟，如果不起作用，换下一种方法再安抚 5 分钟。这样做可以减缓你的反应，让你的时速与宝宝同步，同时，它也给了宝宝大脑 5 分钟的记忆时间，以便宝宝对安抚方法做出充分的回应。例如，你用襁褓包住宝宝，开始她可能一直扭动，但你只需坚持包裹 5 分钟，让她的神经系统有时间接受这种方法，用不了多久她便会安静下来。

感官环境 看看宝宝周围的环境是否有太多的刺激因素，想想所有这些感官知觉输入她都要接受，从视觉、嗅觉到听觉。所以，你要考虑宝宝周围的环境，准备好改变它，或是将她从这样的环境中抱离，从而避免感官知觉超载。

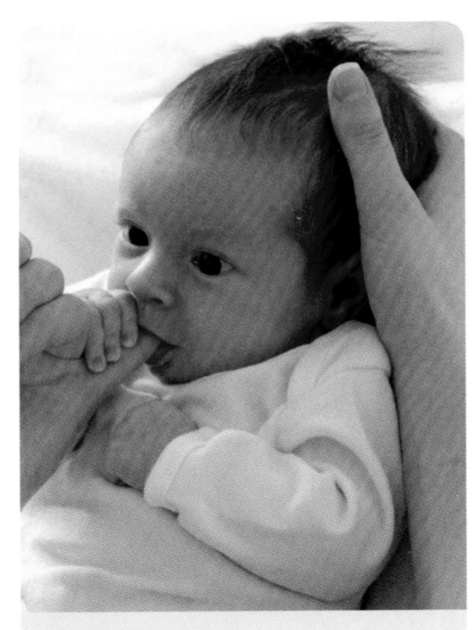

感知的秘密

宝宝哭泣时，与其制止她哭，不如把注意力放在解读宝宝的哭泣上。那样的话，你的反应更有可能减轻宝宝的烦恼，你也无须采取紧急措施，比如驾车四处转悠，让宝宝依赖你而平静。

如何根据宝宝的信号做出回应

靠近信号

- 与宝宝互动。
- 同她说话，然后抚摸她。
- 把宝宝放在你的膝盖上，然后喂奶或与她玩耍。

警告信号

- 安静地、牢牢地抱着她。
- 把她的胳膊收拢，或用襁褓毯子包住她。
- 避免让她的眼睛接触到刺眼的光线。
- 让宝宝抓住你的手指。

抱怨信号

- 调整宝宝的环境，比如，把她带到安静的地方。
- 调暗光线。
- 避免目光接触。
- 放轻缓的音乐。
- 牢牢地、安静地抱着她，不要摆弄她太久。
- 用襁褓包住她，把她的手放在胸口附近。
- 用婴儿背带抱她。
- 让她吮吸你的手指。

- **烦躁的新生儿** 你要留意新生儿需要接受的嗅觉和视觉信息。如果她周围的环境嘈杂又明亮，就把她抱到光线昏暗、窗帘关闭和噪音较少的地方，因为宝宝对响声和意外的噪音很敏感。如果她过度受激是因为有太多人围着她，那就把她转移到相对平静的环境，至少不要让太多人围着她。你可以用婴儿背带抱她，让她避开接二连三的感官知觉输入。新生儿通常不能接受超过 10 分钟的视觉刺激。在宝宝出生初期，不要使用香水或擦面乳液。
- **过度受激的宝宝** 宝宝出生后的一年内，她接受刺激的能力会稍微强一些。注意观察她的警告信号（见 39 页），那说明她接收了太多感官刺激。如果宝宝开始烦躁不安，就把她带到安静的房间，轻轻地摇晃她。千万不要在宝宝周围摆放太多的玩具，一定要减少刺激因素，避免过度刺激，这样她才能更好地参与某一项活动。

自我安慰 刚出生时，大多数宝宝的自我安慰能力都没有完全开发。在宝宝出生头 3 个月里，你的任务之一是帮她学习自我安慰。

- 当宝宝变得暴躁时，注意寻找解决办法并鼓励她去做：教她吮吸她的手指或拳头；教她抚摸自己的脸；让她盯着你或其他安慰物品看；教她伸手拿一件舒适的物品或用来睡觉的物品，比如毯子；教她看自己的手；教她把双手放在一起或放在身体的中线。

只有当宝宝每次烦躁时你没有做出过度的反应，她才能学会自我安慰的技巧。千万不要在她刚开始哭泣时就拿出奶嘴，或是把她抱起来安抚她，或是给她喂奶，但也不能让她哭的时间太长。你每次的反应要一致，这点很重要。假如她开始考虑如何安慰自己，试着别去管她：

- 如果宝宝开始安慰自己，吮吸自己的双手或是把手放在身体的中线上，不要打扰她。
- 如果宝宝完全没有安慰自己（9 周以下的婴儿都这样），那就教她一些自我安慰的技巧。用襁褓紧紧包住她，把她的双手放在脸颊附近（如何包襁褓，见 26 页），这是个很不错的方法，因为这种姿势能让她尝试通过吮吸双手来安慰自己。

襁褓包裹 用襁褓包裹新生儿可以起到很好的镇定效果，类似于拥抱或深深的安慰。即使你觉得新生儿不喜欢被包裹，但还是要坚持这么做：与没用襁褓包裹的宝宝相比，用襁褓包裹的宝宝明显要镇定一些，安静睡眠的时间也长一些，因为襁褓让他们想起了在子宫里的感觉。大多数宝宝都喜欢被襁褓包裹，直到他们长到 9~12 周。

● 随着宝宝一天天长大，她或许不喜欢被包得这么紧，会把胳膊伸出来，但睡眠时间一定要继续把她的胳膊包在襁褓里面。

抚摸 抚摸是母亲照顾宝宝的本能手段，她们会在宝宝光滑的额头上轻轻一吻，也会把宝宝深深拥抱，或者包裹在棉毯里抱紧。如果宝宝有烦躁的倾向，你可以尝试日常按摩的方法。有很多不同的方法给宝宝按摩（见105页），你可以多尝试一些，然后找到对你和宝宝最好的方法。

● 开始在早上按摩：有些宝宝不能接受在傍晚按摩，因为他们很可能在傍晚时非常烦躁。早上按摩的效果更持久，你的宝宝一整天都会更镇定。

● 对于稍微大一点的宝宝，你可以把按摩作为夜晚睡前的安抚程序之一。如果你在按摩时发现宝宝总是扭动身体，可以给她一个玩具玩，或是让她看游戏垫上的移动物体，吸引她的注意力。

● 如果宝宝哭泣，你可以轻轻地拍她使她平静。对于早产儿和新生儿，可以安静地抚摸使其平静下来。试着把你的手放在她的手上，静静地放几分钟。

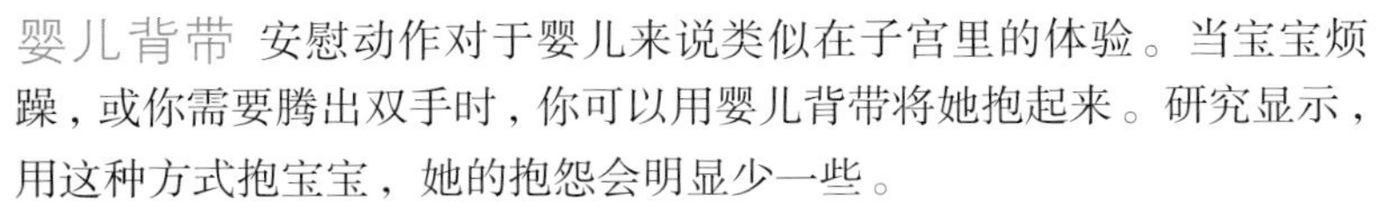

婴儿背带 安慰动作对于婴儿来说类似在子宫里的体验。当宝宝烦躁，或你需要腾出双手时，你可以用婴儿背带将她抱起来。研究显示，用这种方式抱宝宝，她的抱怨会明显少一些。

● 对新生儿来说，使用婴儿背带能很好地支撑她，按压和摇晃运动带来的镇定效果对她有好处。

● 对敏感型婴儿来说，用婴儿背带抱着散步能起到镇定作用。

声音 安慰的声音能使脾气暴躁的宝宝很快平静下来，是个极好的方法。你可以轻声对她说话或唱歌：她喜欢你的声音。

● 新生儿在子宫里体验过的声音会让她觉得非常安慰。你可以把白噪声录制在光碟上，或是调低收音机的声音，这样宝宝也会找到安慰。吸尘器和洗衣机的白噪声就足以安慰一个烦躁的新生儿。

● 宝宝在出生前的6个月，你的心跳节奏（每分钟大约72下）对她来说十分欣慰和熟悉，所以你可以把她贴近你的心脏。有趣的是，大多数父母都会把宝宝抱在左肩，不管他们是什么用手习惯。这表明，我们凭直觉就知道心跳能安抚自己的宝宝。

● 播放一些温柔的经典音乐（巴洛克音乐或莫扎特的曲子最有效果）或摇篮曲，同样也能安慰一个烦躁的宝宝。

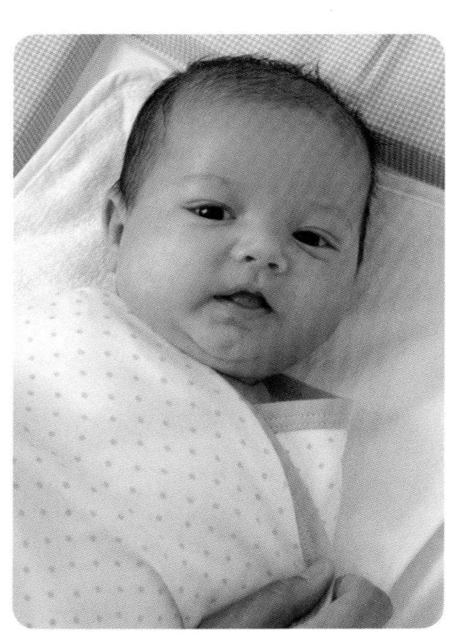

镇定和克制 如果宝宝发出了抱怨信号，那么用襁褓包裹她是一种好的镇定方法。

循序渐进的安抚方法

1. 留心宝宝饥饿、疲倦或受激过度的信号。
2. 如果宝宝在哭泣，用排除法（见45页的方框）找出她哭泣的原因。
3. 看看第一种安抚方法：她的感官环境和当时的时间。如果她周围的环境是刺激性的，可能导致她烦恼或感官知觉超载。
4. 允许宝宝有时间（5分钟）自我安慰。
5. 换下一种安抚方法（见上页），实施5分钟以便见效。
6. 如果5分钟后宝宝仍然哭泣，再换下一种安抚方法。

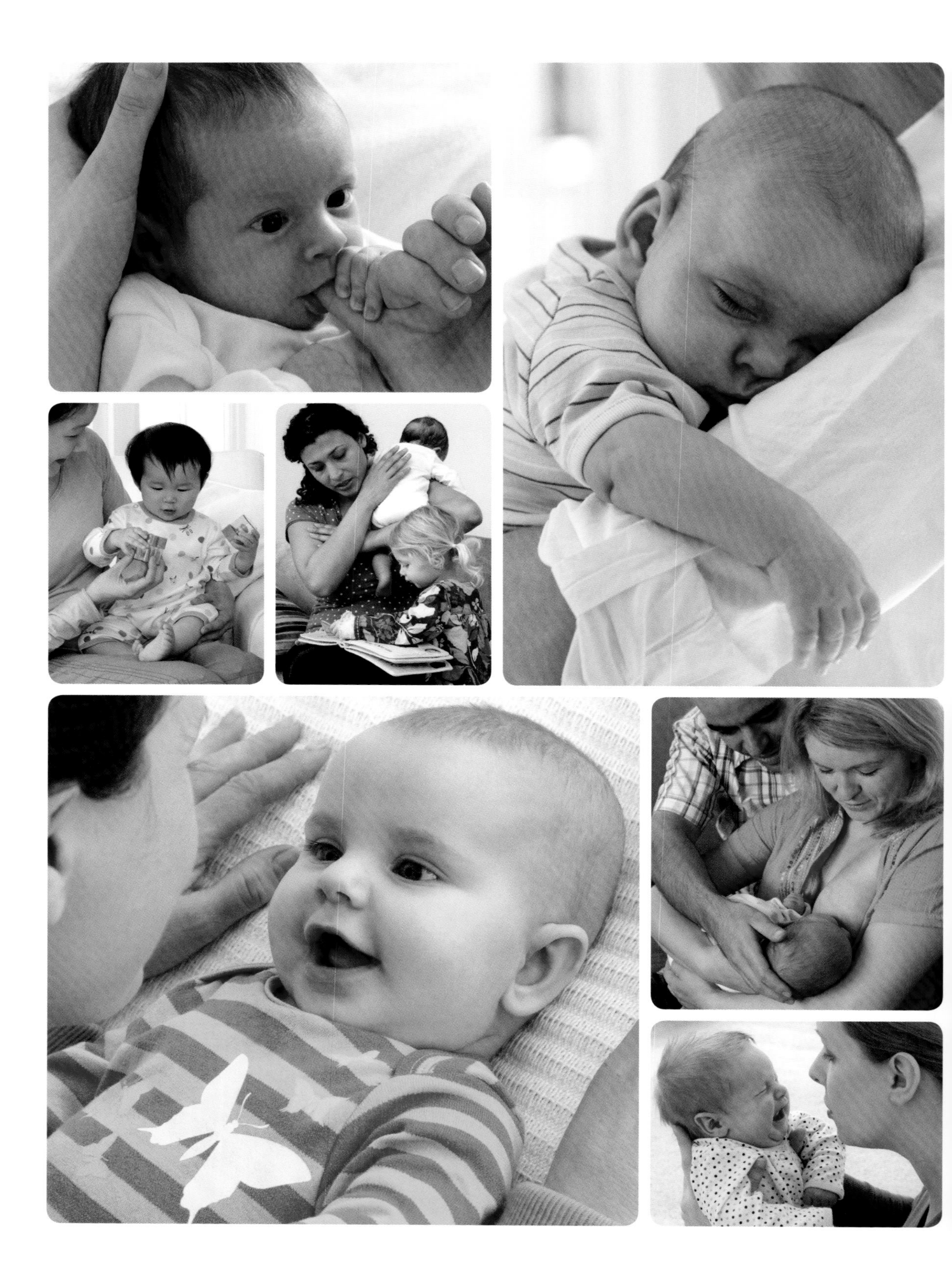

第 5 章

妈妈的感觉：宝宝影响着你

莎拉习惯挑战自己的极限，她在压力下总能做得非常出色，也很享受挑战带来的快感。为什么伊莎贝拉这个小小的婴儿，就让她丧失了自我平衡的能力呢？莎拉不知所措，她很焦急，也很困惑，始终找不到答案。对她来说，照料新生儿是个全新的领域，她对此感到陌生。所有的建议看起来似乎都自相矛盾，莎拉感觉无法套用现成的模式。在她心里有很多疑问："如何让伊莎贝拉融入我的生活，同时又能满足她的需要？我如何确保她能长成一个神智健全、幸福的人，同时在这个过程中我又不会迷失自己呢？"

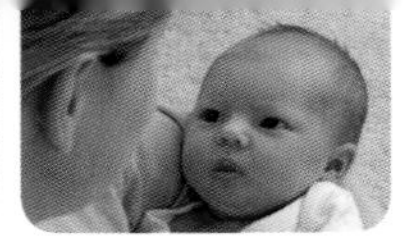

学习如何……

- 平衡你和宝宝两者的需求。
- 形成一套适合宝宝的、灵活的日常作息。
- 克服制定日常作息时遇到的各种困难。
- 承担母亲身份的责任。
- 了解你如何适应宝宝。
- 识别并防止产后抑郁症。

对你和宝宝适用的日常作息

对大多数女性来说，过渡到母亲身份是一个挑战。你的作息时间和生活节奏，新生儿可能并不适应，因为他们没有日常作息的概念。由于养育子女通常是在相对独立的空间——没有大家庭帮忙，所以新妈妈常常会觉得无助和孤独。即便有良好的支援系统，许多妈妈还是会发现大家庭和朋友们给出的建议常常相互矛盾。在宝宝出生初期，很难建立规律的日常作息模式，但是关键在于读懂宝宝发出的信号。

日常作息的重要性

当宝宝开始慢慢形成自己固定的日常作息习惯时，生活也开始变得容易管理；当你们每天的日常事务都在意料之中，你会很容易读懂宝宝发出的信号并满足她的需要。尽管有些宝宝能够完全适应有规律的生活作息，但并非所有宝宝都如此。如果你的宝宝属于后者，你可以尝试着逐渐向她灌输有规律的时间计划。那么，有没有一种方法能让你读懂宝宝，使你们的生活变得更容易预见呢？

感知的秘密

死板的日常作息模式没有把各个家庭的差异考虑在内，相反，以宝宝为中心的日常作息更容易让你和宝宝适应。为了形成这种日常作息，你需要首先观察宝宝，然后问自己下列问题：

- 她醒了多长时间？
- 她如何对刺激产生反应？
- 她发出了什么信号？

以宝宝为中心的日常作息

大多数宝宝在出生的头两周都会睡很长时间，你的宝宝看起来形成了一种吃了就睡、饿了才醒的模式。其实这是一种保护性的本能：每天大部分时间用来睡觉，从而把外界排斥在外，以防止周围环境对新生儿产生过度刺激。在最初的这些日子里，你应该听从宝宝的指挥，按照她的需求喂奶。自上一次喂奶后，你可以再过 3 小时 30 分唤醒宝宝，鼓励她白天多吃一些，夜晚少吃一些。

当宝宝长到两周左右，她清醒的时间变得更多，这是因为周围环境的刺激使她很难排斥外界，很难睡觉。这样一来，你也很难为她规定白天的睡眠时间。但在初期的这些日子，宝宝需要定时睡眠。“睡眠引起睡眠”，这是绝对的真理——宝宝睡得越多，就越是想睡，当她清醒的时候也越是平静。

你要同时满足宝宝身体上和精神上的需要，比如营养、温暖、抚摸、关爱和适当的刺激，这样你就能引导她养成一种容易适应的日常作息习惯。如果这种日常作息发生在有条理的环境中，而且是根据宝宝自然的睡眠 / 清醒周期建立的，她就会变得镇定而满足。有 3 个方面可以引导宝宝形成日常的睡眠时间：

1 了解宝宝的生物钟

宝宝的生物钟能让她轻而易举地进入睡眠，也能帮她养成良好的睡眠 / 清醒习惯。我们每天都在经历着周期的节奏——每几小时一次的神经系统循环。这种内部的生物钟不仅告诉我们何时饿了，还告诉我们何时累了，需要泡个澡。作为成年人，你会发现午饭后泡个澡能更容易小睡片刻。

同样地，宝宝在清醒状态时也会累，但是他们的神经系统循环节奏比成年人的短，因此，他们需要更频繁的睡眠。随着宝宝慢慢长大，她的清醒时间会越来越长（见下表）。要想制定以宝宝为中心的日常作息——既容易适应，又能满足频繁喂养和睡眠的需要，秘诀就是让她的清醒次数越来越多。宝宝慢慢长大，她的睡眠 / 清醒习惯也会有所改变，并将受到过滤刺激能力的影响（见第 2 条）。

妈妈的感觉：规律的日常作息十分重要，因为它

- 可以防止宝宝过度受激。
- 可以帮你正确解读宝宝的心情和哭泣。
- 可以让你知道她是否饥饿或过度劳累。
- 可以让宝宝感觉到你了解并会满足她的需要。
- 可以让你更容易计划何时做家务或放松。

2 了解宝宝对感官刺激的反应

有些宝宝能很好地处理刺激：他们设法过滤掉多余的信息，这样就不容易受到过度刺激。同样地，有些宝宝很容易适应日常作息的节奏，而另一些宝宝则需要花很长时间养成日常习惯的模式。

- 沉稳型婴儿通常更容易适应，也能高兴地延长清醒时间。她更容易养成规律的日常作息习惯，即使中断也不成问题。
- 交际型婴儿可能会抵制日常作息习惯，简而言之，睡眠对她来说很烦！她认为按照日常作息习惯会更难入睡，但是交际型婴儿有那么多的社交活动要参加，所以她更需要规律的作息。
- 慢热型婴儿和敏感型婴儿更容易受激过度，你必须小心翼翼地引导她，使之养成日常作息习惯，从而避免过度受激。慢热型婴儿尤其喜

粗略估计的清醒时间

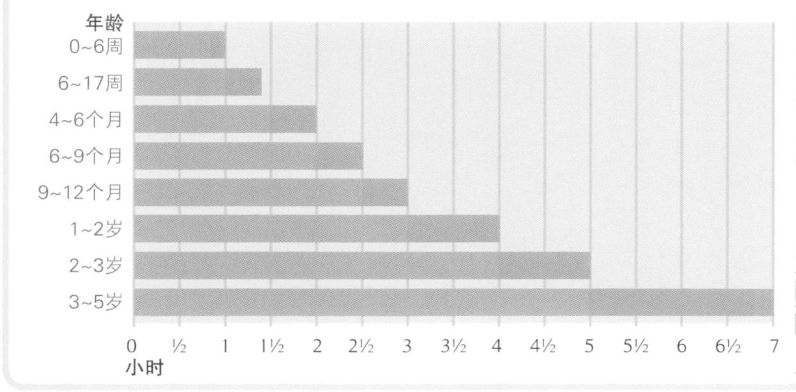

利用这个表格可以找出宝宝的清醒时间会持续多久，宝宝的清醒时间是由她的年龄决定的。从表格中还能看出每两个年龄段之间重叠的清醒时间。

符号表：

- 清醒时间
- 每两个年龄段之间重叠的清醒时间

宝宝疲倦时的普遍信号

❶ 手贴近耳朵：宝宝可能会抓她的耳朵，或是把手放在耳朵附近。

❷ 同成年人一样，宝宝疲倦时会打哈欠。

❸ 当宝宝疲倦的时候，她可能会把手放进嘴里并试图吮吸手指。这是因为她不喜欢这种疲倦状态，所以试图安慰自己。

欢规律的日常作息，休息和玩乐的时间也处理得很好。

所有宝宝都能适应某一种睡眠 / 清醒习惯，但是由于每个宝宝都是独一无二的，我们不能期盼所有宝宝都遵守同一种睡眠 / 清醒习惯，因为这显然是不合理的。假如强行让敏感型婴儿每天清醒 2~3 小时，那么这样的日常作息习惯完全不会有任何好处，反而只会增添妈妈的压力。出于这个原因，大多数敏感型婴儿护理专家都不会推荐死板的日常作息。

3 读懂宝宝发出的信号 在培养宝宝白天的睡眠习惯时，除了考虑宝宝的清醒时间和独特个性以外，还需要注意她疲倦时的信号。留意一下宝宝疲倦时的普遍信号（见左），同时也记下你的宝宝疲倦时的独特信号。在宝宝大概的清醒时间结束前 10 分钟（见 51 页表格），你要开始注意她昏昏欲睡的信号，比如抓耳朵、把手放进嘴里、对玩具失去兴趣、扭头看别处。注意到这些信号以后，你应该把宝宝带到她的房间，遵守一个良好的睡眠习惯：

- 确保宝宝是舒适的，温暖而干燥（必要时换尿布）。
- 拉上窗帘或放下遮光窗帘，调暗灯光，如果房间外面的刺激性因素太多，那就关上门。
- 播放舒缓的音乐或白噪声，帮助宝宝进入困倦状态。
- 如果你的宝宝不到 3 个月大，就用襁褓包裹着她睡觉；如果超过 3 个月大，但她仍然喜欢被包裹着睡觉，也可以这么做。如果房间里冷的话，可以把她放进睡袋里睡。
- 鼓励宝宝通过睡眠伴侣进行自我安慰，比如一条舒适的毛毯或是一件柔软的玩具（见 26 页）。
- 紧紧抱着她，使她处于平躺姿势，这样能帮助她进入睡眠。
- 摇晃她、哄她几分钟，直到她进入困倦状态（拳头和身体放松、目光呆滞），再把她放到婴儿床上。

如果你能按照这 3 个步骤做，就能养成适合宝宝年龄和个性的睡眠习惯，也能满足你自己的需要：可预测、可模仿。在叙述宝宝年龄的章节里（见第 7~13 章），你会根据宝宝的年龄设计出合适的作息时间。

如果宝宝每天的睡眠时间都有些微不同，或者偶尔不遵守甚至完全不遵守睡眠习惯，你也不用紧张。一定要坚持地做这些正确的事情，如果你一直按照这些规律，随着时间的推移，宝宝也将逐渐被引导、逐渐适应这种日常作息，这就是宝宝的感知方式。

日常作息不那么简单?

有时候，宝宝并没有在你预计的时间睡觉，你可能会觉得沮丧和失败，认为她没有正常地遵守日常作息。其实所有宝宝都是不一样的，正如每个人一样，他们也会有顺利的日子和困难的日子。宝宝的日常作息不那么简单，除了年龄因素以外，还存在两种普遍的原因：过度疲倦和睡眠 / 清醒周期中断。

新生儿的日常作息

你也许期盼着能预见宝宝初期的生活，也期盼着新生儿能更好地适应日常作息。可你仍然应该根据宝宝的需要进行喂养，倘若你想很快就制定好规律的日常作息，只会为你自己造成压力。

白天和夜晚的睡眠颠倒

在宝宝出生初期，他们白天和夜晚的睡眠模式可能完全一团糟。如果你的新生宝宝总是白天睡觉，而夜晚醒着的时间更多，你就应该努力扭转宝宝日夜颠倒的睡眠模式，让她养成良好的睡眠习惯。在白天，当宝宝睡了 3 小时 30 分或更久时，你就应该唤醒她，然后根据她的需要喂奶。白天通常要至少每 4 小时喂一次奶。到了夜晚，你可以在她睡醒时喂奶，但是不要特地唤醒她喂奶。当宝宝夜晚醒来时，喂她一次母乳或半瓶奶，然后为她换尿布。等她再次醒来时，再喂她一次母乳或半瓶奶。然后用襁褓包好她，一旦喂完奶，千万不要刺激她或唤醒她。

宝宝不想睡眠

如果宝宝有时不想睡眠，那是因为她已经过度疲倦了。当宝宝清醒的时间比身体允许的清醒时间更长的时候，她就会过度疲倦。新生儿的清醒时间非常短（见 92 页方框）。如果你没有留意宝宝在清醒时间（见 51 页表格）的自然疲倦，她的大脑就会释放神经递质和荷尔蒙，给予她能量并使她保持清醒。你会发现在这延长的第二次清醒时间里，当她与外界互动时她没有之前高兴了。当延长的第二次清醒时间接近尾声时，你会发现更难让她入睡，因为她已经过度疲倦了。荷尔蒙让宝宝不容易睡着，比如肾上腺素（使宝宝保持警惕）和皮质醇（应激激素）。如果你忽略了宝宝在清醒状态时的自然疲倦，结果就是很难使她镇定下来，最终可能导致以下两种情况：

如何让过度疲倦的宝宝镇定下来

- 在宝宝睡觉前，给她一段较长的镇定时间。困倦的宝宝躺到床上不久就会睡着，但是过度受激的宝宝或是没有任何疲倦信号的宝宝则不一样，她可能需要长时间的摇晃，以及轻柔的音乐或摇篮曲，才足以让她进入到困倦状态，并从清醒到入睡。在宝宝困倦但醒着的时候，把她放到婴儿床上，这样她就能学会自己入睡。这一点很重要。
- 如果宝宝睡不着，你需要使用其他办法，比如把她放到婴儿车里摇、使用婴儿背带抱着她直到她进入睡眠状态。小一点的宝宝通常需要更多的安抚手段才能入睡，不到4个月大的宝宝不会形成睡眠习惯。
- 如果你的宝宝不止4个月大，就要避免用摇、推、喂的方式使她入睡，因为这可能导致不良的睡眠习惯。

疲倦的信号

这些是普遍的困倦信号，你需要留心：

- 手放在脸附近，比如摆弄耳朵或头发。
- 吮吸拳头、拇指或某个舒适的东西，比如毛毯。
- 转换到困倦状态，比如眼皮变得沉重。
- 失去目光交流。
- 打嗝。
- 大一点的宝宝可能会摆弄自己的身体，比如挖鼻子或是抓下身。

睡眠习惯被中断

- 在宝宝的生长加速期，你需要更频繁地给她喂奶。在叙述各个年龄范围的章节里（见第7~13章），你会学习如何应对宝宝的生长加速期。
- 当宝宝没有形成规律的睡眼习惯时，坐汽车或火车旅行可能影响她入睡。试着在宝宝已经形成规律的睡眠习惯时去旅行。
- 偶然一次外出会刺激宝宝，使她太过兴奋以致无法入睡。如果可能的话，你可以根据她的清醒时间安排好外出计划。
- 时区的变化使宝宝很难遵循日常作息。为了应付时区的转变，你可以观察她的清醒时间、读懂她抱怨和疲倦时的信号、思考她对刺激的反应以及安慰她的方式。

睡眠联想存在问题 如果宝宝过度疲倦，她就会不想睡觉，如此一来，你不得不借助一些强化方法使她镇定。这些强化方法包括摇晃、喂奶、把她放到婴儿车里推，甚至开车带她四处转悠。这时麻烦出现了，宝宝学会了把睡眠和这些强化方法联想在一起，这会导致很多问题的出现，她会在每天结束时要求同样的待遇，在夜晚每次醒来时还是会要求同样的待遇。

错过另一次睡眠 如果你的紧急手段失败了，宝宝还是没有入睡，你会发现她再度恢复精神（或第三次、第四次），而且变得更忙碌、更急躁、更难以取悦，甚至更难入睡。也许她会在当天结束的时候彻底崩溃，然后疲惫入睡。但是由于她的感官知觉系统处于超载的状态，她会挣扎着将睡眠周期（见30页）连接起来，并坚持到晚上再睡。由于她白天没有按时睡觉，夜晚便会频繁醒来，这将导致她更加疲倦，在第二天会更暴躁，如此循环。你可以参考53页的方框，看看如何防止这种状况的发生。

怎么办？ 即使宝宝没有疲倦的迹象，你也应该在她的清醒时间结束时（见51页表格），把她抱到房间里，使她镇定下来。你会发现，通过舒缓性的睡眠惯例，她最终会安定下来。

现实一些

在养育宝宝的过程中，你应该想到很多事情是不可预知的，如果你期待每一天都完全相同，那是不切实际的。如果你用灵活的态度来处理宝宝的日常作息，那么即使到头来日常作息没有规律，你也不会觉得是你的过错。

处理负荷 在宝宝出生初期，你或许常常在下午15:00点仍然穿着睡衣，或许总是不知道何时才能洗完衣服。每个人似乎都建议在宝宝睡觉时你也睡觉，可你认为那是唯一能做回自我的时间，乃至最后什么也没做成！其实并不是只有你一个人是这样，因为很多朋友都和你一样。即使你的朋友看起来熟练掌握了所有的育儿方法，她还是会有疲惫而混乱的时候。对待负荷的办法实际上只有一种，那就是改变你对生活和对自己的期望值。这样你就不会总感觉自己不符合标准。然而，为人父母的唯一标准是你自己定的，所以一定要善待自己。

接受帮助 在过去，我们都生活在共同照顾宝宝的群体中，对付负荷也相对容易。然而对现代母亲来说，最大的挑战之一是能够接受他

感知的秘密

如果宝宝在需要睡觉时却没有睡觉，她便会再度恢复精神。这意味着她在睡觉时间更难入睡，也可能不论在何处，会突然入睡。

人提供的帮助，从而留些时间给自己。接受他人向你提供的帮助，这对你的身心健康是十分重要的。通常奶奶们都很乐意帮助家族中的新妈妈，但事实上每个人都能帮你做些简单的事情，替你分担肩上的负荷，比如帮你叠衣服或是为你泡杯茶。

假如你只接受宝宝的父亲提供的帮助，那么他可能成为你最大的支撑。这时你应该鼓励你的爱人照顾宝宝，因为这样既有助于建立他的自信心，又有助于强化他和宝宝的亲子关系。如果你的爱人抱着宝宝或是给她喂奶时，宝宝显得烦躁不安，你尽量不要在一旁叹息，或是将她夺走。试想一下，如果将你的爱人排斥在外，他会感觉多么无助。如果他把宝宝的尿布垫反了，你就让它保持原样。等到下次你换尿布的时候，装作不经意地教他你是怎么做的，但是不要批评他。

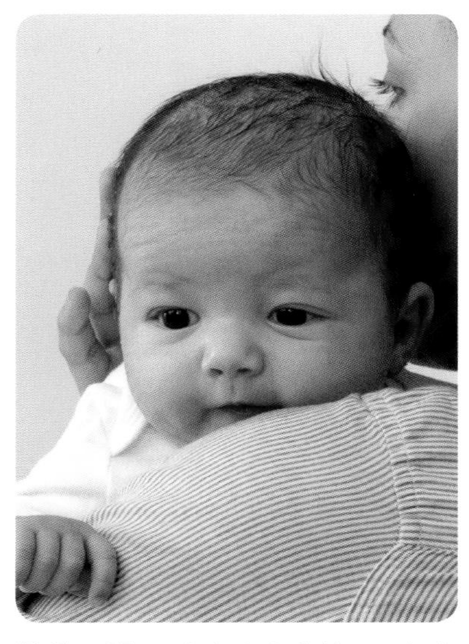

最佳匹配 观察宝宝的个性，了解自己作为母亲的角色，想想你们如何彼此适应。

了解自己作为母亲的角色

到目前为止，你可能已经学会了辨别宝宝的感知个性：她属于交际型婴儿、慢热型婴儿、沉稳型婴儿还是敏感型婴儿（见 14~15 页）？现在来看看你自己的个性，也许你发现自己大多数时候也符合这 4 种类型中的一种。尽管当你感到压力或是在某种环境下互动时，你的感知个性会随之改变，但是你可以看看自己大多数时候属于哪一种个性：

- **交际型母亲** 你喜欢人群和新的刺激，并且总是忙个不停。你会欣然接受成为母亲的新体验。在初期的育儿过程中，让你觉得最沮丧的事情莫过于成天待在家里，因为你感觉自己与外界完全脱离了。你可以通过外出的方式缓解这种沮丧的情绪，比如尽可能多地加入母婴团体。
- **慢热型母亲** 比起交际型母亲，你不怎么合群，通常喜欢按自己的想法做事情。你喜欢有规律的生活，没有条理的生活会让你觉得不舒服。一旦宝宝习惯了规律的日常作息，你便会更热衷于享受“母亲生活”。
- **平静型母亲** 你天生是一个随和而安静的人，和宝宝相处时非常适应且心平气和。你不会经常注意宝宝的信号，偶尔也会忽视她的需要，比如尿布脏了需要更换。日常作息并不是你优先考虑的事情，你更喜欢顺其自然。
- **敏感型母亲** 你很焦虑，容易受到情绪反应的影响。你对于周围的环境十分敏感，当你处在人群中或是有很多事情需要处理时，就会变得急躁。你对于宝宝的需要非常敏感，总想着把事情做好。但是如果你的个人空间总有一个又吵又臭的新生儿，你会感觉非常崩溃。对于你来说，要想扮演好母亲的角色，最好的办法是慢慢来，不要试图每天都能把每件事情做得最好，也不要用太多的社会标准要求自己。

制定作息计划 了解了你和宝宝的个性以后，你就能制定出对彼此行之有效的、有趣而合适的日常作息。

你们的性格匹配

当你把自己的感觉个性（见 55 页）和宝宝的感觉个性（见 14~15 页）放在一起时，你就能得出一种匹配结论，就像一幅拼图中的两块一样。或许你发现自己和宝宝的性格非常合适，这是一种最轻松的匹配；或许你发现宝宝的个性不时挑战你的个性。同类型的母亲和宝宝都能完美匹配，但是敏感型母亲和敏感型婴儿除外，他们会发现这种组合更难相处。如果你了解了宝宝的本性，也知道它如何影响自己的心情和感受，就更容易安排出合适的日常作息，还能充分利用你们不同的性格特征，让自己享受母亲这个新角色。

当你了解了自己和宝宝的感觉个性以后，可以利用下面这些知识增进宝宝的身心发展，让你们在一起玩得更开心、学得更开心。下面的图表能告诉你如何使你们的最佳匹配生效。

交际型母亲

婴儿类型	最佳匹配	制定作息计划
交际型婴儿	你们俩在一起有很多乐趣；你们的每一天都充满冒险，而且你们非常享受母子关系带来的快乐。	一定要注意你和宝宝的极限；尽管你们的生活充满刺激，但还是需要安静的时间。
慢热型婴儿	由于你喜欢刺激的生活，不喜欢成天待在家里，而你的宝宝很敏感，喜欢安定、有规律的生活，所以你们俩相处时有一些困难。	试着调整你的节奏以适应宝宝。她需要安定、有规律的生活，你应该对她的需要更敏感。找个朋友定期陪你喝茶，你的宝宝便会适应见到新朋友。
沉稳型婴儿	宝宝能容忍你的心情变化；她会非常配合你对刺激的需要，也真正能够从你带来的刺激生活中得到好处。	你可以利用愉快的表情和充满情感的语调让宝宝变得更活泼。这样做能鼓励宝宝成长，因为她可能会有非常懒惰的倾向。
敏感型婴儿	敏感型宝宝无法忍受你的兴奋情绪，她更喜欢安静的空间和无声的互动，你的节奏和充满情感的语调对她来说可能太过了，这会让她不太安定，甚至更暴躁。	放慢节奏，随时注意宝宝的安抚需要；试着用镇定性的声音、抚摸和动作安慰宝宝；喂奶时不要说话以免分散她的注意力；养成安静的、规律的睡眠习惯。

慢热型母亲

婴儿类型	最佳匹配	制定作息计划
交际型婴儿	最初你可能发现交际型婴儿的需求很不稳定，但是一旦你们的生活变得有计划，这个搭配会非常轻松。	多给宝宝一些刺激，并穿插一些安静的时间；试着安排好交际的时间，因为你的宝宝热衷于和他人互动。
慢热型婴儿	这是一个完美的组合，因为你们俩的节奏一样。你知道宝宝需要时间调整，你和她一样喜欢规律的生活。	一定要尝试出门，不要把自己与他人隔绝。不要过度保护宝宝，要鼓励她把交际当成生活的一部分。
沉稳型婴儿	这是一个极好的搭配：你的宝宝天生镇定，和需要规律生活的你正好相配。	牢记要刺激你的宝宝，并与她互动。她不拘束，要求也不高，以至于你很容易忽视她对刺激的需求。
敏感型婴儿	对于宝宝出乎意料、没有明显信号的抱怨，你可能感到迷惑不解。你喜欢规律而有条理的生活，这种生活对她也有好处。	花点时间让宝宝适应某种日常习惯，注意读懂她的信号（见38~44页），运用安抚方法（见45~47页）使她镇定。尽量接受他人的帮助。

平静型母亲

婴儿类型	最佳匹配	制定作息计划
交际型婴儿	你喜欢顺其自然，但是你的宝宝认为这样的生活缺少刺激和乐趣，她可能偶尔因此感到沮丧。	记住要为宝宝提供充分的新鲜刺激，试着每天去公园散步或是加入母婴团体。
慢热型婴儿	你们的搭配非常好，因为你天生镇定，对她来说是可以预知的。	观察宝宝的各种暗示，特别要留心她发出的微妙的信号。
沉稳型婴儿	你和宝宝就像是一幅画，一幅完美的育儿广告，镇定而平静。别人或许会称你为“天生的母亲”。	由于你们俩的要求都不高，最后导致宝宝没有得到足够的刺激。当宝宝处于平静而警觉状态时，注意观察她并同她玩耍。
敏感型婴儿	你和敏感型宝宝是完美搭配，当她周围的环境看起来很混乱时，你能带给她安慰。	一定要读懂宝宝的信号（见38~44页），当她过度受激时要有所回应，你会发现你能使她停止哭泣。

敏感型母亲

婴儿类型	最佳匹配	制定作息计划
交际型婴儿	交际型婴儿喜欢寻找刺激、爱热闹、要求高，她追求的生活方式让你难以承受，你可能常常感觉烦躁。	每天享受一段没有宝宝的时光。你需要充足的睡眠，所以如果夜晚的睡眠被宝宝扰乱，那就白天睡一会儿。睡眠是自我恢复的好方法，让你有精力应对育儿带来的各种影响。
慢热型婴儿	你和慢热型宝宝是不错的搭配，因为你能够读懂她的信号，也能明白她需要谨慎地接触世界。	留意宝宝的信号和征兆（见38~44页），当她准备好与外界互动时，你要为她提供刺激的环境和交际的空间。
沉稳型婴儿	你们的搭配很好，沉稳型宝宝不会增加你的负担。	好好地享受你和宝宝交流的轻松时刻，但是要确保每一天都有刺激因素，因为你的宝宝非常懒惰。
敏感型婴儿	宝宝的烦躁不安和生活的杂乱无章会让你感觉混乱且过度敏感。	和你的爱人谈谈，让他知道何时已到达你的承受极限、何时还在挣扎应对。在最初的几个月，你需要得到爱人、朋友和家人的帮助。

幸福时光 不论你和宝宝是怎样的性格搭配，你还是可以运用很多的方法，比如和她玩耍、目光交流，以确保这段宝贵的时光是愉快的、有成就感的。

产后抑郁症的对策

大多数女性都有这样的时刻：她们挣扎着过渡到母亲身份，经历着焦虑、眼泪和极度的恐慌。最初待在家里的几周或几个月里，你可能出现混乱的思维和感觉，例如悲伤、愤怒、内疚甚至害怕伤害宝宝。这种情况通常会慢慢消失，但是，在孩子不到两岁的母亲里，有 1/10 最终会被诊断为产后抑郁症（PND）。

得到充足的睡眠 在你从分娩的劳累中恢复期间，允许爱人、朋友或家人照顾宝宝。充足的睡眠能让你的身体和荷尔蒙的分泌更快恢复。

当前研究发现，患产后抑郁症的人普遍特征是焦虑、易怒、情绪低落。因此，这种状况可以用一个更好的名称来解释，那就是围产期忧虑症。“忧虑”这个词比“抑郁”更能说明事实，因为你可能只是感觉焦虑，对于如何照顾好自己的宝宝感到茫然。这些情绪通常产生于宝宝出生前后——从怀孕到宝宝两岁。

由于产后抑郁症对你和宝宝有潜在的危害，所以如果你出现以下一些症状，应该及时和医生或是有资格的顾问谈谈。

- 感到失控、失意、非常易怒。
- 大多数时候觉得害怕、恐慌、焦虑、担忧、痛苦。
- 笑不出来，体会不到快乐。
- 觉得所有事情都无法应付。
- 害怕出门，却又担心孤独。
- 非常容易流泪。
- 感觉自己快要疯了。
- 睡眠困难。
- 失去性欲。
- 有伤害自己或宝宝的想法。

如果这种令人痛苦的感受超过 10 天，或者你感觉越来越糟糕，没有好转，就应该立刻向医生或是有资格的顾问寻求帮助。围产期忧虑症让你感觉脱离了人群，让你丧失了自信和安全感，那是一段孤独无助的体验。

首先你要记住的是，那不是你的错。你不要自责，应该找你信任的人诉说这些不安的想法和感受，然后得到你需要的支持和理解。如果你无法处理日常生活，这并不是问题，这可能是产后抑郁症的一种真实症状，是一种可以治愈的病态。

促进宝宝的发育

迪伊一直在品味詹姆斯的每个生活瞬间，尽管有的日子对她充满挑战，但她还是认为做母亲是一件快乐的事情。作为一名教师，迪伊希望詹姆斯能尽量发展，在生活的各个方面都能获得成功。她总在尝试确保他的每一个行为、动作和社交技巧都是最棒的。迪伊急切地用各种有趣的活动填满一切空闲时间，甚至为 3 个月大的儿子制定了一个激励活动日程表，她不知道这么做是否能保证詹姆斯成为这个街区最聪明的小孩。可惜的是，这种有些误入歧途的方式很可能导致詹姆斯受激过度。事实上，她只需要在刺激活动、安抚时间和睡眠之间找到一个平衡点。

宝宝的潜能

学习如何……

- 重视宝宝内在的潜力。
- 了解刺激因素的重要性。
- 知道何时以及如何刺激宝宝。
- 在兴奋和镇定之间找到一个平衡点。
- 运用TEAT原则：时间、环境、活动、玩具（见71页）。

我们都认为巨大的压力能带给宝宝最好的生活开端，但我们真的知道哪些重要因素有助于生活上的成功与成就吗？人们对这个问题进行了大量的研究，可以确定的是，任何单一的因素都不能造成宝宝智力和技能的发育差异。宝宝智力和技能的发育差异是由很多因素共同造成的，包括他的基因、你的妊娠期，当然还包括头3年的刺激作用。很显然，你可以通过更多的方式带给宝宝最好的开端，而不是一味地抓住机会就刺激他。

影响发育的因素

我们会成为什么样的人到底由教养（环境因素）决定还是由基因（自然天性）决定？这个问题引起了人们永无止境的争论。事实上，你的遗传基因、你教养他的方式和他的感官知觉经验共同影响着宝宝的发育。最近几年，大量研究数据表明，有5种因素直接影响着宝宝的身体、智力和情感的发育：

- **基因** 父母和家族遗传给宝宝的基因造就了他的资质发展。如果你的家族很有音乐细胞，那么你的宝宝成为音乐演奏家或舞台歌唱家的可能性就大一些；如果你们在体育界才华横溢，他也可能继承这样的运动基因。宝宝的基因对他的个性和处理压力的能力也有一定的影响。由于他的基因是你无论如何也不能控制的因素，所以我们不会进一步探究，只在这里说明，宝宝的基因在很大程度上影响着他回应刺激的方式。
- **妊娠期** 如果把胎儿比作一粒种子，那你就是温室。在妊娠期，你为胎儿的发育提供了基本的环境和营养。通过注意饮食（见下页的方框）和环境，你可以保护他的安全。
- **出生** 宝宝的出生是他降临人世的重要时刻，也是影响他健康和发育的关键时刻。在分娩过程中，助产士或医生都会竭尽全力，确保你和正在发育的宝宝大脑不受伤害。
- **感官知觉输入** 宝宝看到的、听到的和触摸到的所有东西，对他的大脑成长发育都十分关键。你调节感知输入的方式，大概是影响宝宝发育的最直接的方式。
- **关爱** 你为宝宝构建的情感环境能让很多不可思议的事情发生。在宝宝健康成长和潜能最优化的过程中，情感环境或许也扮演着最重要的角色。

宝宝的出生

出生对宝宝来说是个重要的时刻，出生时不顺利可能会影响他今后的发育。自然分娩对大多数宝宝是最好的方式。在自然分娩时，健康的应激激素能确保宝宝有办法应付轻微的氧气变化，也能确保他积极配合分娩过程。如果宝宝很紧张，他在胎盘里吸到的氧气就会变少，这时你可能要面临辅助分娩或紧急剖宫产，从而在这一重要时刻保护宝宝正在发育的大脑。

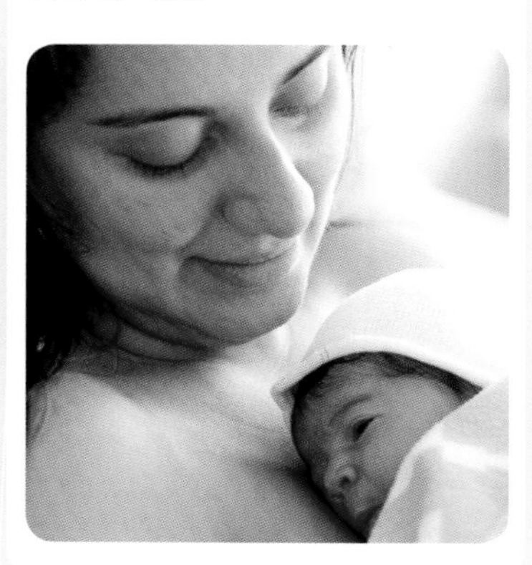

妊娠期的影响

在40周的妊娠期里，你在为宝宝的每个细胞成长提供着基础材料（营养和环境）。在这40周，食物的选择直接影响胎儿的发育（见右）。从妊娠3周起，胎儿的大脑就开始发育。在头3个月，新形成的、微小的脑细胞开始迁移到相应的位置。例如，对视觉很重要的细胞迁移到大脑中管辖视力的特定区域。脑细胞的形成和迁移在很大程度上决定了宝宝的潜能。压力和子宫的环境也影响宝宝的发育。

你的压力程度 最近有研究显示，妊娠期的压力对宝宝的大脑发育有影响。当你紧张的时候，你的身体就会释放大量应激激素皮质醇，它们穿过胎盘到达胎儿周围。这么一来，宝宝就受到压力的影响，也会严重影响到他的大脑正常发育和将来处理问题的能力，比如处理工作中出现的难题。在妊娠期，你最好避免压力过大的状况发生。比如，要求过高的房屋装修或工作中的大项目。如果你和爱人的关系或家庭关系是造成压力的原因，那么你应该寻找方法来减轻压力，比如好好沟通、寻求心理咨询或是避免参加可能使你增加焦虑和愤怒情绪的家庭聚会。

如果宝宝已经出生，而你之前的妊娠期压力很大，那么你也不要感到焦虑或内疚，你可以在他成长的过程中保持和谐和积极的一面，以此抵消他出生前过多压力的影响。

你的子宫 在宝宝出生以前，成长发育所需的所有感官刺激都能在子宫里找到。当他紧贴着子宫壁，在深层压力下运动时，宝宝的肌肉就引起了大脑里身体感觉的形成过程。在妊娠期的最后3个月，宝宝变为头朝下的姿势，这有助于前庭（运动觉）系统的发展（见13页），也有助于肌张力的发展。适当的肌张力是十分重要的，它既能让宝宝保持活跃，也能辅助你的分娩过程，还对宝宝以后的运动技能有帮助。从视觉方面来看，当宝宝的眼睛太脆弱以至于无法应对刺激时，子宫保护了宝宝的眼睛。

你的宝宝在子宫里的40周，是他一生中最好的时机，他在子宫的感官世界中获得了最大的益处。如果你的宝宝早产了，你可以在新生儿病房为他打造一个类似于子宫的世界，以便促进他的感官知觉发展（见第7章）。

食物的作用

怀孕期间，你所吃的食物形成了宝宝细胞发展的基础材料。必不可少的营养成分进入你的血液并穿过胎盘，所以，保证妊娠期的健康饮食是非常重要的。同样地，等到母乳喂养的时候，你吸收的营养也形成了滋养宝宝的乳汁。

健康饮食 营养均衡的饮食包括大量的水果和蔬菜；含纤维素、淀粉的食物，比如全麦面包和糙米；含蛋白质的食物，比如鸡肉、瘦牛肉、鱼、鸡蛋。另外还包括含脂肪酸的食物，比如坚果、核桃；每周吃两次鱼；多喝新鲜的水，控制摄入含咖啡因和人工甜味剂的饮料。

避免伤害 你吃的或者喝的某些物质可能对宝宝的大脑有副作用，比如酒精、烟草、毒品，以及很多成药或草药。当你吸收这些物质以后，它们会穿过胎盘被宝宝吸收，并破坏宝宝的脑细胞。

发育的领域

我们通常倾向于用一些传统的行为来衡量宝宝的发育：走路、爬行、说话、吃固体食物等等。但是，在宝宝发育过程中，有很多事情比这些更有趣、更微妙。奇怪的是，作为父母的我们并没有注意那些小事情，或者即使注意到了，也不会认为它们在很大程度上影响了宝宝的发育，比如宝宝的情感技巧和自我安慰的能力，还有一些更明显的运动和说话的情况。因此，到底哪些因素影响了宝宝的发育呢？很显然，宝宝的基因、你的妊娠期、宝宝的早期生活都影响了他的发育，但是你也起着重要的作用。实际上，你刺激宝宝的方式可以帮助他发挥潜能。本书的第二部分（见第 7~13 章）列出了 5 个方面的发育标准，从一个年龄段到另一个年龄段都有详细说明，然后提供了上百种方法，帮助你们适应家庭的生活方式，从而促进宝宝各个方面的发育。

总体运动发展 “总体”或主要的身体运动是宝宝发育最明显的领域，也是最容易衡量的方面。在这个发育领域，宝宝的第一个任务是获得控制重力的能力。刚出生时，你的宝宝是无能为力的，他受到重力的摆布而蜷曲着身体，他的反射不成熟。在几周内，他需要舒展身体，并使条件反射成熟，这样他才能首先学会抬起头，然后学会翻滚。控制头部重量是有助于学习走路的第一步。当他开始更好地控制身体时，他就会坐立，然后会爬行。在宝宝出生的第一年，这些都是重大的运动事件。走路是许多父母关注的重要转折，尽管宝宝走路的能力由于年龄不同而不同，事实上对很多宝宝来说，学会走路比学会爬行更容易。良好的运动协调能力有助于宝宝在今后的人生中取得体育领域的成功。当然，运动协调能力也受到基因的影响，比如长腿和良好的协调能力。另外，对某项运动的激情也能影响运动协调能力。你可以和宝宝一起玩球类游戏和水上游戏，这样能帮助宝宝开发潜能。

细微运动发展 这个领域的发育要比总体运动发育更细微。为了达到伸手、抓、把持物体的目的，宝宝会学习双手和胳膊的运动。在这个发育领域，手眼协调能力是非常关键的。在几周内，宝宝会注意他的手，然后开始伸手，并控制胳膊的运动方式。等到宝宝6个月大时，他开始学着控制手指，在一岁时会伸手、抓、把持小物体，比如伸手抓盘子里的豌豆放到嘴里。孩子们的手眼协调能力也有遗传，比如有些孩子可能特别擅长曲棍球运动和板球运动。假如你的宝宝拥有一个创造性的基因，他可能成为一名艺术家，比如钢琴演奏家。尽管成功

感知的秘密

有些宝宝最早在9个月大就开始走路，而有些宝宝最迟到17个月才开始走路。如果你的宝宝其他事情都做到了，在这个时间范围内开始走路都是正常的。所以，不要只是用这一个标准来衡量宝宝的发育。

感官知觉的故事

日常生活 迪伊发现，当她做完家务活、照顾完詹姆斯和自己以后，几乎没有多余的时间来执行她计划的刺激活动日程表了。原本在詹姆斯出生前就计划好的刺激活动，现在却丢在一旁，迪伊感到很内疚。她采取了一个简单的解决方法：不是设置特定的刺激活动时间，而是在他们的日常生活中完成一部分刺激活动。例如，当她做家务的时候，她会跟詹姆斯说话；当她出门的时候，会用婴儿背带带詹姆斯一起出门。这样，詹姆斯就能通过视觉和嗅觉感受到外面的世界。

始于孩子的基因和兴趣，但是你对他的细微运动和手眼协调的刺激方式，能使他的潜能达到最大值，比如你把玩具放在他够不着的地方鼓励他去抓，或是给他食物让他用手去接。

语言发展

语言发展 语言能力是我们用口头或非口头的语言来交流的能力，它使我们成为区别于动物的人类，语言能力与智力紧密相连。在这个发育领域，宝宝的重大事件包括懂得非口头信号、懂得语言、发出会说话之前的声音，当然还包括一岁左右能说简单的词语。

研究表明，一个母亲每天用来对宝宝说话的时间、以及她运用的不同词语的数量，直接影响宝宝的智商。如果说基因是宝宝智商的基本成分，你的妊娠期为他的智商发展提供平台，那么你与他的互动、你对他说话的数量和所说的内容都有可能将他的潜能转化为智力。

社会关系发展 社会关系发展是人类发展最重要的一个领域，它让宝宝与你形成有意义的亲密关系，也让宝宝与重要的看护人密切关联在一起。在最初的几天和几个月里，宝宝需要和有限的几个关心他的成人建立亲密关系，通常是你和他的父亲，或许是奶奶和保育员。他和这些特殊照顾者之间的互动奠定了人际关系的基调，也点燃了他对未来所有关系的期望。良好的关系要求以下几点：

- **对感官世界的容忍度** 如果宝宝喜欢社会互动的感官体验，比如触觉，那么他更有可能接受触觉层面的人际关系，比如哺乳和拥抱。
- **感受得到理解与被理解** 这种情况通常发生在：你能够恰如其分地读懂宝宝的信号，并总是回应他的需要。
- **幸福和快乐的感觉** 当你与宝宝一同欢笑时，当你们满足于对方时，当你们分享欢乐时，在这些“感觉良好”的时刻，你的宝宝会充分学习知识，并在各个领域得到发展。
- **缓慢的时间和空间** 社会关系发展和情感发育受到时间和空间的影响，黄金时间的概念并不适用于宝宝。相反，他们需要大量的时间和照顾者待在一起。

调节的作用 这是许多父母不熟悉的方面。事实上，你可能不知道通过这种方式能帮助宝宝，或许也不知道它关系到宝宝今后的人生。调节是使身体系统保持平衡的一种方法。例如，刚出生时，宝宝需要保持稳定的心跳频率和呼吸频率。随着慢慢长大，为了保持睡眠和镇定，他必须要学会维持身体或情绪状态的稳定。

语言发展

大脑里有两个不同的区域掌管语言。韦尼克区（Wernicke）负责理解语言（口头或非口头），布洛卡区（Broca）控制说话能力。由于韦尼克区首先发展，所以宝宝首先学会理解语言，然后才学会说话。在婴儿8~20个月期间，韦尼克区里的连接发展迅速，这就不难解释为什么宝宝在8个月大时就能懂我们说的话，到了学步阶段能懂更多。布洛卡区在宝宝1~2岁期间开始工作，所以宝宝通常在出生第二年才会说话。宝宝在8个月大时什么都懂，但不会交流，这让他自己也感到很无助。

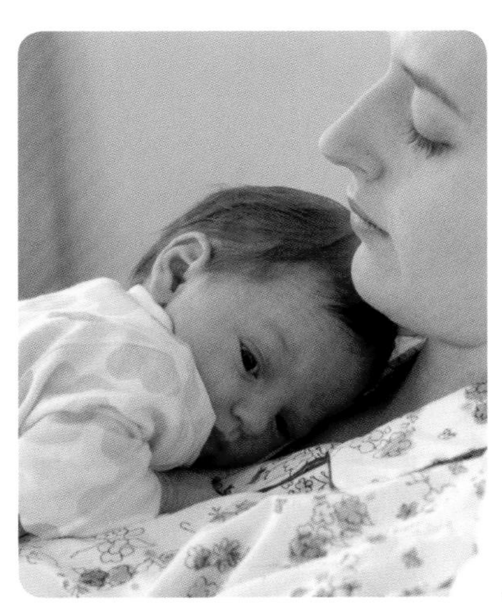

促进感情的时间 多花一些时间，让宝宝安静地依偎在你的怀里，这样能培养他的社会关系发展潜能。

调节的能力

你的宝宝可能生来就有某种遗传倾向，或许他能够很好地自我调节（交际型婴儿和沉稳型婴儿），或许不太善于调节不同的领域（敏感型婴儿和慢热型婴儿），如身体系统和情绪，结果导致哭泣，并因此很难养成良好的睡眠/清醒习惯。

妊娠期也能影响宝宝自我调节的能力。例如，如果宝宝在子宫里接触过药物，他会表现出更多不能自我调节的迹象，包括出生初期烦躁不安、上学时注意力不集中。

如何提高自我调节能力 随着宝宝长大，他慢慢学会运用内在和外在手段使自己的身体系统保持平衡。你甚至注意不到他的内在手段，因为这些是由宝宝的荷尔蒙和自治系统（基本大脑系统）来调节的。例如刚出生时，宝宝需要做的第一件事是适应子宫外面的世界，让他的荷尔蒙和自治系统调节温度、呼吸、心跳以及其他的身体功能，比如消化功能。早产儿则需要经过一段时间才能解决这些问题。

几周之后，宝宝开始调节他的心情和保持镇定的能力，但是大多数宝宝要到4个月左右才能做到这一点。待宝宝长到6~12个月时，他开始调节自己的睡眠和食欲。一岁之后，他开始调节自己的注意力范围，这会让他在上学时更轻松。

在宝宝出生前3个月，你可以通过安抚方式和不过度刺激他的方式，帮助调节宝宝的心情；也可以通过调节他的感官世界的方式，帮助调节宝宝的睡眠，直到他能够独立入睡并保持熟睡状态。在介绍具体年龄的章节里（见第7~13章），你会发现更多有效方式帮助宝宝自我调节。

安抚宝宝 刚出生时，宝宝无法调节太多基本指标，比如保持身体恒温，甚至保持心率均匀。这时，你需要安抚宝宝，帮助他调节心情。

怎样才算“正常”？

作为宝宝的父母，你可以收获很多，尤其当他是你第一个孩子的时候，特别能带给你竞争的成就感。你会仔细观察宝宝的每个重要转折点，寻找任何一个成功的标志。然而，在进入到养育孩子的比赛之前，你必须明白，假如通过宝宝的每个重要转折事件，甚至只通过某项毫无意义的练习，就去比较宝宝之间的差距或者衡量他的成功，那么可能导致你的焦虑，甚至朋友间的仇恨。每个宝宝都是不同的个体，你不应该以标志性的成功来衡量宝宝，因为用它们来预测婴儿的天赋或低能通常是不可靠的。你应该避免拿宝宝的发育与其他宝宝作比较，这有很多很好的理由：

1 时间范围 宝宝实现转折的时间范围相当广泛。从说话到走路，每个成功的转折都没有规定精确的年龄，它们通常在一定的时间范围内都可以衡量。例如，正常的婴儿一般在9~16个月会说第一句话。

2 个体差异 由于个体差异性，每个宝宝的发育程度都有所不同。有些宝宝在某一方面发育快些，而另一方面则发育慢些，就像我们成年人一样，宝宝也有不同的资质。你可能是一名优秀的骑士，而你的朋友可能是一名天才的音乐家。同样，有些宝宝可能很早就会走路，而有些很晚才会走路的宝宝可能两周大就会笑，等他会走路的时候已经有了惊人的词汇量。

3 变换焦点 无论资质如何，宝宝的发育程度都因个体差异而不同。可能某一周你的宝宝会抬起头，而下一周他又奋拉起脑袋了。可能10个月大的宝宝头几天会含糊不清地说话，而过一段时间，似乎一夜之间，天才宝宝就忘了才学会的5个词语。用一个很好的理由来解释这种现象，称为“技能的竞争”。简单地说，这是指在宝宝发育过程中，不同的技能在争夺大脑的能量，因此大脑能量的焦点在不断变化。例如，宝宝可能这几周集中于语言方面的发展，而接下来的几周变成运动方面的发展，语言发展却退步了。

很显然，宝宝的发育并不是一成不变的，由于最常获取的技能不断重复，因此在同一时间段，技能的水平也会不同。宝宝会加速发育，因为他的大脑需要巩固获取的技能，当这一阶段没有新技能出现时，宝宝的大脑便努力巩固重要的基础技能，从而为下一阶段做准备。

发育延缓

当婴儿出现问题时，往往是他的母亲第一个注意到警告信号。如果你担心宝宝的发育，就找一下这些信号。

发育延缓的信号：

- 出生时四肢和身体明显松软，或是发育时四肢僵硬。
- 吮吸困难，或其他严重的进食问题。
- 3个月大还不能注意声音发出的方向。
- 最开始就没有目光接触。
- 10周大还不会笑，对周围的人也缺乏兴趣。
- 到8个月大还不会对自己或他人发出咿呀声。
- 到10个月大了，从不翻滚也不爬行。
- 移动身体的一侧不像移动另一侧那样灵活，或运动不对称。
- 6个月大不会伸手抓东西。
- 超过6个月还异常烦躁不安。

如果你发现一个或多个这种信号，要立刻把宝宝带到医院检查。如果医生告知你宝宝正常，而你仍然担心的话，你可以带宝宝看看专门研究神经发育的儿科医生，他们能够解释宝宝的发育状况，也可以及早发现问题。

刺激的重要性

每个人生来就有一个基因密码，它使我们成为我们自己。这个密码有时也称为天性，它是潜在的，在我们出生时就存在，它能让我们在某个特定的领域取得成功。即使你的宝宝可能有音乐方面的才能，但是如果他从不接触乐器，他的潜能便无法培育。所以，培育要基于宝宝内在的发展条件，它决定了宝宝的潜能发挥程度。

宝宝出生那天，他的每一个脑细胞都满足发育和今后成功的要求。然而，这些脑细胞很少相互连接，这意味着他并不太了解他的世界。当感官知觉输入到达他的大脑，比如一个声音或一个抚摸，都能激发他的某个脑细胞（神经元），也能让信息在脑细胞之间相互传递。当宝宝再次经历同样的感官体验时，同样的脑细胞再次被激发，因此也被强化。这就是学习的过程。

关于环境对智力的影响，人们在过去的50年做过大量的研究。研究显示，那些很小就被孤儿院收养的婴幼儿，正是由于封闭和无刺激的环境，结果造成了他们在很多方面发育迟缓。事实上，被孤儿院收养超过两年的婴儿都存在长期的严重问题。很不幸的是，即使把那些婴幼儿从孤儿院带出来，然后对他们实施大量的刺激干预，还是有很多婴幼儿无法发挥自己的潜能。在婴儿成长过程中，前3年是关键性的时期，因为在这3年，他们的大脑最适合学习。对动物和婴儿的研究显示，前3年的强化刺激能增加脑细胞和大脑刺激区域之间的连接关系。

天赋优异

天赋本身会带来挑战，真正的天才儿童需要特殊对待。如果意识到这一点，你可能感到很惊讶。假如你的宝宝在第一年提前学会说话、走路等等，并不一定代表天赋。大多数在第一年快速进步的宝宝，到了18个月时还是一样。可能代表天赋的迹象有：

- 在每个领域都有一些明显的超常发展。
- 在语言方面的发展非常超前。

情感环境

当谈到发育的关键因素时，我们知道宝宝的基因是携带潜能密码的种子，知道健康的妊娠和分娩为宝宝提供了良好的开端，还知道刺激很重要。

以上是我们目前为止知道的所有关键因素。然而在过去10年，人们发现“依附关系” 使爱和积极的情感发生，使宝宝形成爱和积极的情感，也确保宝宝获得最大成功。当你用关爱和积极的情感环境刺激宝宝时，他的脑细胞就发展得更快，强化也更有效。

这就是宝宝在封闭环境和受控环境下无法学习的缘故。例如，看电视只能传递最小限度的情感基调或社会互动，研究显示，即使电视内容属于教育性质，婴儿能自己学到的东西也极少。尽管他在电视里多次看到猪，也多次听到“猪”这个词，但他不会学着说这个词。假如他外出时亲眼看到一个臭猪圈，然后看到妈妈对这些感官体验的回应，他很可能立刻学会“猪”这个词。

你对宝宝的情感回应、用充满母性的语气说话（能传递情感环境）、纯粹享受他依附你成长的时光，这些都能促进宝宝的发展。

均衡的刺激

尽管刺激环境对宝宝的发育很重要，但是千万不要给宝宝过度的刺激。刺激环境并不是越多越好，有很多理由解释这一点。由于刺激对宝宝的大脑发育至关重要，所以必须选择适当的时间，让安抚和睡眠的机会均衡。

- **易怒** 如果宝宝受到长时间的刺激，他将错失睡眠时间，加上父母没有意识到自己的动机，宝宝就变得烦躁易怒，而一个烦躁易怒的宝宝根本不明白自己在做什么。
- **睡眠问题** 太多的刺激可能会导致受激过度，宝宝会觉得很难集中注意力，也很难安静下来进入白天的睡眠状态。如果宝宝错过了白天的睡眠，一整天都受激过度，通常会导致睡眠问题，甚至夜惊（见202页）。
- **注意力短暂** 专注点和注意力超时。如果宝宝整天接触玩具和社交活动，他的注意力就会从某一项快速转移到下一项，不会花时间仔细探究每一项，从而影响了他解决问题的能力（重要的生存技巧）。你会发现数量有限的日常物品能让宝宝娱乐更长时间，比起游戏区里一大堆四处散落的玩具，更能让他的注意力持久。
- **活动程度高** 当生活每时每刻都充满刺激时，宝宝就会变得非常活跃。持续的强刺激可能使他越来越忙。看看生日聚会上的幼童，你就知道高强度的刺激会让他们变得多么活跃，然而在此过程中他们却获益较小。
- **没有获益** 如果在不合适的时间对宝宝进行高强度的刺激，只会对他的发育产生负面作用。当宝宝处于平静而警觉状态，处于充满关爱的环境中时，正是脑细胞产生连接的最佳时间。例如，当你的宝宝处在平静而警觉状态、并准备好互动的时候，你可以读一本书给他听，这对他的发育非常有益。相反，假如你在宝宝疲倦的时候刺激他，那就不会对学习起到任何积极的影响，你也可能因此而不耐烦。
- **能力受阻** 如果你不断刺激宝宝，他就很少有机会独自玩耍，也不能按自己的方式探索外界的环境。
- **家庭压力** 当你为宝宝提供婴儿课程和最先进的玩具时，你可能感觉有压力，因为这是昂贵的锻炼，不仅耗费金钱而且耗费时间。

刺激活动

在过去的30年里，人们对于婴儿3岁前发育的关键时期以及如何刺激婴儿的发展进行了大量的研究。一时之间，“刺激活动”变成了儿童保育的流行词。也许你会购买一大堆书籍、读杂志里的文章、买好玩的玩具、让宝宝学习婴儿课程，这样做的目的都是为了通过刺激手段使宝宝更好地发展。但是这些方法似乎有些过头了。

研究显示，如果婴儿经常看电视，实际上会损害他的语言学习能力。这是因为婴儿每天保持清醒和警觉的时间有限，如果这些时间都花在电视屏幕前，而不是与他人互动，那么他就缺少情感体验和社会体验，从而有碍语言发展。

刺激宝宝

❶宝宝喜欢看镜子里自己的样子，你可以买些包含图片的书籍。

❷用生动的语气大声朗读给宝宝听，鼓励她指出书上的图片，以此促进她的发育。

明智的折中办法

刺激婴儿的最佳方式，是找到不够刺激和过度刺激之间的平衡点。明智的刺激手段要遵循以下几个基本原则：

1 婴儿的自然欲求 婴儿的自然欲求是指他与外界互动非常积极，并有征服的欲望。你可以认为自然欲求是自然的发展过程，不必把所有责任都归咎于自己。珍·艾尔丝（Jean Ayres）是感觉统合领域的倡导者，她认为儿童天生有发展的欲求，只要为他们提供良好的环境，他们便会健康成长。因此，你不必每时每刻引导宝宝玩耍，你只需给他有趣的玩具或物体，然后饶有兴趣地观察他会做什么，这样能让他感受到你的关心，也能让他按自己的方式探索世界。

2 提供良好的环境 你应该为宝宝提供良好的环境和适合他年龄的玩具及书籍，因为这样能创造他自我开发潜能的机会，不仅没有拔苗助长的危险，也不会完全占用你或其他养育者的时间。适当的建议请参阅与年龄相关的章节（见第 7~13 章）。

3 读懂婴儿的信号 如果婴儿处在平静而警觉状态（见 31 页），那么他就能学到最多的东西，也能从你带给他的活动和玩具中获得最大利益。仔细观察宝宝发出的靠近信号（微笑、喔啊声、有兴趣地盯着你），然后再刺激他。记住宝宝每天的清醒时间（见 51 页图表），你就知道他什么时候停止玩耍准备睡觉。

4 跟着婴儿的思路走 当你刺激宝宝时，你最大的贡献不是成为宝宝的老师，而是帮助他进步。你只需准备好他的游戏区，或是打算带他探索的地方（比如公园等安全的地方），然后当他活动的时候，你就和他在一起坐着。跟着宝宝的思路走，与他感兴趣的玩具互动。

5 运用 TEAT 原则 TEAT 是时间、环境、活动、玩具的简称，它能帮你记住何时以何种方式刺激宝宝最好。在每个具体年龄章节（见第 7~13 章）的结尾，将对 TEAT 原则作为独立的小节来叙述，也有关于合适的刺激活动的建议。

TEAT原则

TEAT 原则是刺激婴儿的方法，好比用奶嘴或乳头喂奶。当你刺激宝宝的时候，一定要记住以下这几条，并问问自己：

T 现在是否是刺激宝宝的合适时间?
E 我如何打造环境，既能让它充满乐趣又能起到刺激或镇定的作用?
A 此刻哪项活动最适合宝宝?
T 有没有一二个玩具，既是宝宝喜欢的又能强化他的发展?

活动

活动包括你玩的游戏以及你与宝宝之间的相互交流，这些都能影响他的发展。活动可以很刺激，也可以很平和。活动应该在合适的时间和合适的地点进行（见时间和环境部分）。

时间

根据婴儿的日常作息（见50页）、清醒时间（见51页）和状态（见31~33页），安排刺激活动的时间。比如到了夜晚宝宝该睡觉的时间，应该将他的视觉刺激降低到最小限度。同样，在下午宝宝处于平静而警觉状态时，是培养视觉的最佳时间。你可以在他身边吹泡泡，这样可以鼓励他的眼睛追踪这些泡泡。

为了适应不同的刺激活动，你应该培养正常的生活习惯。你不用安排特定的刺激时间，只需将刺激活动和具体的时间联系在一起，就很容易促进宝宝的发展。

- 你可以在换尿布的时候，对宝宝进行视觉刺激（夜晚除外），因为换尿布的时候，他会仰面躺着观察四周。
- 在公园里散步是一种不错的环境刺激，不管是用婴儿车推着他，还是用婴儿背带抱着他，或是轻轻地摇晃他。你可以一边唱着儿歌，一边把他放在膝盖上轻轻推动（女士骑车的方式），这样可以加强他的运动技能。
- 白天喂奶时是刺激婴儿听觉的理想时间。喂奶时，你可以温柔地对宝宝唱歌或说话，从而刺激他的听觉。
- 洗澡需在睡觉之前进行，在这个时间要避免刺激，应用起镇静作用的方式，比如温和的动作，为宝宝入睡做准备。

环境

大脑像海绵一样，能一直吸收感官知觉信息。但是婴儿的大脑并没有发育成熟，它不能过滤掉多余的或是不相干的感官信息，而是将所有的都吸收了。因此，环境对他的发育起了主要的作用。

通过适当的镇定活动或刺激活动打造婴儿的环境是很重要的，这是把他培养成为一个镇定而满足的孩子的秘诀。例如，当你想要宝宝平静下来时，可以试着在安静的房间里、昏暗的灯光下摇晃他，或是轻柔地唱歌给他听。

玩具

这里所说的玩具是指婴儿选择玩耍的任何物品，从日常物品到书、玩具、音乐和户外设备。最近这些年，人们设计了很多用来刺激婴儿的玩具，即使是很小的宝宝，也能从合适的玩具中获益。

然而，也需要考虑时间的问题。虽然有些玩具是不错的刺激物，但是也要用在宝宝准备好互动的情况下。例如，移动物体和活动垫能促进宝宝眼睛运动的控制能力和手眼协调能力，但是，如果用移动物体和活动垫去刺激一个疲倦的宝宝，只能使他过度受激，把他推入超负荷状态。这样一来，他既不能从互动中获益，也无法保持镇静。

在宝宝洗澡时，你可以尝试使用一些浇注的容器，但一定要保持他的镇静状态。在宝宝睡觉时，平和的摇篮曲是最合适不过的，如果宝宝很疲倦，最好不给他任何玩具。

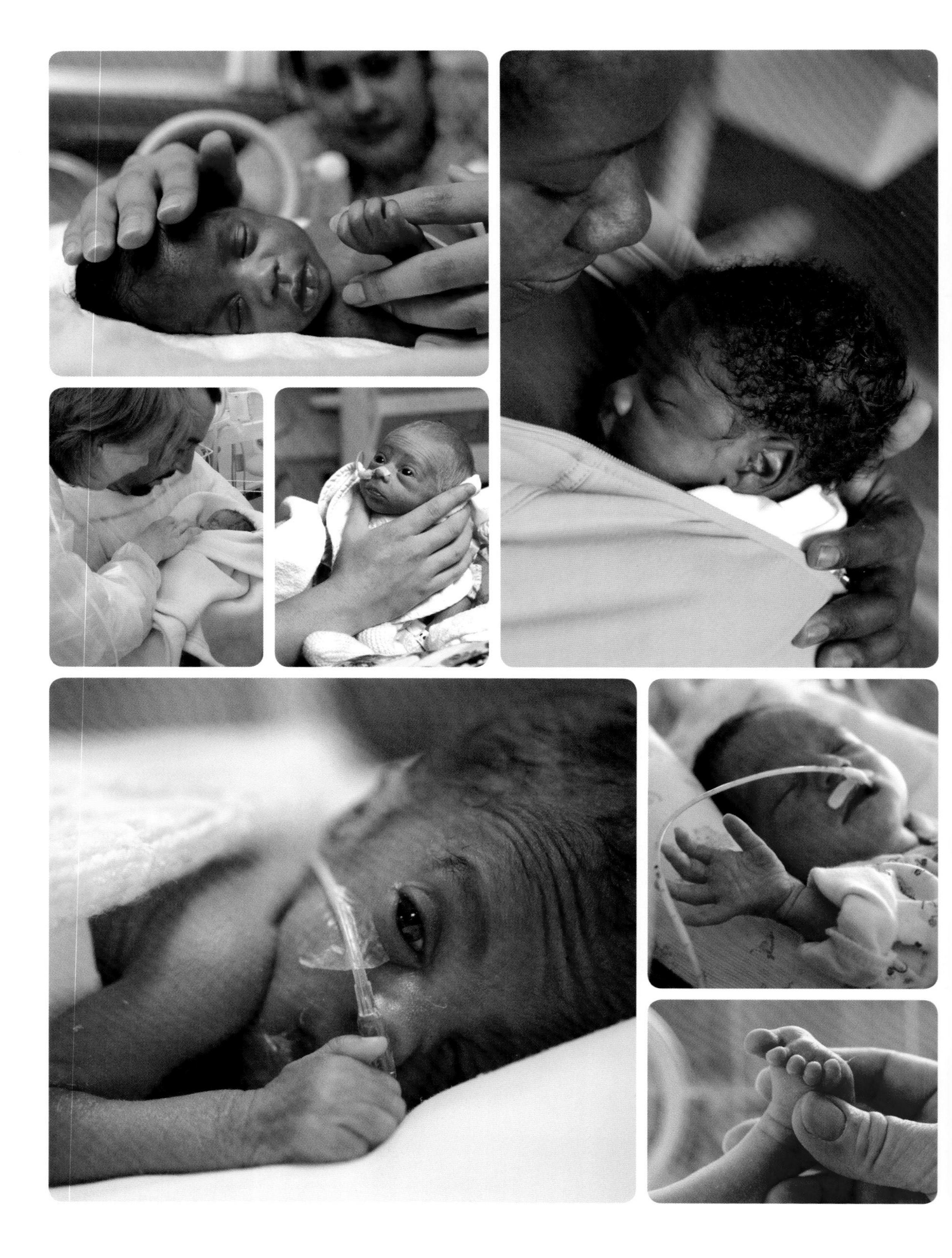

第 7 章

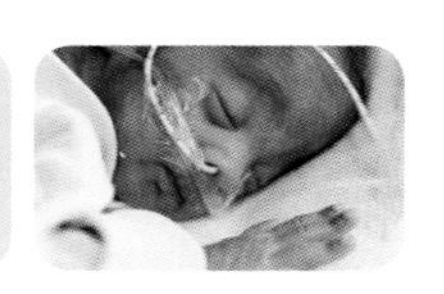

早产儿

在妊娠期，你就开始了与小宝宝建立亲子关系的过程。你会想象宝宝的样子，想象她长得更像谁。你把自己看成孩子的母亲或父亲，并开始了为人父母的旅程。你还会想象分娩当天的状况，想象以何种方式见到这个最珍惜的人。除了这些，可能在潜意识里，你会担心如何做好母亲或父亲：分娩是否会平安？宝宝是否会健康？我是否一看到她就会爱上她？如果妊娠期过早结束（37 周以前），你可能感到担心和害怕，需要爱人、家人和医生的支持。几周以后，在早产儿恢复健康的过程中，你时常会非常害怕。假如你了解早产儿的特点，并知道如何满足她的感觉需要，将会为她恢复健康铺平道路。

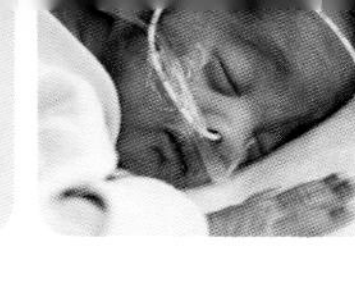

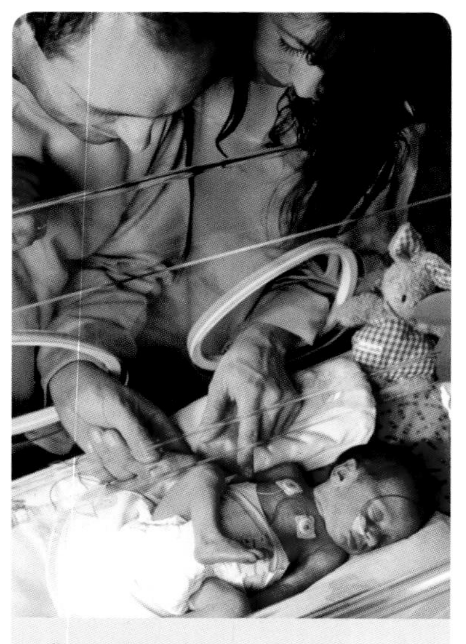

与早产儿一起生活

大约有 7% 的婴儿会早产，在早产这些天，有些宝宝甚至需要通过先进的医疗手段进行护理。一些父母可能会感到恼怒或者悲伤，还有一些则会自我否定，变得冷淡或刻意逃避这种状况。不管是何种反应，你都会经历一段调整期。这一章节的内容会在早产儿的康复过程中帮助你。

感知的秘密

根据宝宝的体格需要和护理要求，必须将她放到婴儿特别护理病房里照看（如果需要监控或暴露在灯光下），假如她很小或是有疾病，也必须放在新生儿重症监护病房照看。

调整你的梦想

当你看到早产儿在新生儿病房——婴儿特别护理病房（SCBU）或新生儿重症监护病房（NICU）时，你可能感觉很不真实、很不安，因为这是一个你既陌生又害怕的地方。可能你的宝宝一出生，就被抱到新生儿病房了，这是件令你心碎的事情。因此，你必须调整自己对于分娩和宝宝的想象。假如你不调整自己的梦想，从两个层面上说，你或许会感觉焦虑，甚至是悲伤：第一，你希望分娩平安、新生儿健康，然而梦想破灭了。当梦想破碎时，你可能很伤心甚至会愤怒。第二，如果你的宝宝身体非常弱或有生命危险，你害怕她可能死掉或有生理缺陷。假如你能考虑到最坏的情况，这是正常的，因为这是大脑的应对方式，能为你应付失去健康宝宝的状况做准备。对于父母来说，感到内疚也是正常的，尤其是作为母亲。你可能会觉得自己在妊娠期没有为宝宝提供良好的环境，或未能满足自己分娩健康宝宝的期望。当然，除了这些感觉外，可能还有彻底混乱、忧虑和无法自制。

通过了解婴儿的基本需要——体格、情绪和发育，你就会知道自己和医生应该如何满足她的需要。这样既能帮助建立你和宝宝之间的关系，也能让你知道如何为她提供尽可能理想的环境。你可以读一读有关早产儿以及调整你的梦想方面的书籍，寻求更多的帮助。

了解血氧浓度

在新生儿病房，医生会在宝宝的手上或脚上绑一个血氧饱和度传感器，用来测量她血液里的氧含量（氧饱和度/血氧浓度）。传感器可以监视血液颜色，因为血液颜色会因血液里的氧含量不同而不同。氧气是十分重要的，医生会通过氧气呼吸器或鼻管给你的宝宝输入额外的氧气，以使她的血氧浓度保持在88%以上。

感官知觉空间 新生儿病房是无菌的，这让作为家长的你受不了。从触觉上来说，新生儿病房让你和宝宝之间的接触更少，甚至是隔离。医生会要求你洗手，然后穿上隔离服并戴上口罩。从嗅觉上来说，新生儿病房是消过毒的、充满药味的。从视觉上来说，你会看到吊瓶、导管、监控器和明亮的光线，所有的情景都让人不舒服。从听觉上来说，新生儿病房里的警报和声音是令人不安的。然而，当你开始了解宝宝的时候，就会觉得所有在新生儿病房里看到的、听到的都是另一种感受。

新生儿病房

新生儿病房的情景

以下是新生儿病房的普通情景，最初你可能接受不了，但很快你就能适应：

暖箱 为了保持体温稳定，医生会把你的宝宝放在一个透明的有机玻璃箱里。它可能有一个顶板，旁边有小窗，你可以通过小窗触摸宝宝。也有些暖箱是完全开放的，就像一张床。

监控器 宝宝的暖箱旁边会有一个监控器，可以读取她的心跳频率、呼吸方式和呼吸频率。如果这些数据降到标准值以下，监控器就会发出警报。

胸口的衬垫 通过胸口的衬垫可以监控宝宝的心跳和呼吸。她也可能躺在一张垫子上，这张垫子能够显示她的每一次呼吸。

呼吸器 你的宝宝可能在用呼吸器（暖箱旁边的大机器）呼吸。如果是这样的话，可能有一根导管通向喉咙或直接通向她的气管；或者通过插在鼻子里的导管呼吸，这样可以使吸进肺里的空气压强保持稳定，减少呼吸困难（称之为CPAP：持续正压通气）；或者只有一根带有两个小尖头的导管插在鼻子里，以此来输送适量的氧气。

导管 在宝宝的胳膊、腿、头部的静脉上，可能有一根针头通向导管，这是用来输送液体和药物的。胳膊或腿的动脉上可能也有针头通向导管。

新生儿病房的术语

监控器和警报的声音以及工作人员对宝宝使用的术语，可能都让你无法理解。但是经过一段时间以后，你就会对这些术语慢慢熟悉起来，也能学会应对负面的感觉。使用的术语一般包括：

呼吸暂停 呼吸停止和血氧浓度下降的一段时间。

心动过缓 比正常的心跳频率慢。

慢性肺病（CLD） 肺部组织损坏，导致婴儿需要长时间供氧（以帮助她呼吸）。

脑积水 由于感染或脑脊液不被吸收，导致大脑的积液量增多。

低血糖 血糖异常低。

低氧 血液里的氧浓度低。

插管 将一根很细的导管从婴儿的鼻子或嘴里插进通向气管，帮助她呼吸。

黄疸 由于肝脏没有能力处理胆红素——一种因红细胞破裂产生的物质，导致身体发黄或眼白发黄的状况。

鼻饲（NG） 用一根导管插进鼻孔通向胃（鼻胃管），用这种方法喂食。

呼吸窘迫综合征（RDS） 这是一种常见的呼吸问题。其原因是肺部没有分泌足够的表面活性剂，一种能够防止肺泡（气囊）萎陷的物质。

早产儿视网膜病变（ROP） 这是一种由于血液供应问题而引起的视觉障碍。婴儿在暖箱内长时间过度吸氧，导致血液供给视网膜过多的氧气。

新生儿病房的团队

新生儿病房的团队由儿科专家、新生儿学专家、新生儿护士组成，必要时还有一些不同领域的专家参与，如心脏病学家（心脏）、听觉病矫治专家（听力）、神经病学家（大脑）、肾病学家（肾脏）、眼科学家（视力）、病理学家（血液和其他感染病）、放射工作人员、母乳喂养顾问、社会工作者、发育职业疗法专家或物理治疗师、语音和语言治疗师。这个团队另外还有3个关键的人物：你的宝宝、你的爱人和你。你们之间需要相互尊重和相互信任，这样才能更好地沟通，以便照顾你的宝宝。

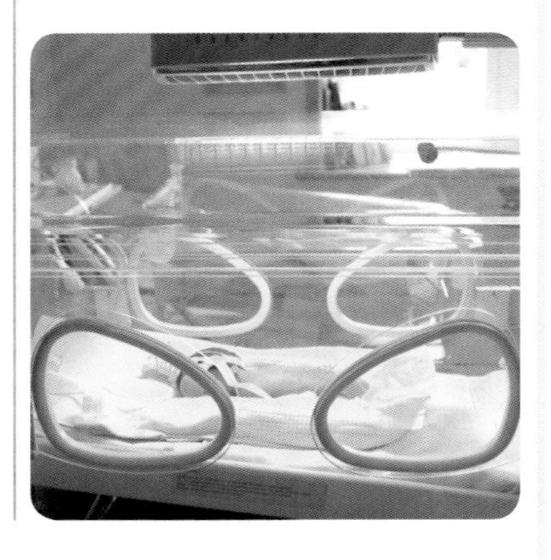

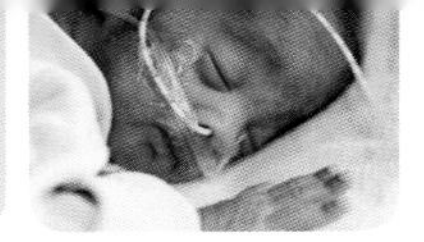

早产儿的感觉状态

早产儿初期的感觉状态和足月儿相似：她也有深度睡眠、浅层睡眠、平静而警觉状态或活跃而警觉状态，也会不高兴和哭泣（见31~34页）。当早产儿充分睡眠以后，或是当她处于浅层睡眠、平静而警觉状态时，你可以鼓励她。因为在这时，她的血氧浓度是最佳状态，并开始与外界互动。

深度睡眠 深度睡眠对早产儿的成长非常重要，当她处于深度睡眠时，她会过滤掉新生儿病房里的一切噪音和感官知觉刺激。当她睡得非常沉的时候，如果有可能的话，你可以请医生不要以注射和监控的方式打扰她，因为这是她成长和发育的重要时刻。

浅层睡眠 早产儿一天中会有很多时候处于浅层睡眠的状态，因为她要面临每天的干预和互动，并且很容易醒来。当处于浅层睡眠状态时，她会向你发出"走开"的抱怨信号，比如张开手指和敬礼的姿势（见40页）。

困倦 当早产儿处于困倦状态时，她会睁眼和闭眼，也能对外部环境做出反应。尽管她会花时间回应外部环境，但她学习不到太多东西，这个时候她是醒着的。

平静而警觉 早产儿每天都有许多短暂的片刻处于平静而警觉状态，呼吸平稳，看起来很镇定。这时，她就能从外界学到东西。这种时刻对一个早产儿来说非常短暂，你必须仔细观察她发出的信号。妊娠32周前出生的早产儿几乎没有处于平静而警觉状态的时刻，所以她不应该受刺激。随着她慢慢长大，处于平静而警觉状态的时刻也随之变长，你就能与她长时间互动了。

活跃而警觉 当早产儿处于活跃而警觉的状态时，她很难自我控制，也不再喜欢互动。即使只是少量的刺激或互动，就足以把她推入过度受激和活跃而警觉的状态。当她到达这种状态时，她会尝试自我镇定，保护自己不受干扰（见下页）。

哭泣 对于早产儿来说，哭泣是很痛苦的，它会用尽成长和康复所需的能量，也会导致她呼吸不规律、血氧浓度降低。哭泣是压力的信号，意思是你的宝宝已经接收了太多的刺激。你必须帮助她镇定下来，回到平静而警觉状态或是进入睡眠。

帮助你的宝宝

父母对于宝宝的护理非常关键，因为你们能带给她3种独一无二的特性：

❶ **稳定性** 父母是宝宝身边最稳定的人。护士们来来往往，而你们则是一直陪伴在宝宝身边。随着时间的推移，你们将成为最了解宝宝的人，而她也会将你们视为最信赖的人。

❷ **代表宝宝讲话** 作为最稳定的存在者和无可替代的人，你们的角色是至关重要的。你们能够观察到宝宝对于干扰和感知输入的反应，也能学会应该何时以何种方式处理宝宝的反应。你们是宝宝最好的支持者，能够与他人交流宝宝的需要。你们能够在很短的时间内知道宝宝对于哪种感官输入反应良好，也能知道干预措施是否起了作用。

❸ **了解宝宝的状态** 宝宝会用独特的语言告诉你们她正在处理什么样的感官输入，什么样的感官输入让她觉得不高兴。因此，你们一定要提醒自己记得宝宝的6种状态（见33页），要记得宝宝表达这6种状态的信号（见38~44页）。这6种状态不仅适用于足月儿，同样也适用于早产儿。当了解了宝宝的信号（见77页）以后，你们便能很快解释她的反应，也能随时了解她对于互动的容忍度。

成为积极主动的父母

作为新生儿病房里的家长，你可能会失去自信心，被动地受工作人员的支配。但是假如你把自己当成团队的一员，并充当积极主动的角色，对于宝宝的康复也能起到作用。看看上页方框里的内容（帮助你的宝宝），你就能明白积极的父母能发挥怎样的作用。积极参与宝宝的治疗过程，关键的一点就是了解宝宝的信号，并对此做出回应。

“我正在处理的信号”：靠近信号

当宝宝表达这些信号时，她会邀请你和她互动。你应该利用这段时间和她互动，建立你和她的亲子关系。随着宝宝慢慢成长，身体状况越来越稳定，她会更频繁地表达这些信号：

- 清醒而镇定。
- 心跳和呼吸稳定而且规律。
- 皮肤呈粉红色，血氧浓度正常。
- 有限的肢体运动。
- 看着你，或许注视着你的脸。

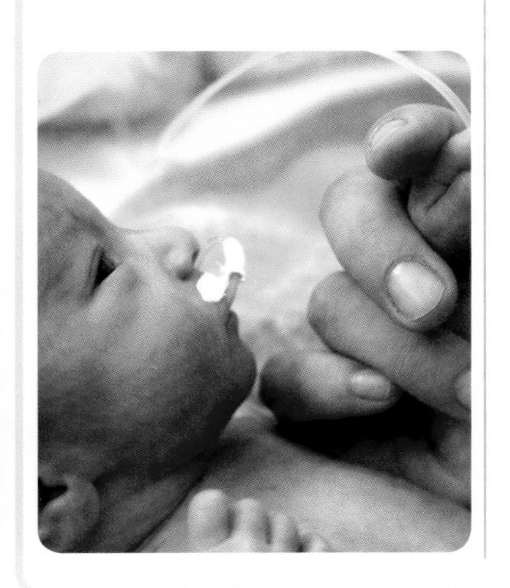

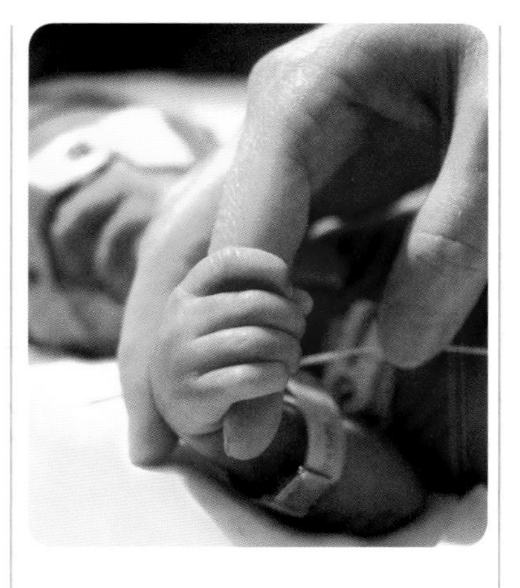

“我试图处理的信号”：警告信号

宝宝试图处理信号，这表明她感觉有些压力，但又想自我镇定。下面这些都是健康的信号，表明宝宝正在成长：

- 吮吸食物以外的东西。
- 把手放在脸附近。
- 把手放在下巴下面。
- 抓你的手指。

“我感到压力的信号”：抱怨信号

可能有某些压力影响宝宝。起初，她可能无法继续和你互动。如果进一步受激，她会变得烦躁易怒并哭泣，甚至进入压力引起的睡眠状态。然后她可能通过某些肢体动作来回应，比如疯狂地挥舞手臂或者完全不动。最后她可能变得很压抑，以致身体稳定性受到影响。很显然，在这些状态中，最后一种状态的后果更严重，它会使宝宝更虚弱。当宝宝开始哭泣并感觉压抑的时候，她会用尽能量，而这些能量本应用于成长和保持身体的稳定方面。假如你注意到了宝宝的抱怨信号，就可以避免压力给她带来的负面后果。抱怨信号包括：

- 弓起身体，伸出胳膊和腿。
- 心跳过缓或过快，血氧浓度（见74页）降低。
- 当她换气时嘴巴周围变青。
- 打哈欠、打嗝或打喷嚏。
- 疯狂地运动或为了避开刺激物而转移目光。

假如发现这些信号，你可以让医生暂停干预措施，比如更换导管，以便减少宝宝的压力。

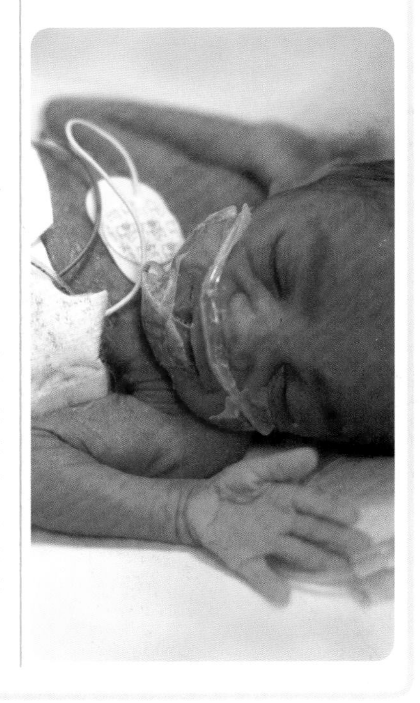

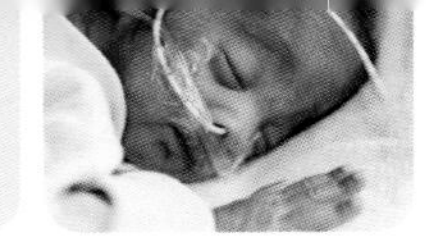

感知的秘密
早产儿对于触摸非常敏感。采取深层抚摸的方式，比如把你的手放在她的手上安慰她。

早产儿的感官世界

对婴儿来说，子宫是最理想的感官环境，但是拥有平静的子宫世界对早产儿来说是奢侈的，因为新生儿病房的感官环境远远不如子宫的感官环境。你应该花点时间环顾一下新生儿病房的四周，注意它与子宫环境的不同之处，这样能让你知道哪方面会令宝宝不安。

在新生儿病房里，每一种单独的感官输入都可能让早产儿不舒服，而所有的感官输入加起来则会让她的状态提升一个层次，让她感到压抑。了解这一点是为了让你注意宝宝，在她接收了太多不愉快的感官输入而变得烦躁时帮助她。这里所列的感官输入都是负面的，但是看完下一节（见 80~83 页）以后，我们就能知道如何调整宝宝的环境，减少令她烦恼的因素。

触觉 早产儿的触觉发育良好，既能感知到令她镇静的触摸，也能感知到令她不快的触摸。她能感觉温度的变化，对轻柔的触摸尤其敏感。深层的抚摸让她感觉镇定，而轻柔的抚摸则让她不安。她喜欢子宫壁的紧密接触，却不得不面对新生儿病房里的这些状况：

- 没有让她感觉被保护的物理边界。
- 温度变化。
- 轻柔的触摸，比如更换监控器和尿布时的接触。
- 没有皮肤贴皮肤的感觉，即使是她的双手也很少能够接触到自己的身体。
- 疼痛感，比如插导管的时候。

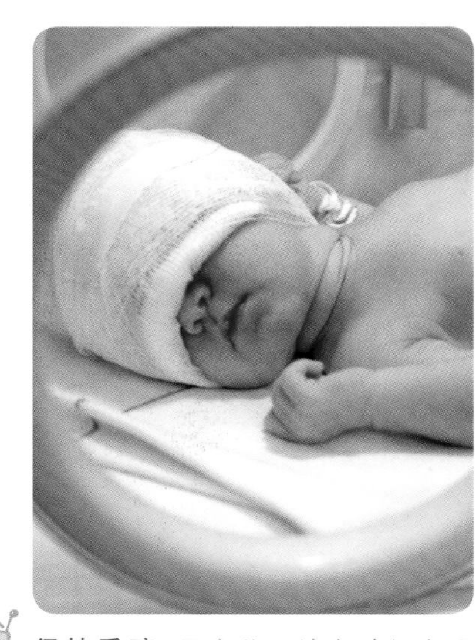

保持昏暗 早产儿无法主动闭上眼睛。为了让宝宝闭上眼睛，可能需要用纱布包扎。

视觉 如果宝宝在妊娠 26 周前出生，那么她的眼皮可能是闭着的，但不久后就会睁开。到了 32 周，她就能看见物体，也能追踪光源，但是这时候她无法主动闭上眼睛，她的瞳孔也无法缩小从而避免大量光线进入。明亮的光线和对比强烈的色彩会令早产儿感觉不安。她原本应该在子宫里享受柔和而黑暗的视觉环境，却不得不面对新生儿病房里的这些状况：

- 对比强烈的色彩和图案。
- 光线强弱不断变化。
- 非常明亮的光线 —— 当护士过来更换导管或监控宝宝时，为了观察更清楚一些，她会调亮暖箱里的光线。
- 当宝宝接受黄疸治疗时，会接触紫外线。

听觉 早产儿能听见声音，也能对声音做出反应。她喜欢柔和的声音，不喜欢很大的嘈杂声音。子宫里很安静，很少超过 72 分贝，而且伴随着有镇定作用的振动。子宫里的声音是始终如一的，是你的身体自然产生的白噪声，比如涌动声、汩汩声、心跳声，以及你的血管和消化系统产生的韵律。而新生儿病房里的这些声音远远起不到镇定效果：

- 60~90 分贝的警报声和对话声，有时甚至达到 120 分贝。
- 打开暖箱或者关闭有机玻璃窗时的回声，因为宝宝处于封闭的空间里。
- 仪器和仪器旁边的物体发出的声音，即使放置在暖箱的上面，也会扩大声音。
- 其他宝宝的哭声也会打扰到你的宝宝。

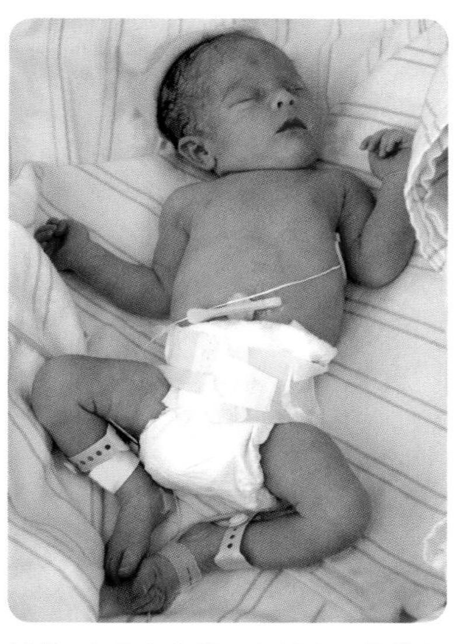

无助 你的宝宝很可能没有足够的肌张力，不能像足月儿那样使身体保持弯曲。因此，当她平躺的时候，胳膊和腿总会往外伸展。

运动和引力 早产儿能够感受到运动和引力的作用。在妊娠期的最后 3 个月，正常情况下，宝宝会在子宫里倒置身体，呈头朝下的姿势以待分娩。这种头朝下的姿势带给她频繁的前庭输入（运动系统的感受）。

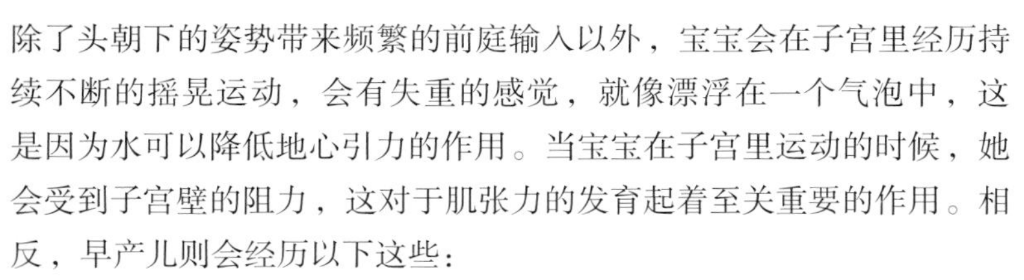

除了头朝下的姿势带来频繁的前庭输入以外，宝宝会在子宫里经历持续不断的摇晃运动，会有失重的感觉，就像漂浮在一个气泡中，这是因为水可以降低地心引力的作用。当宝宝在子宫里运动的时候，她会受到子宫壁的阻力，这对于肌张力的发育起着至关重要的作用。相反，早产儿则会经历以下这些：

- 静止状态，这让她感觉不自然和不安。
- 不能像在子宫里那样身体呈弯曲姿势（蜷成球形），也没有水让她自由运动，因此没有引力的保护。
- 当宝宝仰卧的时候，她的胳膊和腿就像青蛙一样往外伸展，没有足以抵抗重力的肌张力。

嗅觉和味觉 早产儿能闻到气味，尝到味道。在子宫里，她喜欢甜味。早产儿对下列气味和味道十分敏感：

- 打针或插导管前用来清洁皮肤的酒精棉气味。
- 用来清洁新生儿病房的清洁剂气味。
- 在你触摸宝宝前，用来洗手的抗菌皂和消毒酒精的气味。
- 母乳的味道。

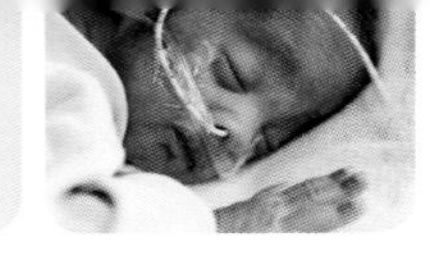

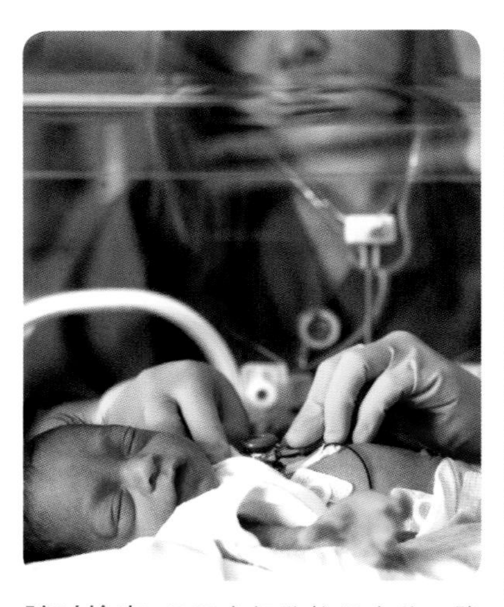

随时检查 只要密切监控早产儿，防止其感官知觉超载，他们便能更好地发育，至少能发育成妊娠36周大的状态，不仅能早些脱离呼吸器和导管喂养，内部出血和长期肺部疾病的发生率也更低，住院时间也会缩短。

宝宝的感官系统

这个表格列出了新生儿病房对宝宝的感官知觉和长期发育可能造成的影响，你可以参考82~83页，看看如何保护宝宝的感官系统。

持续的感官输入	对感官系统的威胁
无法抵挡的输入——一次接收所有的感官输入	• 一次接收所有的感官输入会导致宝宝进入受激过度的状态，会让她感到紧张，也可能延缓康复时间。 • 导致宝宝哭泣，用尽成长和康复所需的宝贵能量。 • 使大脑中的压力增加，这是引起脑损伤的潜在原因之一。 • 长此以往，会影响宝宝自我安慰和调整自我状态的能力。 • 使睡眠/清醒周期发展延缓。
痛苦的触摸	• 使宝宝不喜欢被触摸（触觉防御）。 • 导致喂养困难。
强烈的视觉输入	• 使宝宝睡眠不足。 • 导致白天与夜晚的睡眠没有差异，使宝宝今后在夜晚很难入睡。 • 导致血氧浓度降低（见74页）。 • 损害视网膜，导致视力问题。
嘈杂的声音	• 导致心率过低或过高。 • 使宝宝在睡眠时惊醒，而在这个阶段，睡眠对于宝宝的成长非常重要。 • 导致血氧浓度降低（见74页）。 • 导致听力损失。
缺乏运动和引力的作用	• 导致肌张力不足，或背部和腿部肌肉萎缩。 • 导致头部无力。 • 导致宝宝对运动敏感，当你抱她时，她可能很烦躁。 • 重要的运动能力延缓（爬行、走路）。
浓烈的气味和味道	• 影响亲子关系的形成。 • 导致喂养困难。 • 当宝宝处于浓烈的气味中时，会导致哭泣。

早产儿的睡眠

假如你的早产儿几乎成天都在睡觉，请不要担心，因为长时间睡眠对她有好处。深度睡眠和浅层睡眠（见 30 页）对于她的成长和大脑发育都很重要。糟糕的是，宝宝的自然睡眠周期和睡眠状态常常会被新生儿病房里的噪音和医疗程序打扰。

帮助宝宝睡眠 睡眠对于早产儿极其重要，以至于每次醒来进行治疗和喂养的时间都很短暂。别担心，你最重要的任务是观察宝宝的信号，并尽可能地帮助她睡眠，特别是当她表现出受激过度的信号时（见 39~40 页）。询问一下医护人员，看看你是否可以做以下这些事情：

- 在夜晚时，调暗新生儿病房的光线，让宝宝知道白天和夜晚是不一样的。
- 当宝宝睡眠时，不要采取干预措施打扰她的睡眠周期。
- 让宝宝在 2~3 小时的持续睡眠过程中不被打扰。

你的睡眠 休息和睡眠对于父母也很重要（特别是母亲）。虽然你想一直陪伴在宝宝身边的愿望很强烈，但是在初期，你需要充足的睡眠，这样才能恢复产后的身体，才能应付高强度的压力，使你的母乳达到最优化的状态。你不必每次亲自给宝宝换尿布和喂食，因为没有人会指责你。

睡眠：在这个阶段你能预知什么？

- 早产儿能从长时间的睡眠中受益。
- 早产儿要比足月儿花更长的时间养成良好的睡眠习惯。医疗程序的干扰、新生儿病房的噪音和光线、夜晚频繁喂养的需要，这些都会阻碍宝宝形成良好的睡眠习惯。
- 当宝宝白天睡觉时，你也一定要睡觉。

袋鼠式保育法

这种方法对早产儿很有益处，在新生儿病房中也广泛使用。你只需给宝宝换上尿布，当然也可以戴个帽子，然后把宝宝紧贴在你裸露的胸部，用毛毯把你和宝宝包裹在一起。这时，你的胸部温度会上升一二度，然后会保持恒温温暖宝宝。当宝宝相对安静的时候，一旦医生同意你这么做，你应该尽可能多地用袋鼠式保育法护理宝宝。当你和宝宝睡觉时也可以采取这个方法：把宝宝放在胸部，然后找到一种舒适的姿势。袋鼠式保育法的好处有：

- 使宝宝耗费较少的能量、快速增加体重、保持平静的状态和恒定的温度。
- 能够早些进行母乳喂养。
- 使宝宝保持着稳定的心跳和呼吸，使她的血氧浓度保持良好的状态。
- 降低宝宝在医疗过程中的感染概率。
- 可以更早地出院，因为宝宝的体重能更快增长。

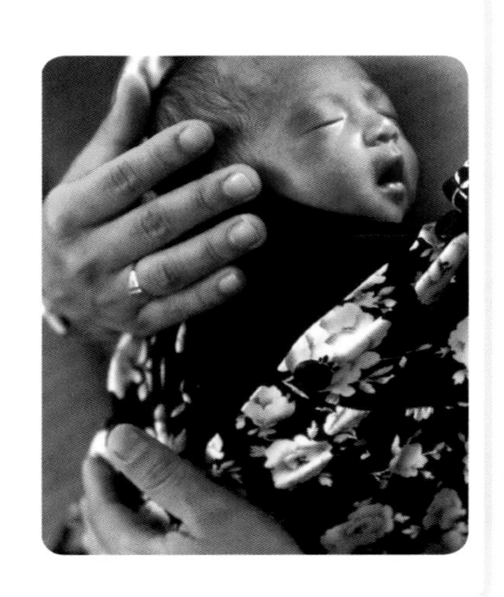

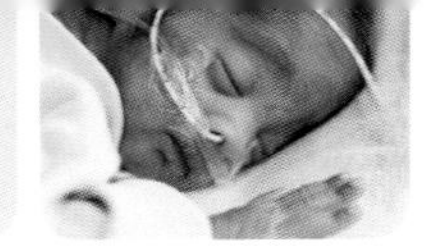

感觉发展的护理方法

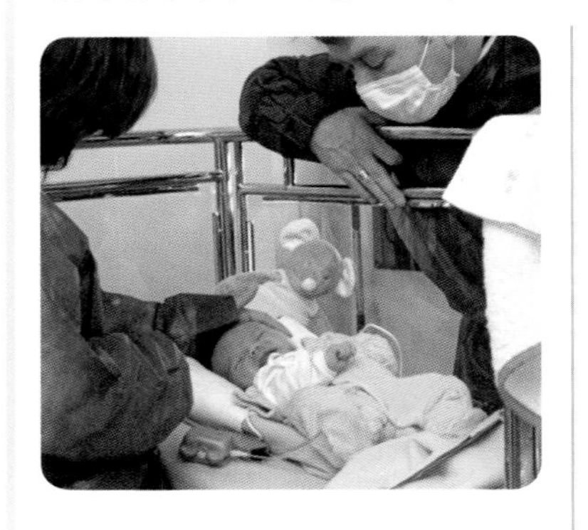

新生儿病房的护理

由于新生儿病房的感官环境对宝宝的长期发育并不理想，因此，新生儿病房的护士和医生发明了“感觉发展的护理方法”，而且在世界各地的许多新生儿病房里广泛使用。感觉发展的护理方法是为了缓解早产儿在新生儿病房的压力，使早产儿处于更加平静的状态。这是你能为宝宝提供的最佳护理方法，这种方法有助于她的长期发育。

然而当你的宝宝仍需通过医疗手段恢复健康时，她对于医疗手段的需求远远超过感觉护理。因此你一定要与医生协商，问问他们何时可以开始对宝宝进行感觉护理。

触觉

新生儿病房里的触觉环境通常能对早产儿造成最不好的影响。然而幸运的是，你可以用一种积极的方式去抚摸宝宝，以抵消她在新生儿病房里不愉快的经历。

你应该尽快抱起宝宝，不要因为到处是导管和吊瓶而迟疑，因为宝宝需要你的抚摸。问问医生是否可以把所有痛苦的医疗干预都集中在一个时间段里进行，这样当宝宝睡觉时才会尽可能不被干扰。

当某一种医疗干预对宝宝来说变得过多，致使她紧张时，你可以问问医生是否能暂停医疗干预，然后尝试对宝宝进行深层抚摸。深层抚摸能让你的宝宝感觉镇定，从某种程度来说，就好像子宫壁的深层触摸一样。把你的手搓热，然后打开手掌，在宝宝身体上进行轻柔而有力的按压。她或许会花几秒钟时间适应这种抚摸。你不要移开手掌，但是要放松肩膀，保持深层抚摸的方式——因为宝宝认为轻柔的抚摸令她不安。随后在很短的时间内，你会发现她慢慢放松起来，而且连她的呼吸也变稳定了。你可以在宝宝接受医疗干预以后采取这种方法，或是在任何她需要变得更平静的时候采取这种方法。

你可以为早产儿设立一些活动边界，她会发现脑袋周围的边界让她很安慰，因为这种边界有一种类似在子宫里的包容感——用毯子或者特殊的辅助物包裹她。如果宝宝张开她的手指，你可以让她抓住你的手指，或是提供一个类似于手指的东西（把一小块布卷成管状）让她抓住。

吮吸是十分重要的，宝宝嘴里的触觉感受器比身体其他任何地方的都要多。没有营养成分的吮吸（吮吸手指或奶嘴，而不是食物）能让她感觉特别安慰。在让她感觉压力和疼痛的医疗过程中，你可以给她一个“早产儿奶嘴”吮吸。这样做不仅能安慰她，也能让吮吸动作更加成熟。

当你把宝宝从暖箱抱出来时，要用襁褓包裹好宝宝（见26页）。当宝宝超过妊娠32周大时，也要用襁褓包裹着放在暖箱里。你应该这样包裹她：把她的腿微微朝肚子弯曲，把她的双手放在脸附近。当她长大一些能够洗澡时，在洗澡时要用一条大毛巾将她包裹起来，以控制她的原始反射，使她处于弯曲的姿势。

视觉

早产儿的视觉系统发育最慢，几乎需要被完全保护，直到她足月或出院。你可以要求医生调暗新生儿病房的光线，确保只有当工作人员实行医疗程序或护理宝宝时，才采取直接照明的方式。当新生儿病房的光线需要调亮时，你应该盖上宝宝的眼睛。

如果你的宝宝在封闭的暖箱里，你应该在暖箱上面放一条毛巾或一条毯子，这样可以间接调暗新生儿病房的光线，以保护她的眼睛。你应该用暗色的毛巾，因为白色会反光。你可以问问工作人员，看看新生儿病房的光线能否白天亮一些，夜晚暗一些，这样可以让宝宝区分白天和夜晚。

听觉

这是在新生儿病房里你很难控制的一种感觉。你应该用心记下哪种声音太大，哪种声音不够温和，然后告诉医护人员降低这种声音的程度，比如调小警报声，并对警报声做快速的反应；把你的手机铃声调成振动，因为刺耳的手机铃声会让宝宝非常不安。医护人员会穿软底的鞋子进出新生儿病房，你也应该这样。不要把任何坚硬的物体放在封闭的暖箱上面，也不要拍暖箱的盖子，因为早产儿在里面听到的声音会扩大。关闭暖箱的门和窗户时，动作一定要轻。如果宝宝的暖箱被放在人流密度高的区域，你可以询问医护人员是否可以移到更安静的空间。关掉收音机的声音，柔和的音乐也要限制播放；搬椅子时要把椅子抬起来，而不是拖动；尽量减少周围环境中的对话和笑声。你也可以请求播放一些类似白噪声的背景音乐，以此掩饰新生儿病房里不和谐的声音。

运动和地心引力

前庭感觉和本体感觉（见12~13页）对于宝宝日后的运动发育很重要。由于重力对宝宝的肌张力有很大的影响，所以你必须尽可能地把她抱紧，使她呈现类似在子宫里的蜷曲姿势。本体感觉器官或温床能帮助宝宝维持某种姿势，保护宝宝的肌张力，增强她的运动发育。医院可能会为宝宝提供一种特殊的温床，或者你也可以自己买一个。如果你找不到这种特殊设计的温床，也可以拿一条纯棉的毯子（能调节温度），卷成香肠形状的边界，固定在宝宝周围。可以让医护人员教教你怎么做。

让你的宝宝仰面躺在新生儿病房里，这样做不仅有助于她的呼吸，还有助于营养和辅食的吸收，同时也让宝宝感到安全。由于宝宝的呼吸受到监控，因此以这个姿势平躺不会有婴儿猝死综合征的风险。当宝宝仰面躺着的时候，可以用一块比她肩膀略窄的布（可以用全棉毛毯），搭在她的肚子和胸部，从肚脐延伸到头部以下。这可以鼓励她挺直肩膀，塑造身体的曲线线条。把她的头朝向一侧，把膝盖收到肚子下方。

嗅觉和味觉

宝宝的嗅觉极其敏感，会受到新生儿病房的影响。因此你可以问问医护人员，干预措施是否涉及宝宝的嘴，比如更换导管和抽吸过程，可以限制其次数，也可以将几次合成一次进行。你可以要求医护人员不要在宝宝的脸庞附近打开酒精瓶，因为它的气味非常浓烈。你可以问问是否能够避免在暖箱中使用气味浓烈的清洁剂。在你给宝宝喂奶或给她吸奶嘴以前，一定要确保你的双手没有消毒剂的气味，不然你的宝宝会对吃奶或吸奶嘴产生消极的反应。

袋鼠式保育法或肌肤之间的接触，使宝宝被妈妈或爸爸身上的舒缓气味重重包围。假如她在通过鼻胃管进食的话，你应该试着像袋鼠一样把她紧抱在怀里，这样一来，她就会慢慢熟悉你的气味和抚摸，因此而感到安慰。

当你看宝宝时，不要喷香水或擦乳液，尽量不要用带香味的洗涤产品洗衣服。你可以在暖箱里放置一个舒适的物体，比如你盖过的毯子或你抱着睡觉的玩具熊，上面带着你的气味，这样有助于安慰宝宝并促进她的睡眠。你可以挤些母乳到棉花球上，然后放进暖箱里。也可以蘸一滴母乳到宝宝的舌头上，模拟她在子宫中正常的味觉体验。

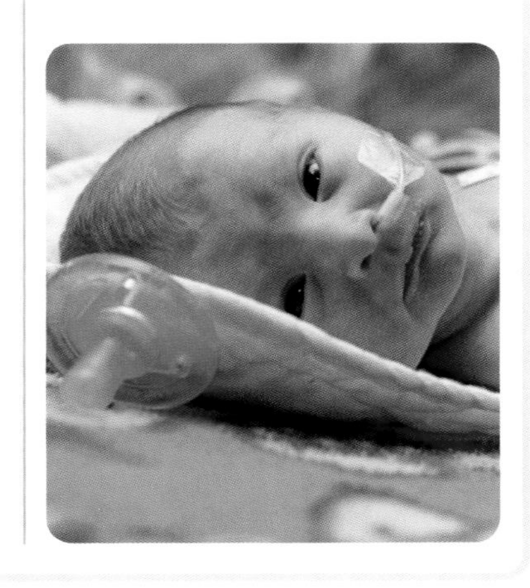

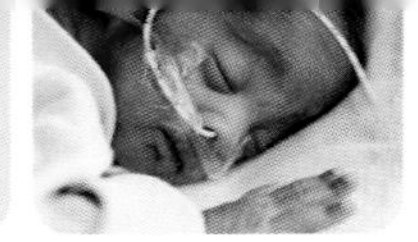

早产儿的喂养

当早产儿出院后，你就得制定喂养计划。事实上，有效喂养早产儿的第一步，应当从她出生以后就开始进行。

非口腔喂养 如果你的宝宝非常小或体弱多病，医生可能会告诉你不要通过口腔喂养宝宝，而需要通过其他方式来喂养。

- **通过输液喂养** 通过输液，可以将一种包含水、电解质和其他营养成分的液体输入到早产儿的身体里，确保她吸收充足的水分。对于生病的宝宝或有严重呼吸疾病的宝宝来说，这是唯一的喂养方式。
- **通过导管喂养** 用一根鼻胃管插入早产儿的鼻孔，直接将少量的奶水输入到她的胃里。这些食物要从宝宝出生起就开始喂养。喂养食物的量和频率由医生监控。

无营养成分的吮吸 吮吸是一种条件反射，妊娠 24 周以后出生的婴儿会形成这种条件反射。当宝宝还在子宫里时，她就在每天练习吮吸，吮吸她周围的羊水甚至是拇指或双手。当宝宝出生以后，这种吮吸本能就发展为吮吸、吞咽和呼吸技能，就可以喂养她了。为了顺利康复出院，早产儿需要更好地锻炼这项技能。

为了在出生初期就帮助早产儿发展这项技能，你可以把橡皮奶嘴、不出奶的乳头（挤过的）、她自己的拇指或你的干净手指给她吮吸。当她压力过大时，让她在吃奶前后以这种方式吮吸 5 分钟；当她处于昏昏欲睡或清醒状态时（见 31 页），让她每天至少吮吸 10 分钟。对于稍大一些的早产儿来说，让她吮吸挤完奶后的乳头是很好的方法：因为这样做不仅让她获得了吮吸经验，而且无须在吞咽奶水的同时协调呼吸。

杯子喂养 如果宝宝还不能直接吮吸乳房，那么你可以试着把母乳挤到一个杯子里（或使用无菌的敞口奶瓶），然后把杯子放在她的嘴唇附近，以便她能够像小猫一样舔到母乳。不要把挤出的母乳直接倒进她的嘴里。在早产儿还不会直接吮吸乳房以前，杯子喂养的方式能够促进亲子关系，因为这时候你离她很近。同时这种方法无须用奶瓶吮吸也能刺激她的嘴巴。假如日后母乳哺育变得困难，你也可以继续采取这种方式，这比使用奶瓶或奶嘴更卫生，因为杯子更容易清洗干净。

喂养：
这一步应当注意什么？

- 生病的婴儿或很小的早产儿不能直接用嘴进食，他们需要通过导管喂养，甚至在最初的日子需要通过点滴来喂养。
- 需要通过无营养成分的吮吸（见下方）来建立和练习吮吸反射。
- 妊娠28周前出生的早产儿可以吮吸你没有出奶的乳房（你可能会这样做），这样可以发展她的吮吸协调能力，而无须通过吞咽奶水和呼吸来发展这一能力。
- 在妊娠28周之后出生的健康早产儿，开始具备吮吸、吞咽和呼吸的协调能力。但是很多早产儿需要等到妊娠32周大之后，能够喂奶时，才开始发展这一协调能力。
- 当你的宝宝可以协调吮吸、吞咽和呼吸，并能够保持清醒的状态时，你就可以对她进行适量的奶水喂养，可以是母乳喂养，也可以使用奶瓶喂养。

挤奶 当你的宝宝一出生（最好在4小时内），你就应该尽快挤出你的初乳。你第一次挤出的奶是初乳，它是一种高蛋白的免疫奶，几天后就成了常乳（见98页）。你的母乳必须通过鼻胃管输入给宝宝，直到她可以直接吮吸乳房。母乳对早产儿的消化道十分重要，它可以减少肠胃的感染和伤害。

你最开始可以通过按摩用手挤出母乳。二三天之后（一旦开始涨奶），你可以用手动或电动吸乳器来挤奶。假如你可以忍受的话，用电动吸乳器双重挤压（同时挤压两个乳房）会更有效。记住这些小窍门：

- 最初挤出的母乳会很少。
- 每隔三四个小时就挤奶5~10分钟。
- 继续挤，直到母乳流下的速度减慢。
- 挤奶时，一次不要超过30分钟。
- 不要为了挤奶而从睡眠中醒来，你需要休息。
- 当挤奶时，可以在你面前摆放一张宝宝的照片，或者在你能看到宝宝的地方挤奶，因为这有助于释放荷尔蒙，从而增加母乳量。
- 挤奶大约一周以后，你会发现每次坐着的时候挤出的奶更多。

一旦成功挤出母乳以后，你就能保持母乳的供应，直到宝宝可以直接吮吸乳房。许多母亲都能成功地进行母乳喂养，甚至在她们的早产儿好几个星期都无法直接吮吸乳房的时候。母乳能在冰箱里存放24小时，能在冷冻库存放的时间达到3个月（见158~159页）。

母乳喂养 当宝宝可以尝试口腔喂养的时候，医生会教你如何对宝宝进行母乳喂养或人工喂养。第一天，你的母乳可能只够喂她一次，但之后母乳会慢慢增多，直到宝宝脱离导管喂养并完全依赖口腔喂养。喂奶不成功是没有任何理由的。

人工喂养 如果你发现自己无法用母乳喂养，最终只能依靠奶瓶，请不要感到内疚。然而，过早地对早产儿进行奶瓶喂养是不正确的，认清这一点很重要。与普遍的观念相反，对早产儿来说，没有必要过早地使用奶瓶进行喂养，因为在使用奶瓶时，吮吸、吞咽和呼吸三者之间的协调更复杂，奶水的流量也更难控制。因此对早产儿来说，人工喂养比母乳喂养更累。此外你还需要小心地冲奶粉，特别要注意给奶瓶消毒。

喂养的感官体验

喂养宝宝的过程充满了各种感官体验，它刺激了每一种感觉：嗅觉、视觉、味觉、身体姿势和内感受（内部的感官信息）。

早产儿只能处理极少一部分刺激，假如同时输入一种以上的感官信息，就很容易使她受激过度。一旦受激过度，她就会变得烦躁和失常，她的心跳频率、呼吸节奏甚至血氧浓度都会受到影响。在口腔喂养的初期，尽量不要让宝宝的感官系统超载，遵循以下这些提示是十分必要的：

- 选一处安静的地方喂奶，喂奶时不要与宝宝或其他人说话。
- 不要把宝宝左右换来换去或是频繁地变换宝宝的姿势。
- 不要喷香水或是使用散发香味的清洁剂。
- 假如宝宝在吃奶时变得烦躁不安，那就停止喂奶，帮她恢复镇定，改日再试。

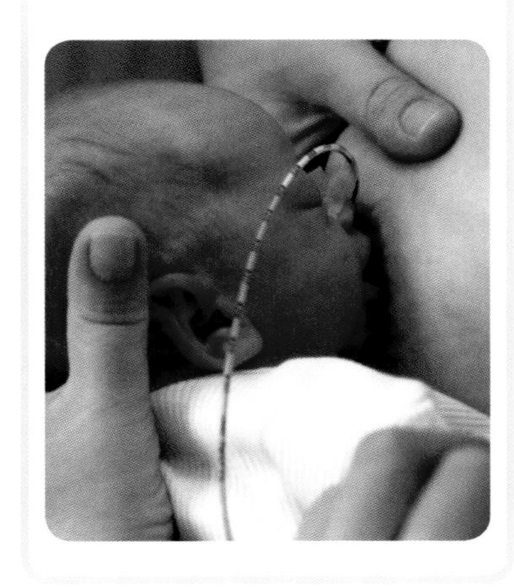

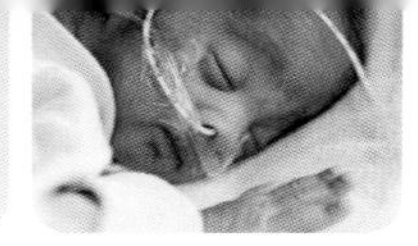

了解你的早产儿

或许你的早产宝宝看起来一点也不像母婴广告里那样，但是在成长的每一天，她的身体都在发育，而且越来越像一个新生儿。在母亲子宫里待满9个月的宝宝能通过紧密的子宫受益，出生之前的最后两个月，她可以蜷曲在一个非常封闭的空间，这有助于发展她的原始反射。而你的早产儿没能获得这些益处，所以她的原始反射或许尚未充分发展。

肌张力 在出生前的最后两个月，胎儿在子宫里对抗阻力，练就了她的肌张力。而你的早产宝宝没有机会待在这个密封的空间里，所以她的肌张力是很低的。这意味着，当她平躺着的时候，她的腿和胳膊就会伸出来随意地搁在一边。就连通常在子宫中通过吞咽羊水而获得力量的横膈膜也很脆弱。所以她的哭声非常微弱，她可能完全哭不出声。随着慢慢长大，她的肌张力将逐渐增强。你可以将她放在温床上（见83页），帮助她用正确的方法保持正确的姿势，同时也给她制造一个可以推撞的边界。

原始反射 原始反射是我们的生存反射。婴儿必须用双手牢牢地抓紧，才能像猴子一样攀在母亲的身上（握持反射）；然后在移动过程中寻找母亲的乳头（觅食反射使婴儿的脑袋转向母亲的乳头）；吮吸乳头吃奶（吮吸反射）；如果她感觉自己快要掉下来就会抓得更牢（拥抱反射或惊吓反射）。即使这些反射对人类的生存来说并不都是最关键的，但是足月儿在出生时就已经有了这些反射现象，而且还会出现避开反射或非对称性紧张性颈反射现象（见101页）。

假如你的宝宝早产，那么在初期她可能并不会有这些原始反射。随着慢慢长大，这些反射现象才会出现。从出生到出院，早产儿将慢慢学会觅食反射和吮吸反射，这些反射对于母乳喂养和人工喂养是至关重要的。当宝宝面对各种压力时会抓紧你，这种握持反射会让她感觉安全。

目标里程碑

当你的宝宝出院时，她可能已经达到了足月儿的发育程度：身体在襁褓里蜷曲、具备各种各样的原始反射、能够调节自己的体温和呼吸。在宝宝成长的第一年，你可以观察到这本书里所描述的目标里程碑，每一章都记录了一个特定的年龄范围。然而作为早产儿的父母，你应该考虑到她的早产情况，调整对宝宝实现目标里程碑的期望值。这一

社会互动

早产儿的社会互动有3个阶段：

暂停阶段 如果你的宝宝早产的时间还不满妊娠32周，她的社会互动就会以“暂停”这个词为特点。这就是说，在你和她互动时，她不会加入，反而会停止互动，所以这个时候你也不得不停止。她完全不会处于平静而警觉的状态，即使最简单的感官互动、最轻柔的抚摸，也可能导致她过度紧张。她只是将所有精力集中在保持生命体征（呼吸、心率和血压）稳定和成长方面。

抚摸阶段 当宝宝长大一些（妊娠32~35周），她的社会互动就从暂停阶段转换到抚摸阶段。这一阶段的特点是生命体征稳定，体重慢慢增加，甚至能学会一些自我安慰的方法。她的身体状况逐渐好转，通过每天吃奶，她的身体会吸收热量，体重也开始增加。她偶尔可以长时间保持平静而警觉的状态。这时你可以抚摸她，与她互动。

参与阶段 等宝宝过了妊娠36周大以后，她的社会互动就会到达参与阶段：能与周围环境积极互动，也会邀请你加入。在这个阶段，她不会过多地依赖机器，也不需要持续监控。她能够主动安慰自己并调节身体系统。

方法适用于所有方面，从睡眠到喂养，从走路到说话，你需要调整自己的期待值，直到她两岁左右。举个例子：假如你的宝宝提前一个月出生，你必须意识到，等她长到预产期左右，她的举止才会像个新生儿；等她长到预产期后 6 周大时，她才能学会笑。

为了计算早产儿的年龄，你可以采用以下公式：
出生年龄 – 早产周 = 校正年龄（发育年龄）。
例如，一个 6 个月大的婴儿提前了 4 周出生（1 个月），那么他的校正年龄应该是 5 个月：
6–1=5 个月校正年龄。

与医生交流 如果你的宝宝比预产期提前很多天出生，并且她的身体状况经历了很多不稳定的时期，或者有大脑、视力或听力损伤的风险，那么你就得非常小心地监控她两年左右。假如她到了校正年龄，却一直没有实现每个发育阶段（见下表）的目标里程碑，那么你应该把她带到儿科医生那里做个全面的检查。

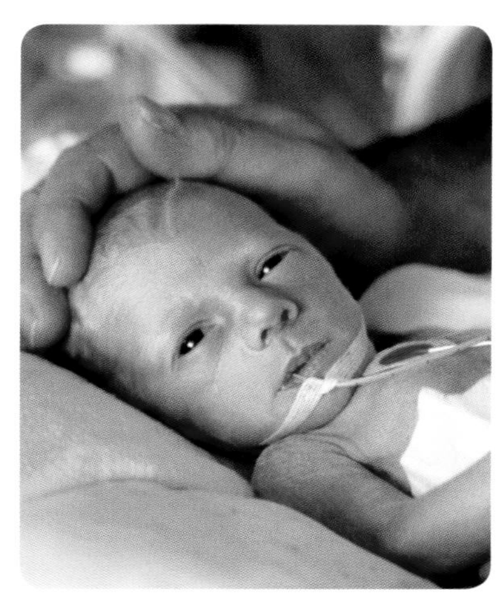

微妙的细节 比起足月儿，早产儿对于感官知觉刺激更加敏感，也更容易受激过度。

目标里程碑

在早产儿实际出生日和预产期期间，你可以在她身上寻找我们原本期望在足月儿身上看到的目标里程碑。

发育领域	目标里程碑
粗动作	当肌张力增强时，她会把腿抬起来，蜷曲在身体附近。
细动作	出现握持反射和吮吸反射现象。
手眼协调	距离你20~25厘米时，饶有兴趣地盯着你的脸看。
语言发展	当你和她说话时，她会保持着平静而警觉的状态。
社交、情绪	与你保持目光交流，短时间内不会受激过度。
自我调节	保持平静而警觉的状态，并开始安慰自己。

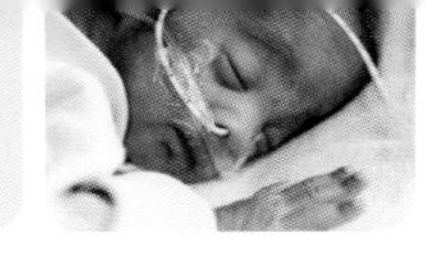

参与 当早产儿成长到超过妊娠36周大的时候，她更容易接受各种社交活动。

感官刺激：TEAT原则

刺激活动是为了增加大脑细胞之间的联系，目的是强化宝宝的学习和发育。当宝宝处于平静而警觉状态时，大脑细胞之间的联系会更好地形成。由于早产儿很少会处于平静而警觉状态，这就意味着当早产儿还在新生儿病房时，你不必花大量的时间刺激她。相反，在早产儿出生初期，你应该多花时间了解宝宝，读懂她的信号和感觉状态（见33页）。当她成长到超过妊娠32周大以后，她已经准备好接受刺激活动时，你才能开始刺激她。

时间

一般来说，年龄小于妊娠32周大的宝宝都没有做好受刺激的准备。在32~35周期间，如果你的宝宝身体状况稳定，你可以开始与她互动。但是一定要注意压力信号，计划在合适的时间进行互动。你可以根据3个阶段（见86页）了解何时开始刺激宝宝：

暂停阶段 当她处于互动的暂停阶段时（年龄在妊娠32周以下或身体状况不稳定），你能做的就是坐在宝宝身边、轻柔地和她说话、了解她发出的信号。当她的情绪变得更稳定时，你可以将你的手放在她的手上握住，保持静止。

抚摸阶段 在妊娠32~35周期间，你可以开始给她洗澡、换尿片，以此获得照顾宝宝的自信。你应该把她用襁褓包裹起来（见26页），并用袋鼠式保育法温暖她（见81页）。你可以开始一些活动，不过还是要时刻、仔细观察她的压力信号。

参与阶段 从妊娠36周大开始直到从新生儿病房出院，你可以在宝宝处于平静而警觉状态时，短暂地刺激她。

环境

从感官知觉输入方面来说，新生儿病房的物理环境是很忙碌的。你的宝宝被噪音、视觉输入和异味不断轰击。如果可能的话，你可以降低周围噪音的程度，调暗周围的光线，通过光线强弱让宝宝了解白天和夜晚的差异，以及减少宝宝被打扰的次数（见82~83页）。直到宝宝出院回家以前，你都不应该尝试为宝宝制造一个刺激性的环境。你只需要保持活力，在家里为她提供足够的环境刺激。

视觉 过多的拜访者、刺激性的儿童室，或是一次进行太多的活动，这些都会让宝宝受不了。

运动觉 当宝宝被抱起时，你可以采用慢节奏或重复的摇摆运动来安慰她。为了让宝宝有安全感，可以给她系上婴儿背带。

活动

当宝宝的身体状况稳定、处于平静而警觉状态并准备好互动时，你可以开始实施一些有限的刺激活动。但是一定要仔细观察她的压力信号。当宝宝发出压力信号，身体状况变得不那么稳定（血压升高或降低），或是血氧浓度改变的时候，你应该给她一段暂停时间，帮助她通过吮吸或依偎在某个范围的方式（见83页）安慰自己。过一会儿或者第二天再尝试一次。

视觉 托住婴儿，让她的脸距离你的脸20~25厘米，这是一个足月儿能集中视线的距离。你可以帮助她集中注意力，而不会刺激其他的感官知觉。

听觉 用“父母语”和宝宝说话，这是父母自然发出的一种柔声细语。研究显示，宝宝对这种类型的声音更感兴趣。你可以读儿歌或故事给她听，可以在抚摸她以前喊她的名字，可以将你的声音、心跳声或白噪声录音后播放给她听，平缓地刺激她的听力。

触觉 无论何时，当你和宝宝在一起时，你应该尽快开始袋鼠式保育法。你可以和医护人员谈谈，看看何时可以开始袋鼠式保育法。当你和她互动时，你可以用襁褓将她包裹起来，这样能让她感到镇定。襁褓包裹婴儿很重要，因为惊吓反射会导致她的胳膊伸出来，这令她非常不安。在你抚摸宝宝以前，你可以先和她说话；让宝宝有机会抓住你的手指并吮吸（无营养吮吸）；用你的双手托住宝宝的身体和脑袋，或者让她站立在你的手中；牢牢地、轻轻地抱紧你的宝宝；平静地抚摸，这是当她醒来时通常能应对的刺激。当宝宝成长到超过妊娠32周大以后，如果她的身体状况稳定，你可以开始给她按摩，固定地、轻轻地按压（见105页）。

感知的秘密

一次只能刺激一种感官知觉，当你的宝宝转移目光或表现出任何受激过度的信号时，你应该暂停下来，拿开刺激物，给她一段喘息的时间。

玩具

在新生儿病房时，你的宝宝不是特别需要玩具，因为你就是她最喜爱的玩具！

视觉 宝宝喜欢色彩对比强烈的玩具，黑白或者红白的都可以。对宝宝来说，它们很有趣，当宝宝准备好时，她的视线会集中于玩具。你也可以在宝宝平静的时候，拿一张你的照片给她看。

听觉 对宝宝来说，能够发出白噪声或唱摇篮曲的玩具是最可爱的玩具。你可以把它放在暖箱里，播放声音安抚她，掩盖新生儿病房中其他的噪音。

运动觉 你可以买一个棉质的婴儿背带，让早产儿贴近你的身体，她能从你的温度和心跳中感到安慰。

味觉 你可以在暖箱的角落里放置一个有你的味道的泰迪熊或是其他柔软的玩具。

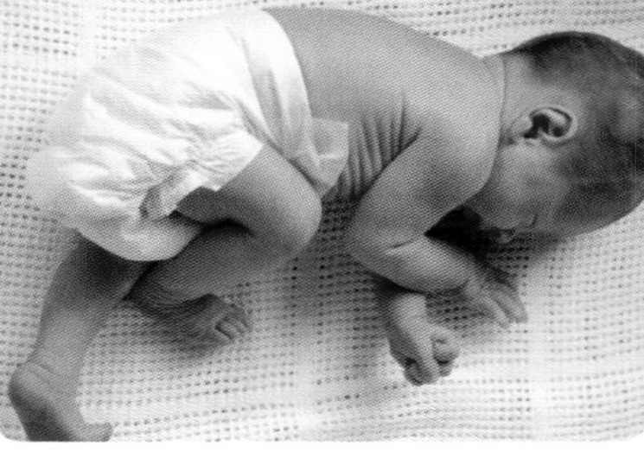

第 8 章

新生儿

经过数月对宝宝顺利出生的规划和想象他会是一个什么样的人。现在，这一伟大的日子就要到来了，而你正面临着为人父母的事实。在婴儿出生后的头两周，不仅对你和宝宝来说，生活的变化是巨大的，对你的爱人和大家庭来说也是如此。你可能偶尔会感到不知所措和焦虑，想知道应该如何才能满足这个小生命的需要。应对分娩后的身体状况，产生足够的母乳，以及学会适应比以前更少的睡眠状况，这些都会对你正常的生活产生影响。不过，下面的建议会帮助你平缓地过渡，这样你便可以真正享受和宝宝在一起的时光。

以宝宝为中心的日常生活

- 如果宝宝已经醒了40~60分钟的话，最好再次哄他睡着。
- 他可能每天大部分时间都在睡觉，每24小时会有18~20小时在睡觉。
- 根据宝宝的需求喂奶，有些宝宝只需要每3~4小时喂一次奶，在这3~4小时之内他很满足。
- 到了晚上，宝宝可能需要4~5小时喂一次奶。夜里不要叫醒他，除非医生为了健康的需要建议你这么做。

新生儿的一天

对你来说宝宝出生以后的每一天都不可复制，因为每一天都会带给你全新的挑战和问题。实际情况是，在宝宝出生后的头两周内，你必须在很大程度上顺从宝宝的需要。这个时候，你根本无法引导宝宝形成规律的作息，相反，你需要随机应变，并顺从宝宝的需要。

妈妈的感觉：过渡期

你的分娩经历会大大影响你分娩之后的感觉。假如按照计划顺利分娩，那么你会感到喜悦。在分娩过程中，你会分泌大量的内啡肽，“感觉良好的荷尔蒙”在最初的日子里会带给你美妙的感觉。这些化学物质在你和宝宝周围建立了一层防护屏，也为亲子关系建立了一个好的开始。你会感到兴奋，会觉得你的小宝宝是那么完美，这时候父母身份使你感到激动万分。然而假如你在分娩过程中有创伤，或是没有按照你计划的那样进行，或是宝宝出生后被送到新生儿病房和你分开一段时间，这时候你可能感到力不从心，怅然若失。

焦虑 没有人提醒你最初为人父母时会出现哪些可怕但又常见的事情。你的脑海里会有这样的想法：他们一定是疯了吧？竟然让我把小宝宝带回家中，我对于如何照看这个小东西完全没有概念！没关系，不是你一个人有这样的想法，许多妈妈都有过这样的想法，尽管会出现这些感受，我们的小宝宝最终还是能好好地活下来并茁壮成长。出

教育 每天花一些时间和你的宝宝安静地待在一起。这样做会加快你的身体恢复，也能帮你建立与宝宝之间的亲子关系，让宝宝在出生后的日子里感觉安全和满足。

现这种焦虑情绪是正常的，它会让你拥有许多支持者——你的母亲、你的爱人或是你最好的朋友，他们会让你对于母亲的角色感觉好一些，当然他们也会帮助你。就这样一天又一天，你就能学会如何照顾好你的宝宝。最后，当你回想起当初甚至不知道如何给宝宝脱衣服或洗澡的情形时，一定会觉得惊讶而且有趣。

产后忧郁 从生产第三天开始，激素开始促进母乳的分泌，同时你的情绪也出现令人困惑的低谷时期和高峰时期。或许在很多时候，你会感到非常疲倦和伤心，如何照顾好这个崭新的生命对你来说是个非常沉重的责任。产后忧郁的状况通常会持续一周左右，但这些状况只是短暂地存在，不会影响你和宝宝的关系。你要试着认清产后忧郁对你产生的影响，然后把你的感受告诉你的爱人或是你的朋友。如果产后忧郁的状况持续超过两周的时间，有可能就会演变为产后抑郁症（见59页）。

细菌 或许你总担心细菌入侵宝宝，总想知道自己是否防护过度。其实宝宝有抗体的保护，当他在子宫里的时候，你就给予了他这些抗体。初乳和早期母乳里面也含有抗体，能保护宝宝免于疾病的困扰。然而，如果宝宝真的生病了，鼻子不通或是发热，他就不会好好吃奶。这不仅会影响他的体重增加，也会影响你的母乳供应。所以在宝宝出生初期，不要带他到公共场合和人群中。假如在宝宝很小的时候，你和宝宝要坐飞机或是不得不出去应酬，那么你可以用婴儿背带将他抱起来，防止被很多人抚摸。

感知的秘密

如果你的宝宝生病了，或者你在分娩过程中受到创伤，那么你们可能被分开。不要让这种负面经历成为你关注的焦点，而是应该保持乐观的态度。你可以告诉医生，愿意用“袋鼠式保育法”照顾你的宝宝（见81页）。即使过去了很多天，你也要花些时间脱掉宝宝的衣服，让他的皮肤贴在你的胸部。这个过程有助于你和你的宝宝恢复健康。

问与答 调整自己的步伐，跟随新生儿

在成为母亲之前，我是一名成功的业务经理。对于怀孕，我非常兴奋，我以为自己能享受当母亲的幸福。我的确喜欢当母亲的感觉，但是随着时间一天天流逝，我意识到自己浪费了那么多的时间，得到的却很少。我期盼何时宝宝才能融入我的生活呢?

如果你从繁忙的职业生涯或忙碌的状态步入到母亲身份，当尘埃落定，出现这种感受是普遍的。宝宝出生几周以后，你会感到沮丧，感觉自己好像每天都没有什么建设性的收获，你很想回到以前忙碌的生活中。但是在宝宝出生初期，你要意识到，宝宝其实是一个天生让你放慢节奏的人，这一点是非常重要的。以母乳喂养为例，这是个充满爱的工作，你需要坐下来，在20~40分钟时间内几乎什么都不能做。但是你可以试着在这段时间里看看书、看看电视，或是仅仅欣赏一下宝宝吃奶时漂亮的容貌。宝宝强迫你放慢节奏的这段时间正是你所需要的，你需要时间恢复产后的身体，需要时间接触你的孩子，需要时间思考这个重要的新关系。

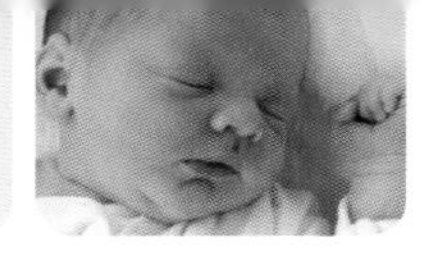

婴儿的感觉：进入怀孕的第四个阶段

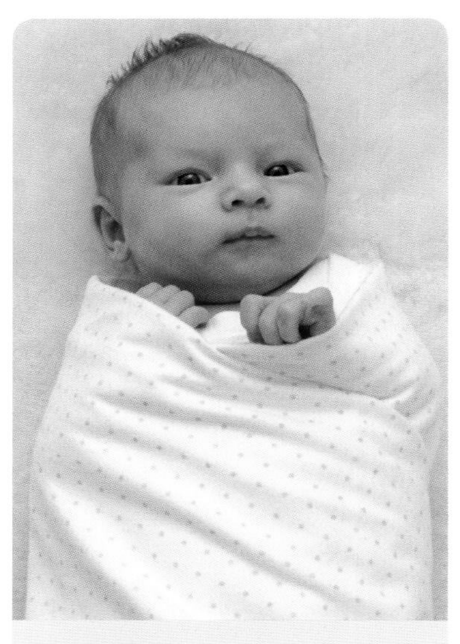

感知的秘密
用襁褓包裹婴儿是一种很好的办法，它能够通过模拟子宫的环境来使婴儿保持平静。你要确保将宝宝的手包裹在脸附近，以便她能安慰自己。

有袋动物（例如袋鼠）出生时太幼小，以至于无法在外面的世界生存，因此在它们出生后，它们的母亲会把它们放在自己的育儿袋里照顾。我们人类的宝宝出生后并没有育儿袋可以攀爬，鲸鱼出生几小时后就会游泳，马驹出生几小时后就会行走，从这个层面来说，人类的宝宝比其他大多数哺乳动物更幼小、更脆弱。新生儿不仅依赖你供给他营养和基本护理，还依赖你帮助他控制体温、睡眠/清醒周期，甚至心情。在新生儿出生后的头3个月，也就是我们称之为“怀孕的第四个阶段”里，宝宝的各种能力也在慢慢发展，比如安慰自己、当吸收感官信息时自我调节心情、快乐地参与刺激活动而不会受激过度。

事实上，大多数婴儿都会从这额外3个月的时间里受益。怀孕的第四个阶段让你的宝宝更成熟，拥有处理社交和刺激活动以及自我安慰的能力。人类盆骨的大小和直立行走的事实，使我们无法生育出很大的婴儿。由于再延长3个月的妊娠期是不可能的，所以我们人类的婴儿在出生后需要更好的呵护。在怀孕的第四个阶段，我们要为宝宝提供类似子宫环境的呵护，回想之前新生儿在子宫内的感官体验（见20~22页），试着为他模拟子宫里的环境。

- **触觉** 把宝宝用襁褓包裹起来（见26页）。襁褓可以模拟子宫环境，因为它能让宝宝发育未全的运动受到限制，就好像富有弹性的子宫壁一样。紧紧包裹的温暖棉毯能让宝宝保持平静。
- **运动觉** 抱着你的宝宝。运动能让宝宝感觉平静和安慰，大多数新生儿都渴望接近自己的母亲或父亲。你抱着宝宝并不会宠坏他，相反，它能拉近你们之间的距离，也能让宝宝感到安全。婴儿背带能通过紧密的包裹和你身体的运动代替子宫环境。
- **视觉** 在新生儿出生后的头两周要限制视觉刺激。尽管刺激宝宝的视觉技能是非常重要的，但是这种类型的输入非常强烈，很容易让他受激过度。你应该计划好进行视觉刺激活动的时间，比如你可以让宝宝仔细观察移动物体或颜色明亮的玩具，当宝宝把目光从你身上或是某个活动物体上移开，那么你就应该尊重他想休息的需求，拿开刺激物。
- **听觉** 白噪音背景能让新生儿安静下来，比如洗碗机或电台静电干扰的声音。当他在子宫里时，你的心跳声和血液及消化系统的涌动声就是他经常听到的白噪音。你可以将类似子宫里的声音播放给宝宝听（可通过便携CD播放器或下载播放）。

帮助新生儿睡眠

你是否曾精疲力竭？在宝宝出生后的头几天，你身体中的荷尔蒙或许会帮你消除疲劳感和夜晚喂奶的辛苦。但是过了一周左右，你会意识到自己不再能够迅速进入整晚良好的睡眠状态，也可能不再期待夜晚的来临，反而会对夜晚有一种恐惧感。

宝宝出生初期，主要是要调整宝宝的睡眠和满足他的需要。不要担心宝宝会醒来，也不要担心夜晚会频繁喂奶，这么做是为了宝宝的生存。同样地，不要担心宝宝会养成不好的习惯，因为在初期你必须满足他的营养需求和亲密感的需求，更不要担心未来。当你的宝宝稍大一些时（超过6周），你就可以开始考虑培养他健康的睡眠习惯，但是现在，还是顺其自然，跟随宝宝的指挥吧！

清醒时间

在宝宝非常幼小的阶段，他真的只能保持40~60分钟的清醒时间，然后又需要睡觉。在他清醒的这段时间，给他喂奶、换尿布、拥抱他，然后他再睡觉。

宝宝可能每天会睡相当长的时间。在过去的3个月，密封的子宫空间和狭窄的产道对宝宝的身体产生了巨大的压迫。这种压迫会调节神经系统，这也许就是新生儿在出生初期会睡很长时间的原因之一。这样长时间的睡眠对宝宝生存是十分重要的，能确保宝宝集中精力成长，而不受到干扰。

宝宝的睡眠空间

在宝宝出生以前，你可能已经想好让他在哪里睡觉：和你在床上睡、在你房间的摇篮里睡，或是在他自己的房间里睡。然而宝宝一旦出生，你可能会把事先想好的那些想法抛在一边，而在对你和宝宝有益的方法中做出选择。尽管宝宝在哪里睡觉是非常个人的选择，但你会发现医生、家人和朋友的建议让你不知所措。其实像所有父母亲所做的决定一样，这完全取决于你权衡利弊并做出自己的决定。

睡眠：在这个阶段你能预料到什么？

- 在出生初期，你的宝宝可能会将白天和夜晚搞混，他可能在夜晚吃奶更频繁，甚至当其他人睡着时，他可能更清醒。
- 不要期盼宝宝整个夜晚都在睡觉。相反，你要接受他在夜里会断断续续醒来的事实，以及他对吃奶的需求。
- 确保白天宝宝睡觉的时候你也睡觉，这样你才不会变得疲惫不堪。
- 在白天，当宝宝已经清醒大约40~60分钟后，你需要哄他睡觉（见51页），这样可以避免他受激过度和变得挑剔烦躁。

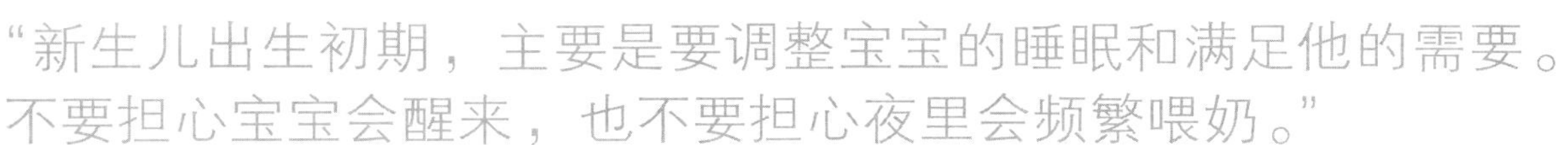

安全地与宝宝同睡

如果你选择与宝宝同睡，可以按照以下指南，避免婴儿猝死综合征发生的危险：

- 宝宝一定要仰睡。
- 不要用枕头或毛毯盖住宝宝。
- 把床靠着墙，让宝宝挨着你睡在床的外侧，而不要夹在你和爱人中间。
- 你可能更喜欢将婴儿床拼在你的床边（见图）。

如果出现以下情况，不要与宝宝睡在一起：

- 宝宝一整天处在充满烟味的环境中，甚至在你怀孕期间也是如此。
- 你或爱人喝过酒或吃过药后，这样会让你们昏昏欲睡。
- 宝宝在妊娠37周以前早产，或者出生时体重不足2.5千克。
- 你非常劳累或有睡眠障碍，比如睡眠呼吸暂停。
- 你通过剖宫产分娩宝宝，并且还处在服用止痛药期间。

宝宝与父母同睡 专家和父母们对于和宝宝同睡一张床的利弊都有明确的看法。生活中很少能有这样特别的事情：和你的宝宝舒适地躺在床上睡觉，你呼吸着新生儿身上的气味，听着他的鼻息和细微的呼吸。对大多数父母来说，同宝宝睡在一张床上的感觉不仅浪漫，而且也很实际。支持宝宝出生初期与父母同睡的根据是，这样做能让宝宝觉得安全，并且可以调节他的呼吸和体温。对于母亲们来说，这样做也很方便，能让你在夜晚喂奶时相对轻松。如果选择和宝宝同睡一张床，你有可能将母乳喂奶时间持续更长。

美国儿科协会和英国健康部门强调过婴儿与父母同睡的一些风险，如婴儿猝死综合征（SIDS）、窒息等。他们强调，婴儿出生后的头6个月，最安全的睡眠空间是摇篮，或是你房间的婴儿床。如果你更喜欢和宝宝同睡，但又担心安全问题，你可以遵照安全同睡的简易指南（见左框）。

宝宝与父母分开睡 如果你担心宝宝与你同睡一张床的安全，可能在宝宝出生后的头几周，你会更倾向于专家们推荐的安全选择：把宝宝放在婴儿床上睡觉（一张特别的床，连接在你的床边，床垫是同样的高度）。另外，你也可以将他放在靠近你床边的摇篮里。不论宝宝在哪里睡觉，都必须保持仰睡的姿势，必须"脚对脚"（宝宝的脚必须接触到婴儿床脚），以此防止婴儿猝死综合征的发生。安全问题与你选择不和宝宝同床睡的决定无关。假如你或者你的爱人是一个非常敏感的人，即便是这个小小的身体产生的微小动作和声响，也可能妨碍你们的睡眠质量。假如你的宝宝是敏感型婴儿（见15页），他可能会因为睡在你身旁，感官知觉经验受到干扰，而会频繁醒来。

宝宝初期的睡眠很重要，你要让自己获得尽可能多的睡眠。从第一天起就让你的宝宝睡在他自己的睡眠环境中，这是个非常好的决定。大多数婴儿睡在自己的房间跟睡在父母的床上一样安稳。你会听到宝宝需要你时的声音，因为从他出生以后，你就对他的声音和哭喊非常敏感。如果你还是不放心，可以在他的房间放置一个婴儿监视器，这样就能够在夜里快速对他做出回应。谈到婴儿的睡眠空间，就本质内容来说，所有选择都是明智的。宝宝出生初期，你可以根据自己的喜好以及哪些方法会带给你最好的睡眠质量，来决定宝宝的睡眠空间，因为你需要休息，它能帮助你产生充足的母乳，也能让你和宝宝之间的关系更密切，从而更好地培育宝宝。

昼夜颠倒

你应该预料到，在出生后的头几周，宝宝绝大部分的时间都在睡觉（大约每天睡 18~20 小时）。但是如果他在夜晚经常醒来，而白天睡一整天，那么你就得让他学习白天和夜晚的差异。新生儿昼夜颠倒是非常普遍的，通常需要花 1~2 周时间解决。你可以帮助宝宝调整他的生物钟，让他夜晚的睡眠时间长一些。你可以尝试这些方法：

- 在白天，每 3 小时 30 分将宝宝弄醒一次，保证白天每 4 小时喂一次奶。
- 假如宝宝的体重增加了，而且不是早产，那么当宝宝夜晚准备吃奶时，让他自然醒来。最好不要在半夜把他弄醒，还要避免清晨很早就喂奶，这样做可以使他养成自然睡眠 / 醒来的习惯。
- 在下午 18:00 到次日早上 6:00 之间，让他的睡眠空间保持暗一些，以便帮助宝宝将白天和夜晚区分开来。在夜晚喂奶时，使用柔和的夜灯和遮光窗帘。
- 在白天，应该和宝宝尽情玩乐、互动，进行目光交流和谈话。
- 在夜晚，应该抑制互动。不要和宝宝进行太多的目光交流，也不要对他说话。这样做更容易让宝宝安静下来，再次进入睡眠。
- 对宝宝打嗝不要过于担心，如果他吃饱了，而且昏昏欲睡，你可以让他打嗝 5 分钟，5 分钟以后不论打嗝与否，只需把他放到床上睡觉就可以了。
- 如果夜间喂过一次奶之后，宝宝每隔大约一小时醒来一次，那就别给他喂奶了。你可以再次用襁褓将他包裹起来，轻拍他，让他吮吸你的手指或婴儿奶嘴，这样他就能再次睡着。

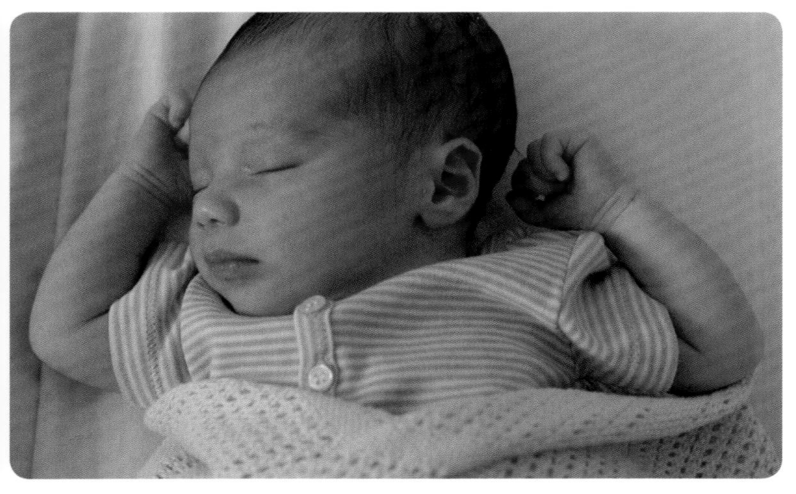

混淆不清 新生儿将白天和夜晚搞混的状况是非常普遍的，他们白天睡得多了，到了夜晚则容易醒来。

问与答：打盹

我的宝宝从来不能连续睡15分钟以上，我应该做些什么呢？

如果你发现，一旦把宝宝放到婴儿床上他就会醒，或者只睡非常短的时间就醒来（少于20分钟），他就是我们所说的“打瞌睡的人”。在婴儿出生初期，这是一个常见的问题。打盹是由于婴儿身体的猝动造成的。起初，宝宝处于浅层睡眠状态。仔细观察一下，当宝宝白天处理接收的所有感官知觉信息时，看看他的眼珠在眼皮下如何运动。当宝宝进入深度睡眠时，他会突然的肌肉抽搐，叫睡前猝动。我们成年人也有这些体验，但我们的睡眠通常不会被这种小的干扰破坏。而当宝宝进入深度睡眠时，则会因为这种猝动而醒来。

为了减少这种猝动的影响，鼓励宝宝睡得更久，你可以尝试以下小秘诀：

- 用襁褓包裹宝宝，限制这种猝动出现，这样才不会干扰他的睡眠。
- 在宝宝的睡眠空间播放白噪声。实践证明，这样做可以将宝宝的睡眠状态降低一级（见30页），并且能够让他们的睡眠时间更久。
- 如果你的宝宝总是过了15分钟就醒来，你可以等他在婴儿床上平静下来以后，坐在他旁边，把你的手放在他的手上。当肌肉抽搐干扰他的睡眠时，继续握着他的手，这样做可以帮助他平静下来，进入深度睡眠。

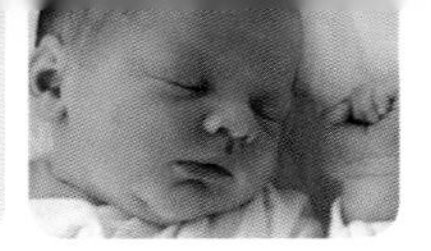

喂养：在这个阶段你能预料到什么？

- 母乳喂养的习惯需要花时间来培养，大多数情况下，在婴儿需要吃奶时培养最为有效。如果遇到困难，你可以考虑从哺乳顾问那里寻求帮助。
- 可能要花6周时间才能培养好喂养习惯和有充足的奶水。
- 为了分泌充足的奶水，你应该注意饮食和休息。对你来说，确保充足的奶水比其他任何家务活都重要。
- 宝宝出生初期，晚上吃奶的次数会比白天更频繁。当宝宝饿了就要给他喂奶，暂时不要担心日常习惯的培养。
- 在上半夜，宝宝可能需要一二次“密集喂奶”（两次喂奶时间相隔很近）。如果这样有助于他能睡得更久一些的话，那么你可以鼓励他在上半夜增加一二次吃奶的次数。

新生儿的喂养

比起其他新技能，开始几周的喂养是最棘手的挑战。以前，我们常常可以通过观察姐姐或阿姨如何用母乳喂养婴儿的方式，学习早期母乳喂养的常识，学习如何养育自己的宝宝。遗憾的是，对很多人来说，第一次看到嗷嗷待哺的孩子是在紧张的分娩房里。你可能需要买一本关于母乳喂养的书，来指导你如何度过宝宝出生初期的日子。

充足的奶水

在最初的几天，按照宝宝的需求喂养很重要，这能帮助你形成充足的奶水。有些宝宝在出生后的头48小时内吃得不多，这是因为他们出生前在子宫里的储备和初乳（常乳之前的奶水）就能满足他们的营养需求。初乳是一种神奇的奶水，因为它富含营养，有对宝宝的免疫功能起关键作用的抗体。它也是一种温和的泻药，能帮助宝宝第一次便便（深色的、黏性的胎便）。过了第二天，宝宝可能需要频繁而短时间的吃奶，他会哭闹，会用鼻子拱寻食物（张开嘴巴，脸朝着你的乳房）。这能告诉你的身体如何自然而然地产生成熟奶，产生多少成熟奶。只要宝宝需要吃奶，你就给他喂奶，以确保你产生充足的奶水。如果宝宝每天至少尿湿6片尿布，通常2~4小时吃一次奶，并且吃完奶后他会非常满足地睡觉，这就说明你分泌的奶水足够了。

按需喂养与常规喂养

在这个阶段不要试图把注意力集中在常规喂养上：在初期应该按照婴儿的需求进行母乳喂养，这对于形成充足的奶水很重要。母乳比配方奶消化快得多，因此母乳喂养需要更频繁地进行。如果你采用母乳喂养的方式哺育宝宝，而且宝宝正在茁壮成长，你可以2~3小时喂一次。一旦你的奶水充足，宝宝的吮吸更有力，那么喂奶的间隔就可以变长（3~4小时一次）。比起母乳喂养的宝宝，可以鼓励人工喂养的宝宝更早形成常规喂养习惯。在这个阶段，用配方奶喂养的宝宝可以每隔3小时喂一次。

喂养的感官体验

不管宝宝处在多大的年龄段，不管你以何种方式对他进行喂养，喂养过程都充满了感官体验。也许你已经了解了子宫内的舒适环境（见23~27页），你可以利用了解的知识，在喂养过程中为宝宝创造一个感官空间：

- 在喂奶的时候，打开宝宝的襁褓，让他的双手自由地触摸你的胸部、颈部或脸庞。

母乳喂养

虽然母乳是宝宝的天然食物，但母乳喂养并不总是顺利的。不过，母乳喂养的诸多好处最终会让你克服困难。

尝试以下这些实用技巧：

- 在初期，母乳喂养是一门需要学习的新技术。母乳喂养最好在安静的、平和的环境中进行。
- 在开始进行母乳喂养前，花一二分钟时间使自己紧张有序。喝一杯水或果汁。哺乳会让你口渴，所以每次喂奶前，你要试着至少喝一杯（250毫升左右）水。把电话调整为应答模式，或者把它放在你旁边。
- 选择一把有靠背的舒适椅子，如果可能的话，可以用小凳子垫高你的脚。
- 尽量放松。放松对“放乳”是很重要的，它能让你的奶水流出来。宝宝会注意到你的平静，你也能更好地喂奶。如果感到紧张，你可以在开始喂奶之前喝一杯热茶或是做几次深呼吸。
- 喂奶之前，你可以采用拇指和食指旋转轻揉的方式，轻轻拉出乳头。这样不仅能形成适合喂奶的乳头形状，也能挤出一点初乳或奶水，鼓励你的宝宝吮吸。
- 让宝宝的整个身体面对着你，他的嘴巴和脸颊应该能接触到你的乳头。当他的下嘴唇碰到你的乳头时，他就会张开嘴。在那时，你可以把他紧拥在怀里。
- 宝宝正确的吃奶姿势是至关重要的，可以让你避免疼痛，也可以刺激奶水分泌。要确保宝宝的下嘴唇几乎完全覆盖了乳头下方的乳晕（乳头周围的深色区域）。他的上嘴唇应该可以吸到乳头上方的一部分乳晕。如果不是这样，你可以用手指把他的上嘴唇轻轻地“翻”一下。
- 当心不正确的吃奶姿势：如果你的宝宝只是把乳头含在嘴里，那么乳导管就会被堵塞，导致分泌的奶水量减少。这会造成乳头的破裂和擦伤，对你来说是非常疼痛的。
- 检查宝宝的吃奶姿势。如果是正确的，宝宝就会被喂养得非常好，他的嘴唇和下巴会压紧乳晕下方的奶水库，保证充足的奶水分泌，同时你也可以轻轻地拉伸乳头，以便分泌出更多奶水。
- 一旦出现奶水（大约第三天），你的乳房就会很胀痛。你可以让宝宝在左右乳房上各吮吸一会儿，听听他吞咽前乳时解渴的声音。当他吮吸一会儿以后，后乳就会流出来。前乳和后乳对宝宝来说都很需要。
- 根据宝宝的需要喂奶：母乳喂养以供需为原则，宝宝吃得越多，奶水也就分泌得越多。
- 你可以尝试多种喂奶姿势，直到找出对你和宝宝最舒适的一种。你可以试着采用圣母方式喂奶：让他躺在你肚子上喂奶，或者采用抱橄榄球的姿势喂奶：横着抱起宝宝，用胳膊安全地圈住他。
- 如果宝宝不会自己松开乳头，你可以用干净的手指伸进他的嘴角，打断他的吮吸，然后轻轻拔出乳头。
- 如果你的奶水流得非常快，那么宝宝很可能会被噎住。当你笔直地坐立喂奶时，这种情况可能会加重，从而导致宝宝摄入过多的空气，最后出现放屁或打嗝的情况。你可以试着让宝宝在你身边躺着吃奶。

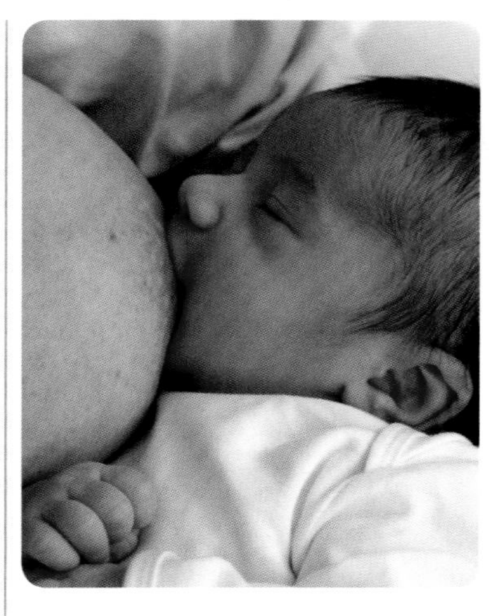

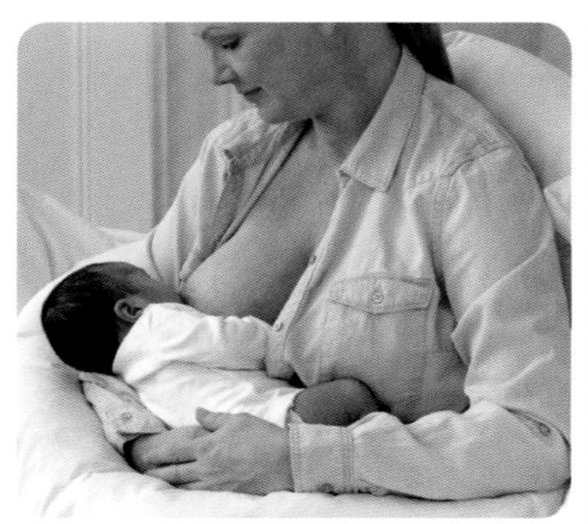

喂奶姿势 宝宝的下嘴唇应该覆盖大部分乳晕（见左图）。
圣母方式喂奶 这是让宝宝躺在你肚子上的喂奶方式（见上图）。

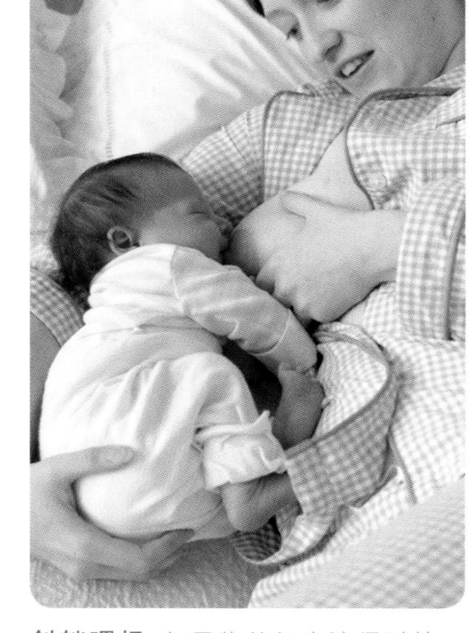

斜躺喂奶 如果你的奶水流得过快，会导致宝宝哽噎，因此你可以尝试斜躺着喂奶。你会发现这样的姿势能让宝宝吃得更香。

- 在宝宝出生后的头6周，不要在身上喷香水。因为在这段时间，宝宝和你非常贴近，当他吃奶时，你身上的味道很重要。你自身的体味对他来说是非常柔和的，也是最好的。
- 喂奶时，你可以对他轻声说话，因为你的声音对宝宝有抚慰作用。喂奶时尽量放松，因为焦虑会使你的声音听起来紧张而尖锐。
- 观察一下宝宝对奶水味道的反应。有些婴儿对某种浓烈的味道有消极反应，比如大蒜和香料。
- 当宝宝吃奶时，学会读懂他的信号。比如，如果他和你有目光交流，你就跟他互相对看。当他的目光移开，你也跟着做。这样能让他的"感官空间"专注于吃奶的任务。
- 当其他刺激活动出现时，有的婴儿很难协调吮吸、吞咽和呼吸。如果你的宝宝是敏感型婴儿（见15页），那么当他吃奶时，你应当限制带给他额外的感官输入。如果你选择和他说话，请保持平静而镇定的语气。减少对他的触碰，保持平静而深深的拥抱。在宝宝吃奶时，要用襁褓包裹好，因为这对宝宝有好处。

了解你的新生宝宝

你是否注意到新生宝宝就好像在子宫里那样，蜷缩成一个小小的球形？在最初的几周，宝宝的腿会朝他自己的腹部弯曲，我们称这种姿势为"生理弯曲"。因为这种弯曲状态很稳定，能让宝宝觉得有安全感。当他伸展双臂、没有蜷缩时，他可能开始焦躁，他的小手臂可能会在四周挥舞，就好像试图抓住某样东西。宝宝的第一项运动，是通过舒展四肢和身体增强他的背部肌肉。他的颈部肌肉非常脆弱，因此增强颈部肌肉是十分重要的，这样他才能抬起头。

原始反射 在最初的几周，原始反射控制着宝宝的运动，他很少能随意运动。握持反射使他的双手在大多数时候都紧握着。拥抱反射或惊吓反射使他的脑袋下垂，这时他会紧握双手，伸展双臂。这是一种多余的反射，但是如果他跌倒，这种反射对于生存就很重要。当你触摸宝宝嘴巴周围的脸颊时，就会刺激他的觅食反射。觅食反射让他的头转向你的手，并张开嘴，这种反射很重要。同样，吮吸反射对于喂养也很重要。当他的头朝向一边时，会出现非对称性紧张性颈反射（ATNR）或避开反射，他的胳膊、腿会朝着脸转向的一边伸展开（见下页）。这种反射对锻炼手眼协调能力是必不可少的，因为它能让宝宝看见自己的手。

目标里程碑

从身体上和社交上来说，这一阶段是婴儿从子宫降临人世以后的伸展阶段，婴儿的运动和互动都受到反射的控制。在头3个月，这些现象会逐渐减少。当宝宝到了两周大时，你可以期望实现这些目标：

发育领域	目标里程碑
粗动作	当宝宝的脑袋搁在你肩上时，能抬头几秒钟。
细动作	大部分时间里，拳头紧握着。
手眼协调能力	当他抬头时，能够很好地注视距离他20~25厘米的物体；能够练习注视更远距离的物体，眼睛跟随物体移动。
语言发展	开始模仿你的脸部表情和舌头动作。
社交、情感	能够和你进行目光交流，盯着你的眼睛看；头会转向声音发出的方向。
自我调节能力	能够协调吮吸和吞咽动作。

社交意识

宝宝出生后会立即寻找你的脸，因为从第一天起，他就已经做好成为一个社会人的准备了。宝宝的脸总是喜欢朝向任何视觉信息，而且他还能够识别自己的家乡语言（他在子宫里听得更多的语言），这绝不是巧合。出生后24小时以内，宝宝就能识别你的气味。几天之内，他能识别你的声音，并且喜欢你的声音胜过所有其他人的声音。到了第一周结束时，他能认出你的脸。

你的新生宝宝每天会花很多时间用来睡觉，但是再过两周，他的嗜睡状态会变成更加警觉的状态。婴儿刚出生后，在进入困倦状态以前，会有一段时间处于平静而警觉状态（见31页），认识他的爸爸妈妈。当婴儿处于这种状态时，他会开始做一些舌头和嘴巴的动作，模仿说话。

蜷缩 在最初的几周，你的新生儿宝宝仍然会蜷缩成一个小球，这种姿势称为弯曲状态。弯曲状态让宝宝有安全感和归属感。

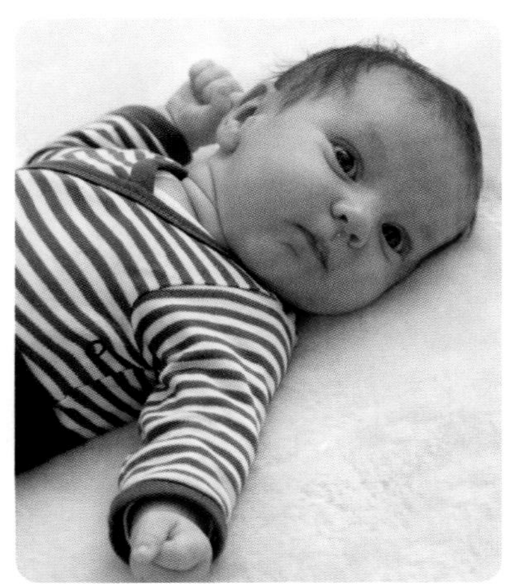

避开反射 你的宝宝会把某一侧的胳膊、腿朝着脸转向的一侧伸展，这有助于手眼协调能力的发展。

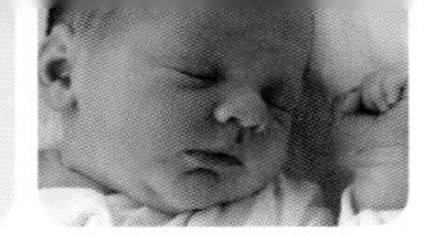

感官刺激：TEAT原则

婴儿出生后的头两周，学习曲线呈急剧上升的趋势，因此不要过于关注宝宝的发展。在这个阶段，你应该放慢节奏，尽可能少给自己施加压力。从婴儿的角度看，生存并接纳新环境，这对他来说已是足够的刺激了。

刺激连接

宝宝的大脑能迅速制造连接。下面是一些你可以用来支持他发展的主要途径：

- 尽量让宝宝的环境保持平静，以便他能够好好享受几乎很少出现的平静而警觉的状态。
- 培养快乐的吃奶习惯，鼓励他多睡觉，这样他才有精力进行大脑连接。
- 放慢节奏，照顾好你自己，这样你才能满足宝宝的需要。

时间

在前两周，新生宝宝大部分时间都在睡觉，因此也会过滤掉大量的刺激输入。由于他的清醒时间仅限于40~60分钟（见51页），你会发现几乎没有时间进行刺激活动。在喂奶前后短暂的时间里，当宝宝看起来很舒适，并发出正处于平静而警觉状态的信号时（见31页），你可以通过对话或玩具刺激他。

在宝宝出生初期和大约3个月大的时候，你需要调整感官输入的程度。首先你要明白什么样的活动会导致宝宝过度受激，如何才能使他平静下来。每个宝宝处理感官刺激的数量都是不同的。这个阶段的秘诀是，寻找一种方式，能够将少量的刺激活动和更多的舒缓运动有机地结合在一起。到了两周左右，你的宝宝会变得更加警觉，会睡得少一点。当这种情况发生时，他会接收越来越多的刺激输入，同时也增加了过度受激的风险，可能导致他长时间哭泣，俗称肠绞痛（见112页）。你可以根据宝宝的提示猜测他的情绪，只要他表现出易怒或哭闹的迹象，你就要尽快将他抱离刺激环境，从而让他停止哭泣。

环境

平静的环境是让宝宝稳定下来的秘密。让宝宝茁壮成长的最好办法是模拟他所喜欢的子宫环境。

视觉 育儿室应该是一个色彩柔和的空间，而且灯光要保持昏暗。当宝宝烦躁时，你可以把他带到这个令视觉舒缓的房间。在头几周，你要尽可能减少新面孔的出现，限制拜访者的数量。假如你去一个充满视觉刺激的环境时，比如购物中心，你可以用毛毯盖住婴儿推车，或是用婴儿背带将宝宝抱起来，这样做可以帮助宝宝屏蔽刺激环境，过滤刺激输入。

听觉 轻柔的声音和白噪声是最能让宝宝平静下来的声音。你应该尽量避免带他到非常嘈杂的环境。虽然他在那里可能不会烦躁，但是之后会让他心烦意乱。

触觉 深层按压并触摸他的背部，这对宝宝可以起到镇定作用。由于轻柔的抚摸会令他不安，你要确保刺痒的面料不会接触到宝宝的皮肤，如标签、花边或凸起的图案。

运动觉 比起无规律、出乎意料的运动，缓慢摇摆、重复、有节奏的运动更能安抚宝宝。

嗅觉 无独特气味的东西比刺激气味的东西更好。在婴儿出生后的头6周，不要使用香水或须后水。你自身的体味对宝宝来说就是最好的。清洗宝宝的衣物时，应该选择无香味的洗涤剂（很多地方都可以买到），你可以添加一匙醋，它是一种很不错的柔软剂，也不会残留任何气味致使宝宝过度受激。

活动

睡眠时间

舒缓性感官输入用在睡眠空间是最合适不过的。

视觉 令视觉舒缓的房间对宝宝的睡眠很重要。使用遮光百叶窗或窗帘内衬，这能帮助宝宝将睡眠和黑暗联系在一起。调光灯对夜间喂奶很有用，能减弱光线并保持平静。

听觉 白噪声具有舒缓的效果，而且有助于宝宝入睡。比如自来水水流声、吸尘器或洗衣机发出的声音，以及录制的白噪声。

触觉 把宝宝用襁褓包裹起来，特别是在睡眠时。襁褓能避免惊吓反射导致宝宝的胳膊伸出来。温暖能对宝宝起到舒缓作用，所以，你要将他放在温暖的睡袋或襁褓里。

运动觉 在宝宝睡觉前，你可以轻轻摇晃他，这有助于他平静下来。

运动发展 宝宝的睡眠姿势对他的发育有影响。让宝宝俯睡并不是个好主意，因为这会导致他过热，从而增加发生婴儿猝死综合征的风险。最安全的方法是让宝宝仰睡或侧睡。比起仰睡，侧睡姿势对宝宝的肌肉发育更有益处。如果他用侧睡姿势，你可以在他旁边放置一个楔状物或卷状物（不是枕头），以免他滚动导致俯睡。

嗅觉 在婴儿睡眠时，一条带你的气味的毯子或可爱的舒适物能起到镇定作用。你可以将小泰迪熊或他的毯子放在你的衬衫下面，这样它就

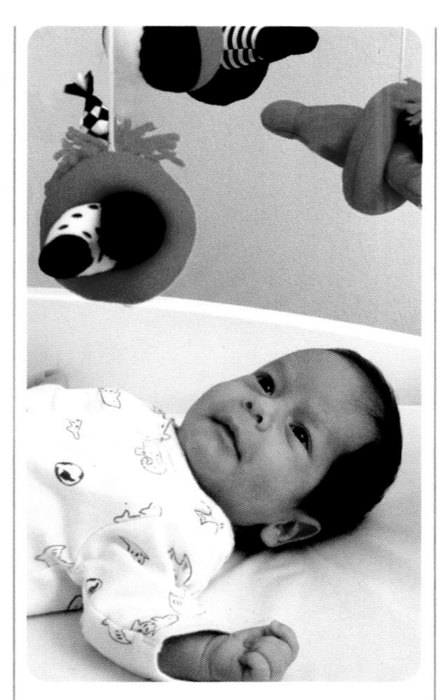

可以吸收你的气味，可以在睡眠时安抚你的宝宝。

在活动垫上

当你给宝宝换尿布的时候，他总是会保持清醒和警觉。这个时间正好适合刺激宝宝，除了在午夜时分。在换尿布时，敏感型婴儿会变得易怒，而这时的刺激就能分散他的注意力。

视觉 活动垫上方的移动物体会吸引宝宝的目光，也能发展他的眼部肌肉。如果宝宝在换尿布时非常不安，这种分散注意力的方式会有所帮助。你可以用黑白色或对比色的物体对宝宝进行短暂的刺激。

听觉 用“父母语”和宝宝轻声交谈，这是大多数父母自然发出的一种轻柔的、歌唱的声音，它能让宝宝把注意力集中在你的声音上。

运动觉 宝宝的颈部肌肉非常脆弱，当你把他放在垫子上时，你要托住他的头。

洗澡时间

你会觉得给新生儿洗澡很有压力，因为当你脱掉他的衣服时，他要适应温度的变化。为什么不选择早上给他洗澡呢？这个时候宝宝比较平静。

视觉 你的脸对宝宝有抚慰作用。你可以让他的头离你20～25厘米，这样他就可以把注意力集中在你的眼睛上。

听觉 头几次洗澡对宝宝来说是一个全新的体验。你可以用你的声音使他平静下来，让他感到更安全。

运动觉 让宝宝在洗澡过程中伸展他弯曲的双腿。

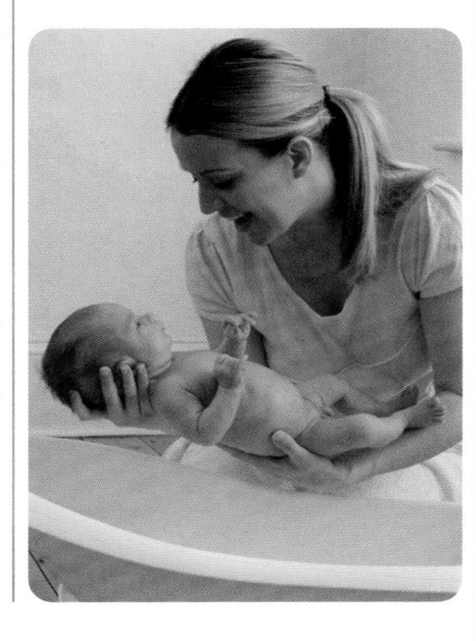

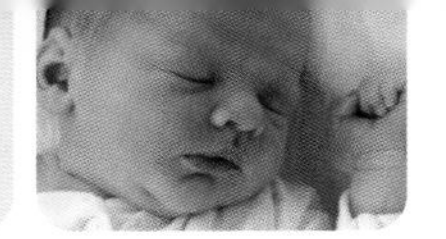

清醒时间

在每次小睡之间，宝宝的清醒时间少于一小时，这段时间主要用于喂奶和换尿布。在这个能够与你开心互动的时刻，你可以刺激他，然后观察他对你发出的接收了足够刺激的微妙信号。

视觉 为了鼓励宝宝的眼睛聚焦，你可以把希望宝宝看见的东西放在离他的脸20~25厘米的位置。当你和宝宝说话时，让他能够看到你的嘴并能摸到你的脸。涂上口红能让他注意你的嘴巴。

听觉 对宝宝来说，你的声音是最能安慰他的声音。你可以用“父母语”和他交谈，把带有长元音的歌唱声和短句子结合起来。

触觉 稳重而温柔地抚摸你的宝宝，但别忘了托住他的头。当他哭泣时，你可以抚摸或者轻拍他的背部。限制那些接二连三的、想见小宝宝的拜访者陌生而突然的抚摸。当宝宝看起来很温顺时（见下页），你可以给宝宝按摩。

运动觉 用婴儿背带把宝宝抱起来最类似子宫内的环境。很多父亲都迫不及待地想和自己的宝宝玩耍，你不要做任何快速动作，比如把宝宝抛到空中。这类运动有可能引起宝宝的紧张反射，会让宝宝受不了。

运动发展 当宝宝处于平静而警觉状态时，你可以每天让他趴几次，这样能够锻炼他抬头和加强颈部肌肉。在宝宝出生初期，当你仰卧时，可以让宝宝趴在你的肚子上，这是一种加强宝宝颈部肌肉的简单方法，能为他抬起脑袋做准备。你可以用“父母语”和他说话，鼓励他稍稍抬起头。当宝宝的颈部肌肉增强以后，他就会从弯曲姿势变成伸展姿势。

出行时间

很多知识都能教会新妈妈如何在初期恢复身体，以及如何与宝宝建立亲子关系。假如你经常待在家里不出门，这是个好主意。但是假如你要出行，一定要让宝宝远离刺激和细菌。

视觉 你可以把毛毯盖在婴儿推车前面，这能让明亮的光线和过多的视觉刺激降到最低限度。

听觉 假如你的宝宝在车里烦躁不安，你可以播放一些舒缓的音乐和摇篮曲。

运动觉 婴儿推车里的座椅或婴儿背带能使宝宝平静下来。

喂养时间

在喂奶的时候，不要试图刺激你的宝宝。他需要在生存技能上集中精力，你应该尽可能地帮助宝宝运用这项新技能。

触觉 在最初的几周，宝宝可能会很困，很难让他醒过来吃奶。在这种情况下，你可以用感官刺激来提升他的状态：使他保持足够的警觉去吃奶、抚摸他的面颊、用湿棉球擦拭他的脸，或是偶尔挠挠他的脚。

玩具和工具

宝宝在这个年龄时，你就是他最喜欢的玩具，所以你根本不必买一些花哨的玩具。但是如果你想买的话，下面有一些适合这个年龄的玩具：

视觉 宝宝喜欢黑白色的移动物体，它们能让他集中注意力，因为对比强烈的色彩能让宝宝大脑中的视觉作出充分的回应。移动物体和任何能鼓励宝宝去观察的运动，都能发展他的眼部肌肉。婴儿喜欢观察人们的脸。你可以在杂志上剪一张婴儿的面部图片，然后把它放到活动垫旁边或是汽车座位上让宝宝看。

听觉 你可以为宝宝播放轻柔的音乐，包括古典音乐和摇篮曲。可以录制或下载类似子宫内的声音、白噪声、心跳声和海豚音，这些声音在这个阶段具有安慰作用。你很容易就能制作出一张白噪声的光盘，比如录制洗衣机、吸尘器或电台静电干扰的声音。

触觉 在这一阶段，你只能用手抚摸宝宝，无须任何其他玩具。

运动觉 婴儿秋千是一种有趣和新颖的游戏用具，这种运动有助于肌张力和协调能力的发展。

嗅觉 薰衣草和洋甘菊具有舒缓的气味。宝宝还不适合将这类精油或香水擦在身上或洒在洗澡水里，但是你可以在房间的香薰炉里使用它们。

为宝宝按摩的艺术

假如有一种活动能成为你和宝宝日常习惯的一部分，那最好就是婴儿按摩。婴儿从安全而又温暖的子宫环境中来到冰冷而又乏味的外部环境里，对他来说就是一种戏剧性的转折。大多数宝宝需要父母的抚摸，这是一种亲密的安慰方式。在初期，宝宝在爸爸妈妈的怀抱里会显得更平静。安静地给宝宝按摩是你与他接触的好方法，你可以深呼吸或放松，感觉自己在做一件特别有意义的事情。按摩能够增加你照顾宝宝的自信。这种方法也适用于身体状况稳定的早产儿，你会发现按摩以后，宝宝的体重增加得更快。按摩对宝宝来说是很有益处的，包括：

建立关系 触摸是一种最强大的媒介，它能让你与孩子的关系更亲密。平静的触摸、深深的拥抱和舒缓的按摩都能帮助你和宝宝建立联系。假如你觉得自己和宝宝的关系疏远，比如宝宝一出生就与你分离或是被别人收养，那么这种方法特别有益。

躯体意象 在你开始给宝宝按摩以前，应该先看看他是否允许你触摸他。无论从什么时候开始给宝宝按摩，这都是个好习惯，因为这样做能增强接受者的自我价值感和对其身体的尊重感。尽管宝宝只能用目光与你交流，尽管他只能专注地看着你，你也可以观察到这些微妙的信号。如果他哭闹或变得烦躁不安，最好停止按摩，改天再试一试。按摩也能建立大脑内部的连接，对于身体意识和躯体意象的发展至关重要。

舒缓作用 深层按摩对神经系统能起到舒缓作用，因此这是处理肠绞痛（见 112 页）的好方法。

健康 按摩有助于婴儿的健康，对于那些体弱和早产的婴儿特别有用。按摩的生理益处包括：改善呼吸、促进淋巴和血液循环、改善胃肠道功能。定期接受按摩的宝宝不爱哭闹，睡也会眠更好，并且能更快地增加体重。

睡眠 当宝宝稍大一些的时候，按摩可以帮助他调节睡眠 / 清醒周期。通过把按摩和睡前例行程序联系在一起，你可以让宝宝更好地进入睡眠状态。

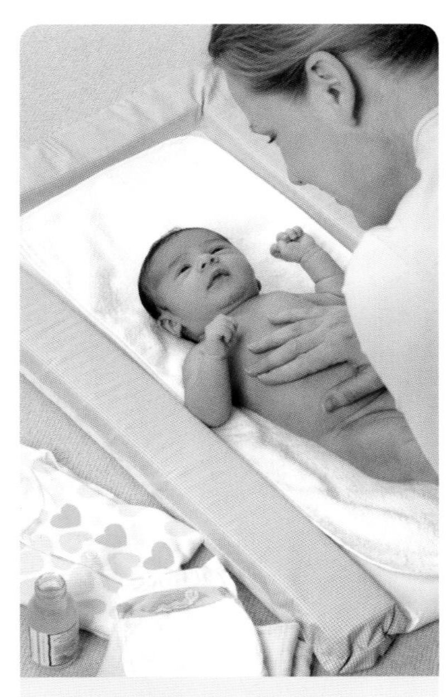

感知的秘密

按摩是一种建立亲子关系的好方法。在开始按摩之前，你应该把所有事情都准备好，比如准备一块干净的尿布或一套干净的衣服，这能让你在给宝宝按摩时感觉更轻松。

何时按摩？

当宝宝处于平静而警觉状态时（见 31 页），他的反应会更敏捷，也能通过按摩获得最多好处。为了识别这种状态，你可以寻找他平静的动作、睁着且注视的眼睛和规律的呼吸。由于宝宝对日常习惯能更好地回应，因此你可以尝试每天在同一时间给他按摩。新生儿更容易接受早上按摩，通常是在早上的小睡以后。随着宝宝慢慢长大，你可以把按摩和睡前例行程序联系起来。

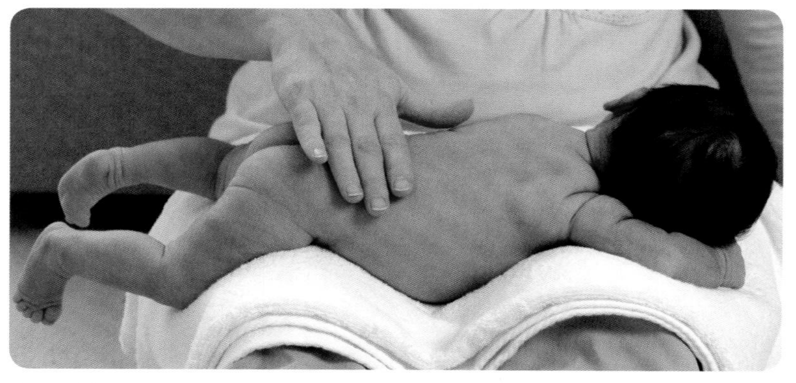

背部按摩 在你的腿上垫一条柔软的、温暖的毛巾，然后让宝宝安然地趴在你的腿上。用双手在他的背部上下移动，温柔而稳重地按压。

你需要什么？

使用3~5滴中性成分的精油，例如杏仁油、葵花子油或原生橄榄油。你可以在手上蘸一点，然后双手搓一搓，使精油发热。使用适量的精油，保持双手在宝宝的肌肤上平滑地移动。

准备事项

- 确保房间令人感觉轻松自在。
- 你自己保持舒适的姿势，倚靠在墙上或靠垫上。脱掉宝宝的衣服，把他平放在地板上，位于你的双腿之间仰卧着，或者把他放在你的大腿上，记住把毛巾垫在你的腿上。在开始按摩以前，你可以用烘干机将毛巾烘热。
- 确保你的指甲很短，摘掉所有可能刮伤宝宝肌肤的首饰。
- 在手边放一套宝宝的换洗衣服，以便按摩完可以不用起身就为宝宝穿上衣服。
- 当宝宝稍大一些，大约4个月时，你可以拿些现成的玩具给他看和玩，这能在按摩时吸引他的注意力。

警告

- 在宝宝接受免疫接种后的几天里，不要给他按摩，因为这时他的体温会稍微升高，按摩会让他觉得不舒服。

按摩时间

根据宝宝的年龄，按摩的时间长短也有所不同。新生儿只需要按摩几分钟，稍大一些的婴儿可以按摩20分钟。在开始按摩以前，让宝宝仰卧着，如果他感觉已经够了你就停下来。

开始按摩前要经过宝宝的许可。你可以把手在他的臀部放一会儿，通过这种方式与他交流，问问是否能给他按摩。这表示你对他的尊重，也预示着按摩即将开始。

宝宝的腿

腿 从宝宝的臀部开始按摩，沿着一条腿，从臀部到脚趾牢牢地按压，然后将你的手放回到宝宝的大腿。假如抬起宝宝的腿能使按摩变得更容易，那就抬起他的腿。向下朝宝宝的脚踝重复这样的抚摸动作。

脚 用你的拇指沿着宝宝的脚踝，从脚跟到脚趾按摩3次，保持深层按压。最后用拇指在他的脚心部位按3秒钟。

脚趾 温柔地按压宝宝的每个脚趾，从脚趾的底端到顶端，轻轻地来回拉拔。

在另一条腿上重复以上这些动作。

宝宝的腹部

你可以经常在宝宝的腹部以顺时针方向按摩，顺时针方向也是肠蠕动的方向。这样的按摩对于有肠绞痛和消化问题的婴儿特别好。假如你的宝宝对腹部或者胸部按摩十分敏感的话，你可以跳过这些步骤，移到手臂按摩。

平静的抚摸 这种最初的抚摸能告

诉宝宝下一步会按摩哪里。你可以把手放在他的肚子上，在这个接触点停留一会儿。

“划桨”的手势 把一只手放在宝宝的肋骨位置，然后滑向腹股沟。抬起这只手以前，把另一只手放在宝宝的胸口，重复同样的动作，向下滑。继续交替双手，确保总有一只手在抚摸宝宝的肌肤。

“我爱你”的手势 用你的一只手，从宝宝的左侧胸部开始向下抚摸（你的右边），一直到胯骨，划一个“I”形。然后将手滑过腹部顶端，移到宝宝的另一侧，再朝下滑到腹股沟。向上按摩到胸部形成了一个“L”形。最后，把手放在宝宝右侧的胯骨附近（你的左边），向上按摩到胸部右侧，然后滑到另外一边，再往下，形成一个倒置的“U”形。你可以一边做这3部分的按摩，一边说“我爱你”。

完成腹部按摩 把两只手放在宝宝的胸部，靠近他的肩膀，将双手沿着他的身体滑向脚趾。然后每次抬起一只手，回到他的肩膀。再重复一次。再次完成平静的抚摸。

宝宝的胳膊

胳膊 你的两只手分别顺着宝宝的胳膊向下抚摸，从肩膀顶部按摩到双手。然后再重复一次。切记每次抬起一只手回到他的肩膀。确保总有一只手在抚摸宝宝的肌肤。

双手 用大拇指按压宝宝的手掌心，在他的大拇指和小指处，持续按压3~5秒。这可以鼓励他张开手掌。

手指 轻轻地抓住宝宝的手指根部，将你的手指移到他的这根手指尖处，然后轻轻地旋转和按压。在宝宝的每根手指上依次重复这样的动作。使用这种按摩方式时，你可以将手指按摩和儿歌朗诵结合在一起，比如：

“这只小猪去市场，”按按宝宝的拇指；

“这只小猪待在家里，”按按宝宝的食指；

“这只小猪有烤牛肉，”按按宝宝的中指；

“这只小猪什么也没有，”按按宝宝的无名指；

“这只小猪在回家的路上一直叫喊‘喂，喂，喂’。”按按宝宝的小指。

然后在宝宝的另一只胳膊和手上重复以上这些按摩动作。

宝宝的头

用手托住宝宝的头，看着他的眼睛，等待他与你进行目光交流。把拇指放在他的额头中央，朝耳朵方向轻轻地抚摸。然后再用手从他的颈部抚摸至肩膀。

宝宝的背

让宝宝趴在垫子上或你的膝盖上。顺着他的背，从颈部轻轻地抚摸至臀部。对于稍大一点的宝宝，你可以用双手同时在他背部的两侧进行抚摸；对于小一点的宝宝，你可以用一只手抚摸，另一只手停留在他的臀部。

最后以拥抱结束整个按摩过程。

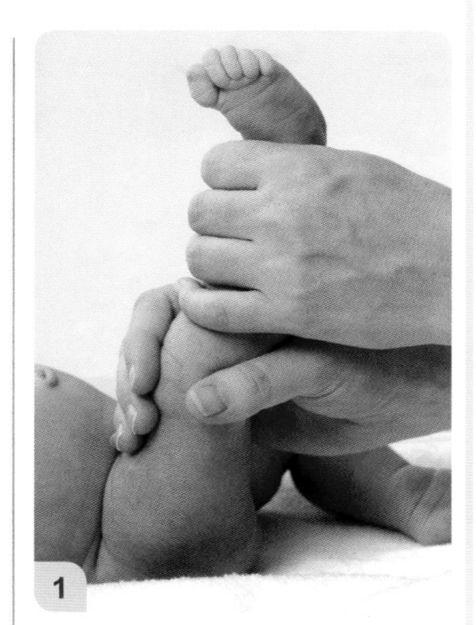

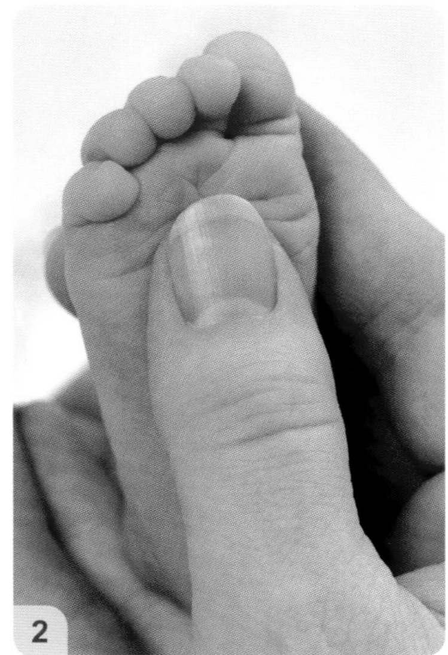

婴儿按摩手法

❶ 腿：从臀部开始按摩，沿着每一条腿，从臀部到脚趾牢牢地按压，然后将你的手放回到宝宝的大腿。向下朝宝宝的脚踝重复这样的抚摸动作。

❷ 脚：沿着宝宝每只脚的底部开始按摩，最后用拇指在他的脚心按3秒钟。

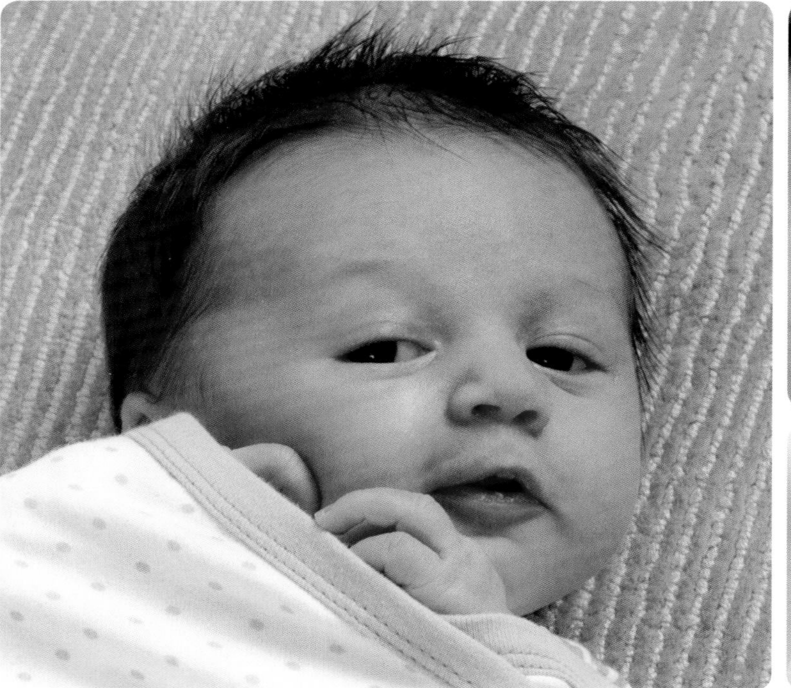

第9章

2~6周的宝宝

很快，你当妈妈就要一个月了，这简直是难以置信。在白天，时光飞逝（夜晚却不是），这似乎是你现在的一种生活方式了。如果你现在有些疑问，并且每天都生活在猜测之中，那么在这个过程中，我们会好好地陪伴你，帮助你。人们发现，大多数家长在这个时期会问许多的问题：她真的还饿吗？我是吃了什么东西，造成这种气息？她能安静一会儿吗？她是想告诉我，她困了吗？这些丘疹哪来的？ 她晚上没有吃奶，这正常吗？生活似乎是围绕着这个小家伙转，你每时每刻都在为怎么喂养她而焦虑。下面将会介绍一些方法，帮助年轻的爸爸妈妈在接下来的几个月中，教会宝宝生活得稍稍有规律些。这样你的生活也更有规律，更有预见性。

宝宝的一天

在宝宝出生后的几周内，没有一天是重样的。你可能会发现，这一天和下一天的相似之处就是你的情绪阴晴不定。当然，随着宝宝一天天地长大，当你发现你能够识别宝宝发出的信号，或是宝宝开始在固定的时间吃奶时，你会看到一丝希望。虽然在一般情况下，期望宝宝生活规律，实在是言之过早。

以宝宝为中心的日常生活

- 尝试限制宝宝的清醒时间不超过60分钟，在此期间要计划给宝宝换尿布、洗澡、喂奶与刺激活动。
- 宝宝可能一天中的大部分时间都在睡觉，每天的睡眠时间是18~20小时。
- 在白天，宝宝可能每3~4小时就要吃一次奶，但是如果宝宝要吃奶，即使频率再频繁，也必须给宝宝喂奶。
- 能经历一段速长期。在宝宝4~6周的时候，速长期大约在24~48小时。在此期间，如果有必要的话，每两小时给宝宝喂一次奶。

妈妈的感觉：日常生活的争论

也许有人会建议你，或是引导你在宝宝准备好之前，训练宝宝按照严格的规律生活。就像你极其渴望你的生活能够遵循固定的模式一样，你的宝宝开始按照严格的时间表睡觉和吃奶还太早。这里有充足的理由：

宝宝也是独立的个人 每个宝宝过滤信息的能力不尽相同。一些宝宝可以对互动与刺激（沉稳型婴儿与交际型婴儿）做出良好的反应，而有的宝宝与其他事物或人的互动实在是少得可怜（慢热型婴儿与敏感型婴儿）。一般来说，对于后一类型的宝宝，照顾起来比较麻烦，因为他们经常处于睡眠之中，而且很容易受到过度的刺激。如果让你的敏感型宝宝在这个阶段连续两小时都是醒着的话，她会感到非常不舒服。

不断深入了解 当你开始学习识别宝宝的种种表情和信号时，你就会知道，假如她移开目光，那是因为她受到了足够的刺激。

每天都是不同的 有时候，宝宝早上醒来的时间比其他时候要早，有时候你会发现宝宝在午睡时熟睡了两个多小时，而在另一天相同的午睡时间中，宝宝只熟睡了45分钟。如果你只是想着宝宝的午睡时间，而不是在观察宝宝睡觉时所发出的那些信号，你将会倍感紧张，而且无法确定她下一次应该什么时间睡觉，更糟的是，可能到最后，你的内心十分矛盾，但是你还是会让宝宝醒着，只是为了使她有规律地生活。

喂养差异 在这个阶段，要让所有的宝宝（母乳喂养或人工喂养）都适应同一种喂养的时间表是不可能的。不仅仅是因为配方奶和母乳不同，而且每位母亲的母乳供应和组成也有所不同。婴儿的早期阶段似乎是没完没了的，但实际上，宝宝养成有规律的生活习惯已经指日可待了。几个月后，你的生活就会变得有规律，并且合理。在这个阶段，不建议你按照严格的时间表安排宝宝的生活，但你须按照以宝宝为中心的日常生活（见上页的方框）来做，很快你的生活就会多一点规律性。

感知的秘密

在这个阶段，形成一个规律的生活模式实在是有点早。相反，你要观察宝宝所发出的信号，并尝试揣摩宝宝的想法。

困惑的阶段

虽然你可能感觉不出来，但是你在慢慢地学习读懂宝宝发出的信号，你会适时地、更清楚地了解她的需求。过一段时间之后，就会形成一种正常的生活模式，此后就有规律性了。在宝宝第6周的时候，在看似无休止地换尿布、母乳喂养和安抚宝宝情绪的过程中，你可能会感到自己困在其中无法脱身，你也许会渴望片刻的自由。责任的重担可能会压得你喘不过气来，这可能会导致你沮丧。但是几秒钟后，如果将你的鼻子埋到新生宝宝的脖子中时，你会感觉自己被爱和兴奋包围着。对于第一次做妈妈的人来说，这种交织在一起的复杂情绪是完全正常的。在你越来越习惯照顾宝宝的过程中，你会逐渐平衡你的情绪。

问与答 责任的重担

我自认为是一个比较放松的母亲，但现在我发现，我会经常查看我的宝宝是不是仍在呼吸，或者是否有只猫坐在她的头上。怎样才能让我镇定下来？

如果你发现自己紧张地看着熟睡的宝宝，或者有时对于承担养育新生命的巨大责任感到不堪重负，那么我们将是你的好帮手。你的这种状况是确保宝宝生存的自然反应，但它会让你的神经紧张，常常为一些事情担心。在此之前，你从未想过会为这些事情担忧。实际上，宝宝的适应能力非常强，而且会茁壮成长。不过如果你发现对宝宝以及如何照顾宝宝感到恐惧和焦虑，并且为此而无法做其他的事情，那么你可能患上了产后抑郁症（见59页）。

问与答 尿布疹

昨天我的宝宝好可怜，我找不出原因。简直是太可怕了，因为今天她的屁股上长满了红色水泡。这是尿布疹吗?

如果你的宝宝长了尿布疹，作为母亲，你会有一种不称职的负罪感。事实上许多宝宝都会长尿布疹，这是由于尿液和粪便中的氨灼烧宝宝屁股上柔嫩的肌肤而造成的。

避免尿布疹：

- 经常换尿布，每次换尿布时彻底清洗外阴和肛门区域。
- 不使用芳香婴儿湿巾或主要成分为酒精的婴儿湿巾。在宝宝出生初期，清洁这片区域的最好办法是使用棉球和冷却的白开水。
- 在使用一次性纸尿布的时候，不需要使用隔离霜，因为一次性纸尿布会很快将皮肤上的水分吸走。
- 确保可重复使用的尿布（棉质）冲洗干净，并且经常更换，因为可重复使用的尿布不像一次性纸尿布那样，它不会很快将皮肤上的水分吸走。你可以将尿布衬垫与可重复使用的尿布一起使用。

在有些情况下，尿布疹的情况会变得越来越严重，甚至会蔓延到宝宝大腿上的褶皱里，并且可能发生病变。这种皮疹可能是由白色念珠菌造成的。如果发生了这种情况，可以请医生开一些抗真菌药膏。

宝宝的感觉：肠绞痛

在你的宝宝出生 10~14 天之后，她就进入了哭闹时期。在这期间她会不停地踢腿，貌似非常痛苦，尤其是在晚上。肠绞痛对你来说是挥之不去的威胁。对于肠绞痛，专家也有颇多的争论。专家认为，产生肠绞痛的原因是多种多样的，有可能是消化系统紊乱，胃内的气体、食物过敏或是过度照顾婴儿！事实上，肠绞痛并不可怕。为了防止在此期间不明原因的哭闹，你应该做充足的准备。另外如果宝宝真的出现了不明原因的哭闹，你一定要对此进行控制，避免哭闹持续的时间超过 15~20 分钟。

排除基本原因

如果你的宝宝非常焦躁，首先你要做的是排除由于生理上的原因所产生的不适，然后再考虑肠绞痛。这些生理上的原因包括：

饥饿 在宝宝 2~6 周时，需要定时喂奶。因此如果她在哭闹，并且距离上次喂奶的时间超过了 2~3 小时，那么她可能是饿了，这样你就该喂奶了。

错误的奶粉配方 母乳喂养的宝宝是不太可能出现消化障碍的，因为母乳中保护性的抗体会附着在宝宝的肠子上。如果你的宝宝是用人工喂养，而且在喂奶后焦躁不安，并伴有湿疹、腹泻或便秘的状况，你应该将这种情况告知儿科医生，以确保宝宝的奶粉配方是正确的。

乳糖不耐症 刚出生的宝宝消化系统还不成熟，难以分解奶水中的乳糖。这种情况是很常见的。大多数婴儿都会遇到这种问题，它会引起消化不良、拉肚子和全身不适。当出现这种情况时，你无须改变宝宝的奶粉配方，或是停止母乳喂养。如果你的宝宝病情较为严重，或是毫无活力，那就要向医生咨询了。

便秘 对于出生不久的宝宝来说，排便困难是很常见的。但这并不意味着就是便秘。如果你的宝宝在排便时很紧张，而且排出的粪便较小、呈硬颗粒状，那么这种情况就是便秘，这时你应该找儿科医生治疗。如果你的宝宝是母乳喂养，那么宝宝就会很少便秘。

反流 无论你的宝宝是不是吐出了凝乳，如果出现了下面的情况，你

的宝宝可能出现反流状况：胃内奶水返回到她的食道（将食物从她的嘴里输送到胃里的导管）。即使宝宝不呕出奶水，她也可能出现反流状况，这种情况不太容易引起人们的注意，因为从她胃里反流的奶水在到达嘴巴之前就又被她咽了回去（无声反流）。反流的凝乳是酸性的，可能会刺激食道，甚至引发食道炎症。出现反流状况的婴儿比较焦躁，不喜欢被平放，特别是在喂奶之后。在极端情况下，他们可能在一段时间内会拒绝吃奶。如果你的宝宝被诊断为反流，你可以给她提供一些帮助（见 141 页）。

务必做到 当心宝宝生病：如果你的宝宝变得很不安，拒绝吃奶，或开始发热，那么她可能生病了。你必须马上带她去看儿科医生。

过敏 虽然婴儿过敏的情况很常见，但是如果宝宝对奶水过敏，这就有些不寻常了。如果宝宝患有严重湿疹或反复感冒咳嗽，你就应该带宝宝去看儿科医生，以排除过敏的原因。

肠道菌群的破坏 有证据显示，如果妈妈在分娩期间服用抗生素，并且之后进行剖宫产，那么宝宝在进行消化时所需的健康细菌就会不足。这些自然的细菌存在于大多数婴儿的消化系统，能与益生素治疗相媲美，并且可以使宝宝更安静。你应该找儿科医生咨询一下。

疾病 如果宝宝非常焦躁，你应该停止喂奶；如果宝宝发热了，你应该立即带她去看儿科医生，以排除疾病的可能。

环境因素 排除由于环境而引起的不适，检查一下宝宝周围的温度是否太高或太低，她的尿布是否湿了或是脏了，或者检查一下阳光是否太刺眼，衣物是否令宝宝的身体发痒，或是其他刺激因素令宝宝不安。

什么是肠绞痛？

在排除了令宝宝哭闹和不适的可能因素以后（见上文），你可能意识到，根本找不到切实的理由来解释宝宝为什么如此不安。如果宝宝通常在17:00~20:00 间哭闹，你就应该想到罪魁祸首是“肠绞痛”。与大家平时所想的相反，肠绞痛并不是由肠胃问题或是消化系统引起的。实际上，肠绞痛经常发生在傍晚，这说明长时间的哭闹也许并不像看上去那么简单。如果仅仅是消化问题，宝宝可能在任何时间哭闹。引起肠绞痛的根本原因是新生儿的大脑还不成熟。在初期，宝宝的大脑不能很好地过滤感官信息，因此会导致过度受激。对新生儿来说，在成人的环境里互动和保持清醒，会让她感到异常不安。经过一天的漫长互动和刺激活动之后，她可能倍感压力，并且十分急躁，其典型的表现就是哭闹和不适。

肠绞痛的真相

经典的“肠绞痛曲线”在宝宝两周时开始，在6周时达到高峰，到了14周就会消失。世上所有的父母和婴儿，不论文化种族，都会经历所谓的“肠绞痛曲线”。

它通常被认为是消化问题。因为此时宝宝会放声大哭，而且通常还会不停地踢腿、放屁、打嗝、愁眉苦脸，并伴有明显的腹部不适。但是，如果这种情况只发生在晚上，那就不是因为消化系统问题而引起的。否则，宝宝在一天中的任何时间里都会发生这种状况。引起肠绞痛的真正原因是婴儿的大脑未完全发育，这样就容易导致过度受激。

肠绞痛的形成

你的宝宝整天都在接收和处理外界环境及与他人互动时产生的大量刺激输入。如果你的宝宝是新生儿，她是无法过滤多余感官信息的。这些互动会积累，而且会降低她承受刺激的能力。这对于敏感型婴儿和慢热型婴儿来说更加明显。宝宝承受刺激的能力下降，就会在傍晚对她产生影响，特别是当白天睡眠不足的情况下（睡眠可以让感官系统再次充电）。到了晚上，宝宝可能会出现过度受激的情况。在这种情况下，如何处理放屁、打嗝，以及其他内部感官输入（在早上她能应付自如），对她来说就成了一项挑战。对于正常互动和感官输入，比如爸爸回家时或者自己洗澡和按摩时受到的刺激，就开始烦躁，开始哭闹。宝宝的焦躁不安可能引起你的焦虑。当宝宝无法处理刺激输入时，你轻拍她、摇晃她、长时间抱着她，或是喂奶过量，这些无意中的举动都可能使情况变得更糟糕。这会让原本就承受压力的感官系统增加更多的刺激输入，导致宝宝长时间的焦躁和哭闹。

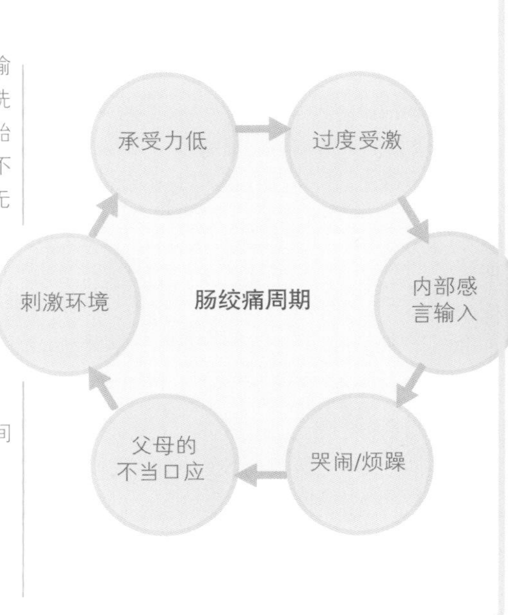

感知的秘密

你可以采取下列措施防止婴儿肠绞痛：

- 确保宝宝白天的睡眠有规律。
- 读懂宝宝负荷过多的信号。
- 确保宝宝的感官环境是保持平静的。

防止肠绞痛 防止肠绞痛的关键是鼓励宝宝白天有规律地小睡。白天睡眠有规律的婴儿不太可能过度受激，因为他们有时间对大脑充电，因此可以处理更多的刺激输入。一般来说，白天长时间清醒的婴儿更容易烦躁，到了晚上，你就需要采取大量的安抚措施。

你应该花些时间了解和读懂宝宝发出的独特信号，尤其是到了晚上，当她表现出已经接受了足够多刺激的时候。这些信号包括揉眼睛、转移目光或吮吸手（见38~39页）。假如你观察到这些信号，你可以试着调整她的感官环境，消除或限制刺激（例如把宝宝抱出嘈杂的房间，或者用婴儿背带把她抱起来，让她有归属感）。更多营造安抚环境的方法见35页。

处理肠绞痛 即使你明白肠绞痛是由于过度受激的环境引起的，并且也注意到宝宝发出的信号，确信她睡得很好，但她有时还是会在夜晚烦躁不安、哭闹不止，这种状况尤其发生在敏感型婴儿身上。当宝宝焦躁不安时，首先要排除生理原因。她是不是饿了、累了，或不舒服？如果你的宝宝烦躁或哭闹，但找不出致使宝宝不安的生理原因（见45页表格），你可以试着用“安抚宝宝的7种方法”安抚她（见下页）。

安抚宝宝的 7 种方法

安抚宝宝的 7 种方法的根本依据，是宝宝利用感官系统进行自我平静和自我安抚的能力。你应该帮宝宝找到几种可以自我安抚的方法，这些安抚法通常会涉及嘴巴和吮吸。

放慢节奏 新生儿的需求可能会使你感到压力，这时候，你可以放慢节奏，给她足够的时间，通过以下 6 种安抚方法中的一种使她平静下来。无论采取哪种方法，宝宝的大脑都需要花 5 分钟时间才能适应。你可以深吸一口气，不能在不同的安抚方法之间迅速地切换。

感官意识 当宝宝累了或是过度受激时，首先要清理宝宝的感官环境，让她离开刺激。不要让宝宝长时间打嗝，也不要按常规行事，比如在众人的怀抱里传来传去，或是将她放在嘈杂的房间里，因为这样做会导致问题变得更糟糕。让宝宝打嗝的时间不要超过 5 分钟，5 分钟以后如果气还没顺过来，就会出现不好的情况。不停地打嗝可能会加剧宝宝的烦躁情绪，这将会导致宝宝的呼吸紊乱，胃里也会产生很多气泡。

吮吸 相对于身体的其他部位而言，婴儿的口腔有更多接收安抚输入的神经末梢。吮吸是安抚过程中重要的一步。她可以吮吸自己的双手、奶嘴，或你的手指。通过襁褓包裹的方法，把她的手放在脸旁边，这样能够方便她把手放在自己的嘴里。你应该给宝宝空间，让她掌握自我安抚的方法，而不是单纯通过即刻喂奶的方式安抚她。你也可以鼓励宝宝把手放进嘴里；拿一个安全的玩具，让宝宝吮吸它；吮吸奶嘴或她自己的手；或把她的手放在身体中心部位。如果宝宝需要奶嘴来安抚自己，请鼓励这种行为，因为奶嘴是吸吮安抚的工具。

睡眠 确保你的宝宝不要过度疲劳。过度疲劳的宝宝在晚上会很烦躁。在晚上，尽量不要让她清醒的时间超过一小时。睡眠能帮宝宝平静下来，也能帮她调整感官状态。

襁褓包裹 如果你的宝宝感到不安，也不到喂奶的时间，那么你可以试着将宝宝包在襁褓中（见 26 页），以帮助她安静下来，进入睡眠——特别是到了晚上，当宝宝连续一小时甚至更长时间都醒着的时候。把宝宝包在襁褓中能安抚她烦躁不安的情绪，因为襁褓可以抑制令她不安的条件反射。

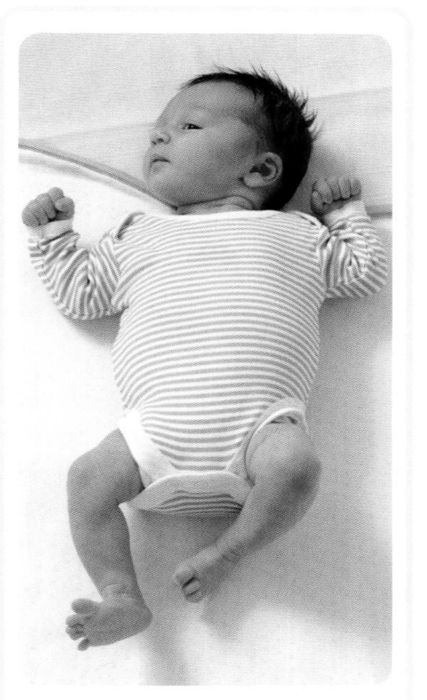

襁褓包裹

当宝宝睡觉时，当她易怒或不安时，你可以把她包在襁褓中。你可以这样包住宝宝：使她的膝盖弯曲或伸直，两者的安抚效果一样。关键是她的手必须靠近脸颊，以便她能自我安抚。但是你要确保她白天有一段时间不睡在襁褓中，因为宝宝必须活动，运动她的臀部。运动臀部和踢腿是很重要的，因为通过这些动作，股骨能将髋骨“塑造”成合适的形状。

问与答 婴儿不睡觉

我3周大的宝宝经常焦躁不安，每次哄她入睡就像打仗一样。她可以连续4小时都是醒着的，然后睡30分钟就会醒来。晚上她经常哭闹，到了21:00才能进入不安的睡眠。我能做些什么呢？

如果你的宝宝抗拒入睡，并且每次睡前都焦躁不安，那么你可以把她包裹在一条有弹性、全棉的襁褓里，然后在安静而黑暗的睡眠空间里，静静地陪伴在她身边。你可以紧紧抱着她、轻轻摇晃她，但是不要与宝宝有眼神接触，直到她产生睡意，然后把她放在婴儿床上。

你可以播放白噪音的录音或安静的音乐，以此掩盖那些干扰到宝宝的背景噪音。如果她躁动不安，你可以把手放在她身上，让她吮吸你的手指或奶嘴。在几分钟内，如果她还是没能安静下来，反而开始哭泣，你可以轻轻地抱起她、摇晃她（在这种情况下，婴儿背带就会起到一些作用），直到她产生睡意，然后再次尝试将她放回床上。如果她继续哭泣，而且在15分钟内没能入睡，你可以再次抱着她、摇晃她，直到她睡着了。一旦宝宝睡着了，就轻轻地将她放到婴儿床上。

虽然你不希望宝宝养成依赖你哄她入睡的习惯，但是在此阶段，更重要任务的是让宝宝睡觉，而不是担心她养成这种坏习惯。婴儿需要经常抱着，所以不用担心宝宝现在会养成坏习惯。

婴儿背带 如果你的宝宝在晚上哭闹，不愿意躺在婴儿推车上，那么你就应该抱起她，把她包在襁褓中，系上婴儿背带，然后抱着宝宝走动，用你的身体保护宝宝不受外界的刺激，摇晃她、轻拍她，直到她睡着。一旦宝宝睡着了，你就可以将她放在婴儿床上。不要担心会"宠坏"宝宝，因为3个月以下的宝宝不会形成睡眠规律，也不会养成长期的睡眠习惯。有些宝宝只需要一点点额外的感官安抚，特别是那些夜里发生肠绞痛的宝宝。给你的宝宝系上婴儿背带能让她感到平静和安全。一旦她进入深度睡眠，你就可以把她放在婴儿床上。

声音 白噪声、你的声音以及摇篮曲都能使易怒的宝宝安静下来。你可以播放与宝宝哭泣音量相同的白噪声录音，这在安抚患肠绞痛的婴儿时会产生意想不到的效果（见26页）。

1

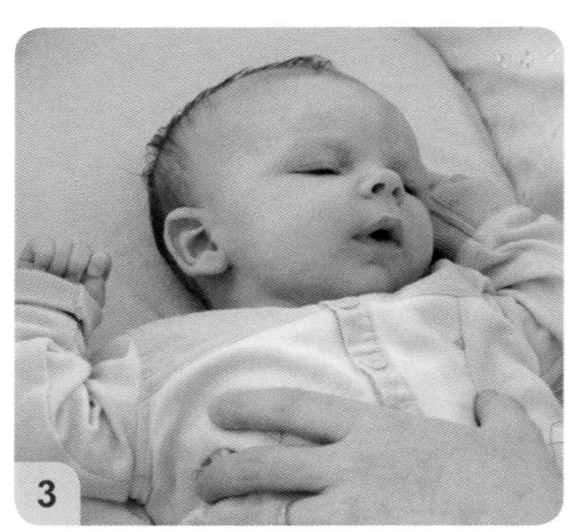
3

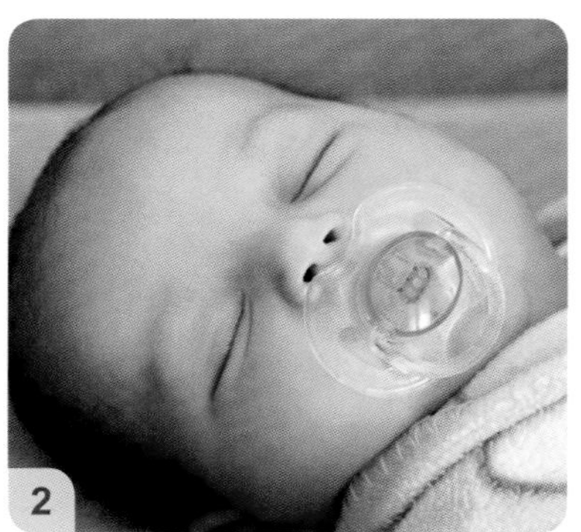
2

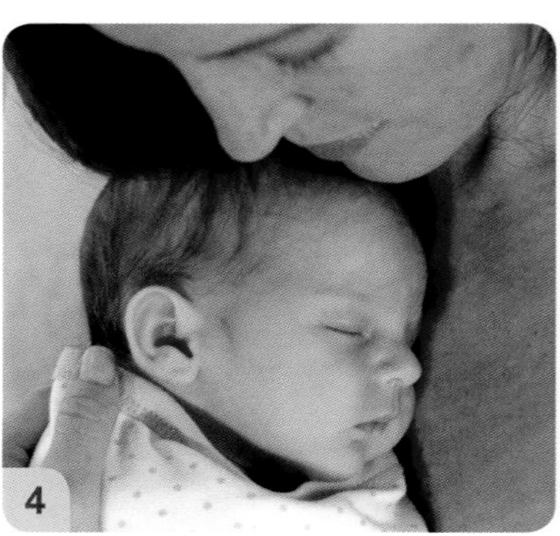
4

安抚你的宝宝 如果宝宝哭闹不止，你可以尝试以下方法让她平静下来，防止肠绞痛的发生：❶ 系上婴儿背带：用婴儿背带抱宝宝是一种可爱的方式，它能让你和宝宝之间的关系更为亲密，也能安抚你的宝宝。随着你身体的运动，宝宝能慢慢平静下来。❷ 通过吮吸奶嘴也能安抚宝宝。对于那些挣扎着、无法将自己的手放进嘴里的宝宝，奶嘴是一种极好的安抚用品。❸ 尝试将你的手放在宝宝的身上，平静而全神贯注地抚摸她，这让她有一种被包围的感觉。❹ 将你的宝宝紧紧地包裹在襁褓中，这样可以模仿子宫内的舒缓环境。

帮助宝宝睡眠

你的宝宝不再是个新生儿，每周都会出现新的睡眠问题，但是也让你离良好的夜间睡眠更近了一步。按照婴儿感官原则行事能让你获得良好的夜间睡眠。当宝宝还是新生儿的时候，她很容易就能睡着，而且能睡很长时间。在白天，你甚至需要唤醒她才能给她喂奶。当宝宝长到 2~6 周大的时候，她会变得更加警觉，并可能开始抗拒睡眠。但是睡眠是必要的，也是防止婴儿肠绞痛和过度受激的最好方式。虽然在这个阶段培养睡眠习惯仍然为时过早，但你可以引导宝宝进入温和的、以宝宝为中心的睡眠模式。

清醒时间

在婴儿出生初期，当你尝试培养宝宝养成良好的睡眠习惯时，宝宝的清醒时间决定她应当何时睡觉。宝宝的生活没有固定的模式，如睡觉、玩耍、吃奶或是吃奶、玩耍、睡觉。每天都是不同的。有时候宝宝不到吃奶时间就睡觉了；而有时候，宝宝会在吃奶时间按时醒来。在这个阶段，两次睡眠的时间间隔应该不会超过 60 分钟。你可以把她上次醒来的时间记下来，50 分钟后观察宝宝疲倦的信号，比如打哈欠或吮吸她自己的手（见 52~53 页），然后把宝宝带到她的睡眠空间，让她安静下来，进入睡眠。

睡眠空间

在这个年幼的阶段，你的宝宝乐意睡在任何地方，甚至在周围有点噪音的地方，可能会睡得更好。由于这个年龄段的婴儿没有形成长期记忆，所以他们没有睡眠期望值。但是明智的做法是把宝宝放在一个她经常睡眠的地方，不久，她就会将其与睡眠关联起来。争取让她在这个睡眠空间中，白天至少小睡两次，晚上也睡在这个睡眠空间中。你应当使宝宝的睡眠空间保持平静，模仿子宫内舒缓的感官空间有助于她的睡眠：

- **触觉** 在睡眠时间用襁褓包裹婴儿。
- **视觉** 把她的房间光线调暗，如果你想带她出去四处走走，一定要在她睡觉时把婴儿推车的前面盖起来，使其与外部环境隔离。
- **听觉** 白噪声有助于她安静下来，睡得更沉，时间更长。播放白噪声录音，或打开风扇，或者打开卧室外面的小喷泉。
- **运动觉** 如果宝宝抗拒睡眠，你可以抱着宝宝轻轻摇晃，以这种方式安抚她。也可以使用婴儿背带或婴儿吊床摇晃她。
- **嗅觉和味觉** 母乳和妈妈的气味也具有安抚作用。

睡眠：在这个阶段你要知道些什么？

- 在浅层睡眠状态，宝宝睡45分钟就会醒来，这是正常的。在此阶段，宝宝典型的睡眠周期持续45分钟。这意味着每隔45分钟，你的宝宝会从浅层睡眠进入到深度睡眠，然后再次回到浅层睡眠。
- 无论宝宝睡了多久，你可以留心观察一下，看看她的清醒时间有多长。然后在宝宝醒来50~60分钟之后，让她再次入睡（见51页）。
- 如果宝宝半夜醒来，她的连续睡眠时间就会延长一段。只要宝宝的体重有所增加，你就可以让她自己醒来，无须晚上唤醒她给她喂奶。
- 在白天，你可以接受他人提供的帮助，当宝宝睡觉时，你也可以小睡一下。
- 宝宝不一定要在睡前吃奶。即便是到了将近喂奶的时间，她偶尔也会睡着。如果是这样的话，就让她睡觉，等她醒了再喂她。
- 在这个年龄段，许多婴儿会变得更加清醒，难以入睡。

问与答

分离焦虑?

我觉得我的宝宝已经有了分离焦虑。只要是她被人抱着，她就会感到很满足，但她不会自己入睡。我实在是很绝望，到最后我只好让她睡在我旁边，这样我们才可以休息一下。我担心，这将会成为一种长期的习惯。

在这个年龄段，许多婴儿需要安抚才能入睡。这不是分离焦虑、骄纵，或坏习惯。很简单，为了平静下来，你宝宝的感官需要安抚。宝宝还小；不用担心宝宝在这么小的时候就开始养成坏习惯。在这个阶段，她需要的是睡眠，而不是学习如何不去依赖他人的帮助自己入睡，所以要尽你所能让宝宝入睡。

另外，你要确保她不会受到过度的刺激，并确保她连续的清醒时间不超过60分钟（包括喂奶的时间）。当你把她放下时，如果她躁动不安，你可以把你的手放在她身上：较大的压力会使她感到身体被包围。宝宝每次睡觉时，你都要把她裹在襁褓中。即使宝宝不愿意，你也要这么做，因为她会逐渐喜欢的。在用襁褓包裹时，确保将她的双手靠近她的脸，让她可以吸吮自己的手，进行自我安抚。

白天的睡眠

睡眠对于防止过度刺激和因为肠绞痛而产生的哭闹是至关重要的。但是在这个阶段，许多婴儿不愿意入睡，或者在入睡后很短的时间内就醒来。为了对宝宝的睡眠有所帮助，在她醒来50分钟后，你可以带她到她自己的睡眠空间，然后观察她疲倦的迹象（见52~53页）。即使她没有疲倦的迹象，也要帮助她产生睡意，安抚她睡觉。如果你外出，你可以让她睡在婴儿推车或婴儿背带里。

让宝宝产生睡意 将房间的光线调暗，把宝宝包在襁褓中摇晃，让她产生睡意。如果到了喂奶的时间，就给宝宝喂奶。你可以以这种方式来安抚她，直到她的眼皮沉重，但是还没有完全闭上。

从产生睡意到睡着 当宝宝产生睡意时，你可以把她放在婴儿床上，使她安静下来进入睡眠。如果她还是无法安静下来，你可以把手放在她身上，让她产生身体四周被包围的感觉。如果她仍然无法安静下来，并且焦躁不安，你可以轻拍她，或者抱紧她，直到她安静下来。等宝宝完全安静下来以后，你再将她放到床上。如果她在你怀里睡着了，请不要担心，因为这个年龄段的婴儿没有关于睡眠的长期记忆或期望。

打瞌睡 有些婴儿在这个年龄段仍然会打瞌睡。如果宝宝在睡眠中受到了惊吓，宝宝入睡20分钟内就会醒来（见30页），就会出现打瞌睡的状况。当宝宝从浅层睡眠进入深度睡眠时，她会因为偶尔的四肢抽搐而惊醒。把宝宝包在襁褓中是防止出现这种情况的最好方式。如果宝宝经常打瞌睡，你应该重新用襁褓包裹她，鼓励她吸吮自己的拇指、你的手指或奶嘴，然后轻拍她。如果这时候宝宝仍然没有安静下来，那么你可以把她抱起来，轻轻地摇动她、紧紧地抱住她，直到她产生睡意，然后让她睡在自己的婴儿床上。

夜晚的睡眠

不要在晚上唤醒宝宝给她喂奶，除非是出于健康原因需要这样做，例如宝宝是早产儿、体重没有增加或者经常犯困，以致无法很好地喂奶。当宝宝夜晚醒来时，如果距离上次喂奶的时间已经过了两个多小时，你就要给她喂奶了。假如距离上次喂奶1~2小时宝宝就醒了，你可以重新把她包裹在襁褓中，轻拍她的后背或搂住她，直到她睡着。假如宝宝只是焦躁不安，尽量不要将她抱起来，因为这会进一步唤醒她，从而让她产生吃奶的期望。晚上一定要坚持喂奶（晚上18:00至次日上午6:00），而且要在非常安静的环境中进行，不把她带出睡觉的房间，保持光线昏暗，并确保你与宝宝的互动不发出声音。

宝宝的喂养

随着你信心的增长，喂养宝宝会变得越来越容易，但在这个时期，为了你和宝宝，你会专注于保证母乳的充足或找出正确的喂养方式上。

母乳喂养

在现阶段，母乳喂养是越来越容易了，因为你可能已经掌握了母乳喂养的方法。然而，与育儿的任何其他阶段一样，你可能仍然觉得母乳喂养比较麻烦。在这个阶段，你主要应该关注的是，宝宝是否得到足够的奶水。在进行母乳喂养的时候，你不会知道你有多少奶水。现在宝宝的体重应该比出生时重。如果她的体重增加，而且每 2~3 小时喂一次奶，宝宝就会感到快乐和满足，那么你就可以肯定，你的母乳是足够的。另一种用来确认母乳供应是否足够的方式是观察宝宝的尿布：她一天至少会尿湿 6 片尿布，而且她的尿液不应该呈暗色或是有异味。

当宝宝哭闹时，听她的哭声，并以此解读宝宝发出的微妙信号（见 38~39 页），这些信号反映了她的状态。这样你就会慢慢学习，将那些由于饥饿而发出的哭声与由于过度刺激或疲劳而发出的哭声区别开。如果她在吃奶之后焦躁不安，这时不需要再次喂奶，你可以用其他方法，如摇晃宝宝或播放白噪声录音（见 115~116 页），使她平静。

哺乳期的饮食

保持足够的奶水满足宝宝的营养需求，是需要大量的能量的。你知道吗？你为宝宝提供 48 小时充足的奶水所耗费的能量，与跑 1/2 马拉松所耗费的能量是相等的。显然你会从吃的食物中获得这些能量，但是你很容易落入这样的陷阱：当你在白天几乎没有时间为自己泡一杯茶时，你会吃一些零食或依靠快餐。因此，你的身体不能获得足够的营养和水分，为宝宝提供足够的奶水。

由于宝宝比较熟悉她在子宫里感知到的味道，所以一般情况下你的饮食与怀孕时的饮食应保持一致，并确保你的饮食是均衡的，以保证母乳充足。你应该吃大量的碳水化合物（全麦面包、米饭、面食、土豆）、蛋白质（鱼、肉、奶制品、鸡蛋）、喝大量的水（每天至少2升）、吃各种水果和蔬菜。对于在母乳喂养期间不能吃的食物，你可能会听到一些相互矛盾的建议。也许有人建议你，不要吃对宝宝起镇定作用

喂奶：在这个阶段，你要知道些什么？

- 你的奶水至少需要6周的时间才能完善。在这个阶段，你必须要有丰富的饮食、充分的休息。定时喂奶（在白天至少每2~3小时喂一次奶）、确保充足的奶水是非常重要的。
- 如果你采用人工喂养的方式，宝宝在晚上每过4个多小时才醒一次，你就需要考虑更改宝宝的配方奶了。你在更改宝宝的配方奶之前，应该向医生咨询。
- 前半夜，宝宝可能需要集中喂奶（几次喂奶的时间间隔很近）。如果这样有助于延长她夜间的连续睡眠时间，那么你可以满足她的需求。
- 假如宝宝连续睡了一夜而没有吃奶，只要她的体重在增加，那就让她自己醒来。
- 在宝宝4~6周大时，如果吃奶的次数多于平时，那么宝宝对奶水的需求量会出现一个井喷的情况。

避免伤害 如果在哺乳期间你需要服药的话，询问你的医生该药物是否安全，因为少量的药物会通过母乳转移到宝宝身上。

的食物，尤其是当宝宝出现肠绞痛的状况时。最近的研究表明，这些食物对于婴儿哭闹和肠绞痛没有太大作用。需要避免的食物有：

- 会产生气体的食品，如葱、白菜、豆类。
- 乳制品，如果宝宝有乳糖敏感或严重的反流。
- 咖啡因、糖、可可和兴奋剂，如人工甜味剂，可能导致宝宝被过度刺激而烦躁。
- 必须避免酒精和一些药物，因为会通过母乳转移到宝宝的身上。如果母乳喂养时你需要吃药，务必咨询医生能否服用该药物。
- 摄入过多的维生素 B_{12}——超过了哺乳期妇女的日摄食量：2.8 微克 / 天，将会导致母乳量下降。肝和贝类中维生素 B_{12} 含量较高。

检查你的母乳量

如果宝宝在两次喂奶之间总是焦躁不安，并且饿了，你可能就在想，你的奶水是否充足。如果出现了下列情况，你的奶水量也许不能满足宝宝的需求：

- 宝宝不停地要吃奶，但是距离上次喂奶的时间只过去了两小时。
- 宝宝在两次喂奶之间总是焦躁不安，只有在更加频繁喂奶的情况下，她才会安静下来。
- 她对奶水的需求出现井喷的情况，通常发生在 4~6 周的时候，然后在 4、6、9 个月的时候，宝宝对奶水的需求又出现井喷的情况。
- 对于同年龄段的平均体重来说，如果她的体重偏重，她对能量的需求可能大于平均体重的婴儿。
- 每天换下来的尿布少于 5~6 片。
- 宝宝的体重偏轻。

提高你的奶水量

有很多方法来提高你的奶水量：

增加 如果你的奶水偏少，而宝宝又需要多次喂奶，提高你的奶水量的最好方式就是在几天之内，提高喂奶的频率。她对奶水的需求会出现井喷的情况。

加强 多补充苜蓿蛋白质，按照推荐的日摄食量服用维生素 B，专家已证明这对于保持充足的奶水是有益的。由黑刺李（sloe）浆果制成的饮料，再加上一点儿水，也是有益的，会使人精神焕发、活力倍增。另外，尝试每天喝 2 升“丛林果汁”进补混合物（见下页的方框）。

挤奶 如果宝宝有时候错过了喂奶时间，或吃奶没吃完，可以在喂奶快喂完的时候，尝试挤一些奶水（关于挤奶的详情，见158~159页）储备起来。这将会使你的身体认为，能够提供满足双胞胎需求量的奶水，或者至少是满足一个非常饥饿的婴儿的需求量的奶水。冷藏在冰箱里的母乳保质期为24小时，你可以将母乳冷冻在有安全盖密封保鲜的塑料奶瓶中，或者专门用来储奶的塑料袋中。母乳可以冷冻3个月，当需要用奶瓶喂宝宝时，就可以派上用场。

对奶水需求量井喷式的增长

如果几天来，白天宝宝异常焦躁，并且已经排除了患疾病的可能，那么她的奶水需求量可能出现了井喷式的增长。奶水需求量的井喷式增长是有特殊目的的，是满足宝宝不断增长的营养需求的自然方式。宝宝将会无法安静下来，变得比以前更频繁地要吃奶。无论在什么时候，如果宝宝看起来似乎饿了，你就应该给她喂奶。同时你要确保多喝水，增加蛋白质和碳水化合物的摄入量。大约一天之内，你的奶水量将调整到适应宝宝新的需求，那么她就会再次变得很安静。

井喷式的增长一般会持续24~48小时。一旦你的奶水量增加，宝宝的深睡时间会延长，并将恢复每3~4小时喂奶一次。一旦宝宝结束了需求量井喷式增长的时期，你可以鼓励宝宝非营养性吸吮（当宝宝焦躁的时候，可以将宝宝的手，或是宝宝的奶嘴放到她嘴里），并把她包裹在棉质的襁褓中，在不喂奶的时候轻轻摇动，尽量每隔3小时喂一次奶。

“丛林果汁”配方

把以下成分混合在一起：

- 50毫升的黑刺李浆果补品
- 1升苹果汁或葡萄汁
- 2升水
- 1袋果味补液盐或250毫升补液液体
- 1片可溶维生素片
- 几滴巴赫花的治疗药物“巴赫救援之夜”

将这些成分的混合物存放在冰箱里，每天喝几次。如果冷藏保存，它的保质期是2~3天。

问与答 母乳喂养不容易

我母乳喂养3周了，虽然我应该掌握母乳喂养的窍门了，但是我对此还是不很熟练。没有人告诉我，母乳喂养是如此的艰难。母乳喂养很痛苦，她每隔两小时就要喝一次奶。一天时间，只有在上午，我才会感觉乳房胀满。我想认输，想给宝宝人工喂奶。请求帮助！

如果出于某种理由（例如，开裂的乳头会造成难以忍受的痛苦，担心奶水不足，先前的乳腺癌手术，或只是单纯的厌恶母乳喂养），你纠结着要不要对宝宝进行母乳喂养；如果宝宝容易焦躁、闷闷不乐，当要喂奶时，你就会觉得畏惧，这是可以理解的。你会怀疑你的育儿能力。在最初几个星期，许多妈妈会为此付出巨大的艰辛。如果对你来说母乳喂养非常重要，你可能需要一些毅力才会成功。请记住，你可能会花几个月的时间才能自然地喂养宝宝。这需要快速调整，如变换抱宝宝的姿势，使用合适的乳头霜，或增加液体的摄入。你也可以向所在区域的哺乳顾问咨询。

了解你的宝宝

宝宝的新技能

❶ 在4周大时，宝宝的身体开始伸直，伸展四肢，相比出生时而言，宝宝不会经常蜷缩着身体了。

❷ 由于宝宝的颈部肌肉变得越来越强壮，你会发现，当她的头靠在你的肩膀上时，她会撑起头了。

随着时间一天天地过去，宝宝会逐渐壮实起来，不再经常蜷缩着，变得更加警觉。她现在对周围的世界很感兴趣，并从每一个感官体验中获得经验。

反射和姿势 虽然在未来的几周内，宝宝的动作会变得越来越协调，而且大部分的原始动作会消失，但是在这个阶段反射仍然支配着宝宝的动作。你会发现，她仍然会出现非对称性紧张性颈反射（避开反射）现象：当她头转向一侧，会伸出同一侧的胳膊。在这个位置上，她会开始挥一挥手，但是由于她的胳膊在不停地挥舞，所以她无法长时间专注在胳膊上。

在这个阶段，宝宝的胳膊和腿非常活跃，尤其是她的胳膊，可以在半空中不停地挥动。这会让她感到不安，你可以帮助她平静下来，把你的手围在她的肩胛骨后，并向下压，将她的手放在身体的中线上。在此期间你会发现，她很少紧攥她的手，偶尔还会摊开双手。虽然她不会伸手去拿东西，但她会想要它们，会盯着它们看，有时两眼几乎都发直了。

在此期间，随着宝宝柔韧性的下降，宝宝需要锻炼背部和颈部肌肉。如果你把她趴着放，她会抬起头，如果让宝宝保持坐姿，她的头会直立一小会儿。如果宝宝仰面躺着的时候，你把她拉起来保持坐姿，她的头和她的身体始终在一条线上。当宝宝 6 周大时，她的身体会伸直很多，髋关节和膝盖也会更直，并能够撑住头达几分钟。

视觉发展 宝宝正在努力发展她的眼部肌肉。她眼内的肌肉负责视觉焦点和视野清晰度。她将练习不同距离的视觉焦点。她喜欢那些有对比色的、可移动的物体，因为它们有助于她保持视觉焦点、锻炼肌肉。她眼睛周围的肌肉负责协调眼球运动，如果她想要看一个移动的物体，这是必不可少的。宝宝会很享受任何视觉模式。如果有人在她的视力范围内，她会观察这个人，如果听到声音，甚至会向这个人转头。

社会意识 宝宝认出了你的脸，会若有所思地盯着你的面部特征。如果你伸出舌头，她可能会学你。如果你微笑，她将尽全力来学习你的微笑。最终，所有的辛勤工作似乎都是值得的。这个伟大的里程碑

是出现在宝宝6周大时：宝宝开始会微笑了。甚至在6周大之前，就有些婴儿开始有意识地微笑（不仅仅是由于放屁和打嗝）。宝宝喜欢语言，对你的声音做出反应。当你对她说话时，她长时间地盯着你看，甚至发出小小的、沙哑的声音，尝试和你交谈。

自我调节 在这个阶段，宝宝只是维持身体温度和心率。她还不能调节睡眠/清醒周期或状态（平静而警觉状态/活跃而警觉状态等），这就是她在睡前躁动不安的原因。在这一年龄段，宝宝的主要任务之一是学习在受到刺激时保持冷静。

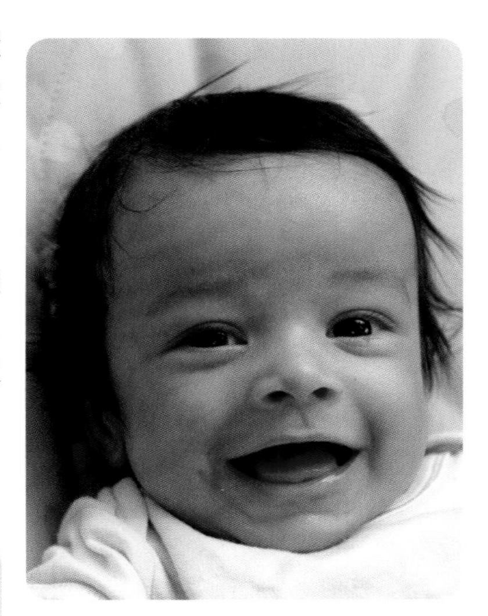

咧嘴笑 在约6周大时（之前只是偶尔），你会看到一些现象，这些现象使你所做的事情都有价值了：宝宝的第一个微笑。

目标里程碑

在这个阶段，宝宝的重要的动作目标是强壮她的背部和颈部肌肉。这是控制头部和身体强度的关键，这对于爬行和以后的行走都很重要。如果宝宝在早期不花时间练习用肚子趴着，到后来发展爬行技能的时期，她会很不舒服。为了达到良好的动作水平，现在的目标是打开她的双手，并让她意识到双手。希望宝宝在6周大时实现这些里程碑式的目标。

发育领域	目标里程碑
粗动作	让她的头向上挺立几分钟，强化她的背部肌肉。开始失去一些原始反射。
细动作	当她放松时，打开她的双手，通常她的双手仍是紧握着的。
手眼协调能力	锻炼她的眼部肌肉，使她能集中于较远或较近的事物。开始追踪从她的视力一侧移动到她身体中线的事物。开始把她的手放到她的嘴里。
语言发展	模仿面部表情和舌头的动作。
社交、情感	大约在6周大时微笑。
自我调节能力	开始能够从清醒状态转换到睡眠状态，但通常需要帮助才能做到这一点。

交流 即使宝宝无法用言语回应，也要和她说话，这对发展她的语言技能非常有益。

感官刺激：TEAT原则

相比其他任何时间，现在你的宝宝面临着前所未有的感官超载的风险。因为她还不能控制或过滤感官刺激，她会非常依赖你保护她不被过度刺激。如果宝宝出现肠绞痛，你必须格外警惕，你必须使宝宝平静下来，而不是刺激她。

时间

你应该尽量使宝宝每天大部分时间都保持平静。然而当她处于平静而警觉状态时，她会很容易受到刺激，并对互动产生反应。这种情况通常不只是在睡前，在饭后也会发生，只要她累了。在宝宝醒着的时候，将可移动的物品挂在婴儿床附近，或者给她按摩（见105~107页）。把她放在婴儿背带里，与她一起散步，和她说话。但始终要注意观察过度刺激的迹象，如避免她凝视某个东西、抓狂或乱动。

现在重要的是，当你尝试和她玩耍的时候，她是处于接受的状态。和宝宝在一起时，要观察她发出的信号，如若有所思、目不转睛地看着你，或微笑或咕咕地叫（见38页）。

环境

宝宝仍在熟悉她周围的世界，当她受到过度刺激时，需要有一个安静的空间休息。

视觉 宝宝对于来自所有感官的刺激都非常敏感，特别是视觉输入。使用黑色的窗帘或色调，使她的睡眠空间保持黑暗，尤其是在她睡觉时。如果你想刺激她，选择黑白相间的图案和外观，以及明亮的、对比鲜明的色彩。距离宝宝面部20~25厘米的地方，是宝宝目光集中的最佳位置。

听觉 对于宝宝的耳朵来说，你的声音简直就是音乐！科学家已证明，在早期，如果妈妈经常对宝宝讲话，那么宝宝的语言能力发展比其他婴儿要快得多。科学家还证明，这对智商也会产生积极作用。尝试对她唱歌，时刻对你的行为作出说明，或描述她周围的事物。

触觉 深压宝宝的背部，以便使她平静下来。

运动觉 注意能够让宝宝平静下来的活动，如将宝宝抱起来，轻轻地摇动她。

运动发展 提供机会给宝宝，让她花点儿时间用她的肚子趴着，以强化她的颈部肌肉。在每个房间里都创造一个安全的地方，以便你在这个房间忙碌时，她可以趴着。最好是在地板上铺一个软垫。

活动

睡眠时间

当宝宝无法入睡时，使用舒缓的感官输入安抚宝宝，使她进入睡前的睡意状态，宝宝在睡眠空间里保持平静，这是非常重要的。

视觉 使宝宝的世界在视觉上保持昏暗和平静，避免明亮的灯光和在睡眠时出现的不和谐的颜色。较暗的灯光和黑色的窗帘，有助于宝宝的睡眠。

听觉 每分钟72次的节奏和母亲的心跳相似，这对睡眠会产生正面的影响。将宝宝抱在你的左边，紧靠你的心脏，如果在睡前她十分焦躁，那么这时她就会安静下来。设置节拍器或播放心跳的录音有助于宝宝更快地入睡。播放白噪声的录音，已被证明有助于婴儿（实际上是所有年龄段的人）安然入睡。

触觉 在晚上和白天睡觉的时候，继续将宝宝包在襁褓中。

运动觉 摇动的摇椅或摇篮是奇妙的，因为它是具有舒缓效果的感官输入，用它来摇动宝宝，使宝宝进入睡眠状态。

运动发展 宝宝不应该趴着睡觉，晚上也不能滚动成趴着睡觉，因为这会导致婴儿猝死综合征。睡觉的最佳姿势是仰着睡。如果你让她侧着睡，要使用特制的楔状物，以防她滚动成趴着睡。记住要变换她侧卧的方向，使她的两侧身体有平等发展的机会。

在活动垫上

在婴儿早期，一些婴儿在洗澡、穿衣服、脱衣服，或是换尿布时，会哭闹和挣扎。如果此时婴儿躁动不安，要帮助她专注于感官信息，这会将她的注意力从不太愉快的经历转移到手头的工作上。

视觉 悬挂黑色和白色相间的可移动的物体，例如，斑马玩具、黑色和白色相间的布块或者是白色板块上绘制的黑色图案。将可移动的物体放在距离宝宝面部20~25厘米处。在宝宝4周大时，使用一个长长的可移动的物体，使之垂向宝宝头边的垫子，但是不要高于垫子，因为宝宝的脖子还没有强壮到可以使她的头保持在中间，并且向上看。放松脖子，脸朝向一侧，注意可移动的物体，这就要简单得多。每天都要改变可移动的物体悬挂的位置，以便宝宝脖子的每一侧都会得到一些锻炼。4周后，当她的颈部肌肉强壮到足以使她的头直起来，你就移动这个可移动的物体。现在，你可以将这个可移动的物体挂在中间，她的头上方。

洗澡时间

洗澡是睡觉的前奏，所以不要让宝宝运动。相反，尽量让宝宝安安静静地玩耍，并让宝宝在洗澡后保持平静。

触觉 洗澡的时候，为防止宝宝焦躁，在将宝宝放入澡盆之前，用软毛巾或薄棉毯包裹宝宝。襁褓会抑制她的反应，较大的压力会让她在洗澡时安静下来。确保房间是温暖的，因为宝宝赤身裸体时会很舒服。在给宝宝洗澡时，按摩宝宝的胳膊和腿。用你的左手捏住宝宝的一条腿，然后轻轻地挤压和拍打她的脚。用你的右手再做一遍。双手替换着挤压和拍打宝宝的脚，似乎在给宝宝的腿“挤奶”。这样做了几次之后，换另一条腿。然后再挤压和拍打宝宝的胳膊。洗完澡后，用温暖的毛巾擦干宝宝，稍稍用力。尝试使用带兜帽的毛巾，它会使宝宝感到舒适。

视觉 在给宝宝洗澡时，你要紧紧扶住宝宝。这样你就会处于一个与宝宝眼睛接触的极佳位置。看着她和她说话，但是要注意观察宝宝已经洗好了的迹象。

听觉 播放轻柔的音乐，尤其是在宝宝洗澡后或在按摩时。

运动发展 鼓励宝宝在洗澡时踢腿，伸展她的双腿。

运动觉 有些婴儿洗澡时哭闹不止，因为他们不喜欢身体被人翻过来洗澡。如果宝宝躁动不安，尝试垂直的桶浴；这种方式可以将宝宝放在水中，而不用将她的身体翻过来。与常规的婴儿浴缸相比，桶浴更节水，也更节省空间。

清醒时间

虽然宝宝还比较清醒，但是她很可能至多只能维持15分钟的平静而警觉状态。在这段时间内刺激她，但要观察她需要休息时所发出的信号。

视觉 当宝宝醒着或与你进行眼睛接触时，看着宝宝的眼睛，但当她看着远处，试图使自己安静下来时要注意观察她。使用色彩鲜艳的图片、书籍，或玩具，鼓励她集中精力和保持视觉注意力。如果你在她的视线内慢慢地移动玩具，她的眼睛会跟着玩具移动。

听觉 宝宝坐在你大腿上时，和宝宝说话。当她学会转头看向你时，会强壮她的颈部肌肉，显示她的听觉和视觉技能。唱催眠曲，和她一起笑。

触觉 按摩是一种发展宝宝的身体意识、密切与宝宝的关系的美妙方式。早上喂奶后，如果宝宝处于满足和平静而警觉的状态，可以对宝宝进行按摩（见31页）。详细参考105~107页，婴儿按摩的手法。

运动觉 在空间移动对于宝宝动作里程碑的发展很重要。由于她大脑的储存器在工作，她的肌肉张力建立起来了，她的平衡感也开始有了。这有助于建立身体意识，因为她发现了她的身体是如何在空间移动的。在玩耍时，有意识地刺激这种感官，在抱着她的时候慢慢地摇动她、转动她。有节奏的线性运动（左右摇摆或是前后摇摆）会起舒缓作用。如果宝宝是醒着的，但是有一点点的烦躁，这是视觉刺激引起的，那么改变你的感官刺激，摇动她。每天将宝宝放在婴儿背带中或婴儿推车里。宝宝醒着的时候，带她去散步，因为她清醒时，可以看看外面，沿途互动。

运动发展 当宝宝很满足，吃饱、睡觉之后，尤其是在清晨，让她趴在床

上，这样有助于强化宝宝的脖子。如果宝宝趴着睡着了，你务必要把她翻过来。如果她起初就不愿趴着，可以将一个卷起的毛巾放在她的胸下面，这样她就能抬头看你或玩具。将宝宝脸朝你放在你的胸上，看到你的脸会鼓励宝宝抬头。开始尝试用枕头将你自己抬高一点点，这样宝宝就不会受重力的影响。然后你再平躺着，给宝宝增加些难度。当宝宝趴着玩耍的时候，为了鼓励她抬起头，让宝宝看有趣的东西，如彩色鲜艳的玩具、一张脸部的照片、你自己的脸，或一面镜子，让宝宝看到自己。在按摩（见105~107页）时，花些时间在她的手上，打开宝宝的手指和手掌。玩手指和手的游戏，加些韵律，帮助宝宝增加对手的意识。

出行时间

在这几个星期中，你会更有信心带宝宝出游。外出时要观察宝宝发出的信号，使宝宝保持平静。

视觉 还是用毯子覆盖婴儿推车或汽车安全座椅的前面部分，将光线保持在最暗，将过度的视觉刺激保持在最低。在可以朝前也可以朝后的（朝向你）婴儿推车里，请使宝宝朝向你，以便你可以与宝宝互动，她能看到你的脸。

触觉 有研究表明，放在婴儿背带里的婴儿比放在汽车安全座椅、婴儿推车或婴儿床上的婴儿安静，这是由于深压力和运动的缘故。当然，如果开车外出，必须把宝宝放在汽车安全座椅里，但到达目的地时，你务必要把她从车里带出来。

喂奶时间

虽然在喂奶时期你关注的重点是营养，但是在宝宝进食的时候，你可以做很多简单的事情来增强宝宝体质的发展。

视觉 将一个由红色、白色或粉红色的丝带做成的蝴蝶结粘在你文胸的肩带上。如果你是母乳喂养，这不仅可以提醒你下次喂哪一侧，在宝宝吃奶时也可以集中她的注意力。

听觉 和宝宝说话，读书给宝宝听，使她熟悉语言和你音调的变化。和宝宝说话时使用父母语（唱歌，母亲与宝宝说话时通常使用的高音调），因为宝宝更有兴趣对此做出回应。如果宝宝变得不安或不愿吃奶，这可能表明她需要安静，以协调吸吮、吞咽和呼吸。

触觉 鼓励宝宝打开她的拳头，触摸你的乳房，这样在她吃奶时会感受到你的肌肤，有助于她与你更亲近。

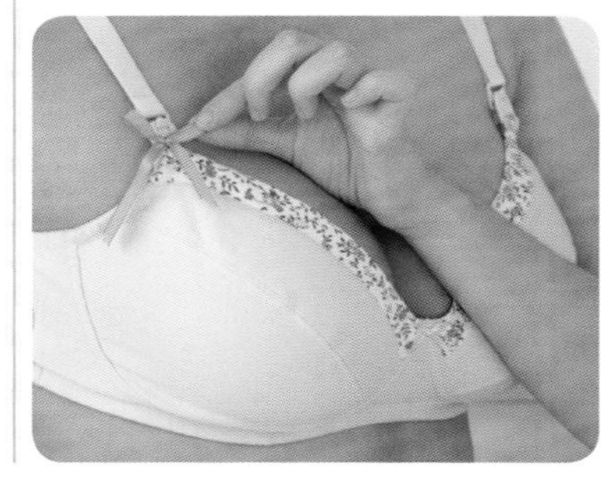

玩具和工具

在这个年龄，宝宝最喜欢和你玩耍，但你可以买一些有趣的、色彩鲜艳的玩具，甚至你可以自己做一些玩具。

视觉 挂镜是一个奇妙的玩具；将挂镜挂在宝宝的上方，挂镜晃动时会反射光和影。购买市面上的婴儿镜子是一种最明智的选择，因为它能保证宝宝的安全，而且不容易摔破。如果你使用自己的镜子，要确保它是安全的、不容易碎的。你可以买或做一个黑白相间的可移动的物体，挂在活动桌上。不要挂在婴儿床上，那是睡觉的区域，而不是玩耍的地方。还可以用你收到的贺卡制作头像卡，或从杂志上剪下头像，把他们粘在纸板上。把这些卡片粘在宝宝汽车安全座椅靠头的位置，或是在宝宝躺下时，放在宝宝旁边。

听觉 购买或制作一个拨浪鼓，摇动给宝宝听（她不会拿拨浪鼓）。平静的音乐的碟片或是子宫内的声音制成的碟片也很不错。

触觉 用手触摸宝宝。在这个阶段，如果你定期给她按摩，她的触觉会发展很快。按摩的手法见105~107页。

将各种质感的面料缝制在一起，做成纹理垫。试试毡制品、人造毛皮、灯心绒、牛仔布、丝绸和棉布，缝上几粒纽扣（要安全）。将宝宝放在垫子上，让她接触不同的纹理。

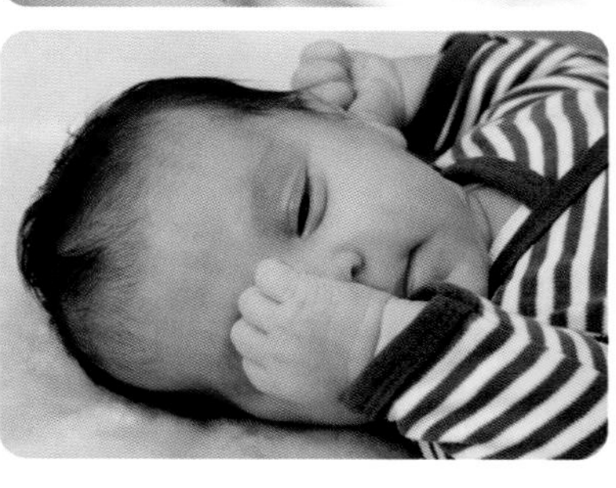

第 10 章

6周~4个月的宝宝

你到了神奇的、具有标志性的第 6 周。这是一个伟大的里程碑，理由如下：从生产宝宝到现在，你的身体恢复得很好，你的奶水开始越来越充足，宝宝面带微笑，宝宝的行为也变得更有规律性 —— 你开始摸清育儿的窍门了。对于大多数妈妈来说，这个阶段是一个转折点。当然你有时候也会意识到，在未来 24 小时内，你还需再接再厉，这有点让人受不了。但宝宝突然变得如此可爱，以至于过去两个月所有的疲惫和感情付出似乎都是值得的。

以宝宝为中心的日常生活

- 尝试将宝宝的清醒时间限制为60~80分钟，并计划在这段时间内喂奶、换尿布、进行户外活动和玩耍。
- 宝宝在一天中的大部分时间可能仍然是在睡觉，每24小时睡18~19小时。
- 在白天，你应该每3~4小时喂一次奶。
- 宝宝在6周大的时候对奶水的需求出现井喷式的增长，这是非常常见的。每天你给宝宝喂奶的次数要增加。
- 在此期间，你不需要夜间喂奶（通常晚上22:00~23:00喂当天的最后一次奶），宝宝现在可能会连续睡6~7小时。

宝宝的一天

虽然每一天都是不同的，在这一阶段结束时，喂奶和睡眠将会形成一个固定的模式。宝宝将会带你进入以宝宝为中心的日常生活。但是，你仍需要灵活处理。例如，随着宝宝对奶水量的需要迅速增长，特别是在天热的日子，当宝宝需要比平时吃更多的奶来补水时，你喂奶的时间和频率也需改变。

妈妈的感觉：认知曲线

无论从哪个层面来说，头 3 个月都是发生巨大变化的时期。你的身体已经在迅速地调整，不仅仅注重奶水的分泌，适应新的激素水平，而且也注重在妊娠期的折磨之后的恢复。在怀孕的 40 周里，你的身体缓慢地发生着变化，但是身体的恢复是很迅速的，只需要大约 6 周的时间就差不多能恢复到怀孕前的水平。你现在可能会盗汗、出血不止、子宫收缩。当然看着你的身体，你可能希望你身体的恢复不仅仅只有这些。你的肚子看起来仍然像一个粗笨的枕头，需要将近一年的时间，你的身体才会回到正常的状态，即使到那时，你的身体和以前也不是一模一样的。

如果宝宝一直有肠绞痛，你可能会非常不安，绞尽脑汁，到底是什么地方搞错了？每个宝宝都不相同，如果宝宝患肠绞痛，这不能说明你就是一个不称职的妈妈。照顾焦躁不安的、睡眠较少的宝宝，会给你和你的爱人带来巨大的压力。你们需要经常沟通，改变你们之间的互助方式。

在过去的一二个月中，你已经学会如何折叠脏尿布，这样宝宝的排泄物就不会掉出来；你学会了如何给宝宝喂奶，以及如何在睡眠很少的情况下也能熬过来！现在下一步：引导宝宝开始一个既灵活又适合你的日常生活。

形成规律的日常生活

到现在为止，宝宝已经为固定的生活模式做好了准备，所以现在是形成规律的日常生活的好时机。如果你开始形成固定的睡眠习惯，你会发现，日常的生活，包括喂奶和玩耍的时间，将会自然地、有条不紊地进行。形成以宝宝为中心的睡眠习惯，有 3 个窍门：

1 观察宝宝醒来的次数 在宝宝醒来一小时后，将宝宝带到他的睡眠空间，使他安静下来，让他入睡。

2 观察宝宝发出的信号 如果宝宝感觉到累，他会发出疲劳的信号；他可能会擦他的眼睛或耳朵，或吮吸他的手（见52~53页）。

3 弄清宝宝的性情 婴儿是单独的个体，所以你要学着养成与宝宝的感官个性相适应的生活习惯（见14~15页）。

- 敏感型婴儿可能需要帮助才能入睡，你需要采用舒缓宝宝的方法，如轻拍或摇晃，或者他可能需要更少的感觉输入。如果他容易受到过度刺激，不要延长他的清醒时间。
- 交际型婴儿可能不会给出明确的疲倦信号，但他对睡眠的需求与其他婴儿一样多。应确保他在睡前不受过度刺激。
- 沉稳型婴儿可以应付较长时间的刺激，你可能会发现，即使你延长他的清醒时间，他也可以安静下来睡觉。沉稳型婴儿能够发出明确的信号，因此很容易形成规律的生活习惯。
- 慢热型婴儿喜欢规律的生活习惯，当他需要睡觉时，他会给出明确的信号；在他自己的睡眠空间，他最容易安静下来。

形成规律的生活习惯

你可能要花很大力气才能让宝宝在白天形成规律的生活习惯，但不必担心——有很多办法能够使他形成生活习惯。总之要记住宝宝现在还很小。在这个年龄段，安抚他、满足他对食物和睡眠的需要比坚持更严格的生活习惯要重要得多。婴儿需要时不时的触摸和运动，这就是宝宝喜欢躺在你怀抱里的原因。

第一个秘诀是不注重严格规定时间的日常生活；不要死板地让宝宝每天在同一时间吃奶和睡觉。也不要严格地遵循喂养、清醒、睡眠或清醒、喂养、睡眠的生活规则。相反，观察他什么时候吃奶，醒着的时间是多久（见51页）。在这个年龄，白天他每3~4小时需要喝一次奶，在想睡觉之前，他醒着的时间最多是1小时30分钟。因此，在距离他上次醒来1小时15分钟后，把他放到他的婴儿床上，轻轻地摇动他，直到他进入昏昏欲睡的状态，让他小睡一会儿。你会发现，宝宝有时在睡觉前会吃奶，而有时候他会在醒来的时候吃奶，这是正常的。如果宝宝只是打瞌睡，并且在20分钟后醒来，尝试将他包在襁褓中，使他安静下来，让他睡着。不要让他哭闹。如果他不睡觉就让他起来，但要监测一下他醒着的时间，看看他下一次睡觉是什么时候。

问与答：

自我安抚的困难

我的宝宝尝试吸吮他的手，但他的手总是从嘴里滑落，然后他就变得焦躁不安。我该怎么鼓励宝宝自我安抚？

由于在发生原始反射时，宝宝会将手从嘴中拿走（避开反射，拥抱反射或惊吓反射，见100页），许多小于3个月的婴儿努力将自己的手长时间地放在嘴里，以安抚自己。在他12~14周的时候，宝宝对自己的胳膊会有更好的控制力，能使双手接近嘴。当他开始从吸吮他的手得到一些乐趣时，他对自己胳膊的控制力就会变强。当他能成功地将双手放进嘴里的时候，你在把他包在襁褓中时，将他的手放在靠近他的脸的位置，使他能轻松地吸吮他的手或拇指，或给他一个奶嘴，让他平静下来。只要宝宝能通过吮吸东西来安抚自己，无论是什么东西都可以。

宝宝的感觉：肠绞痛周期

如果每天晚上宝宝都有不明原因的哭闹发作，他可能患有肠绞痛（见112页）。如果宝宝很安静，并且没有患肠绞痛，那么你十分幸运，你有一个平静的宝宝，宝宝总是很安静，很满足。或许你对照顾活跃的宝宝和慢热的宝宝都很有一套（让他们有规律地午睡和使感官“停机”），这样就避免了肠绞痛。但是如果宝宝比较敏感，或者在白天你很难让他入睡，直到12周的时候，肠绞痛和焦躁不安仍会是你生活的一部分。如果宝宝总是焦躁不安，安静不下来，醒着的时候通常都不开心，那么就需要再一次排除基本原因（见左下方的方框）。你可能会发现，他哭闹的原因来源于他的感官世界：他可能是过度劳累或过度受激或两者兼而有之，到了夜晚的时候，宝宝的承受能力就到了极限。

感知的秘密

虽然你被以宝宝为中心的日常生活所左右，但是如果你的宝宝和别的宝宝不太一样，你也不要泄气或消极。要知道所有的宝宝都是单独的个体。

缩短肠绞痛周期

要想在晚上缩短肠绞痛周期，形成睡前习惯是很重要的：清醒、洗澡、喂奶，然后睡觉。

❶ **最后一次的睡眠** 在宝宝下午最后一次的睡眠后，细心观察宝宝醒着的时间——将其限制在60~80分钟。例如，宝宝是在17:00醒的，务必让宝宝18:00~18:30睡觉。

❷ **洗澡** 睡前半小时给宝宝洗澡，然后再给宝宝按摩。但是，如果宝宝在晚上经常出现肠绞痛，那么你必须早上给宝宝洗澡，因为晚上洗澡对宝宝刺激过大。

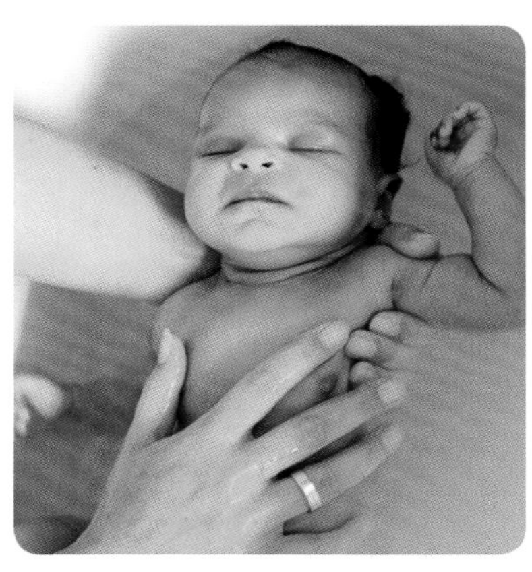

洗澡 晚上睡觉前给宝宝洗澡，然后给宝宝按摩，以此作为他睡前习惯的一部分。

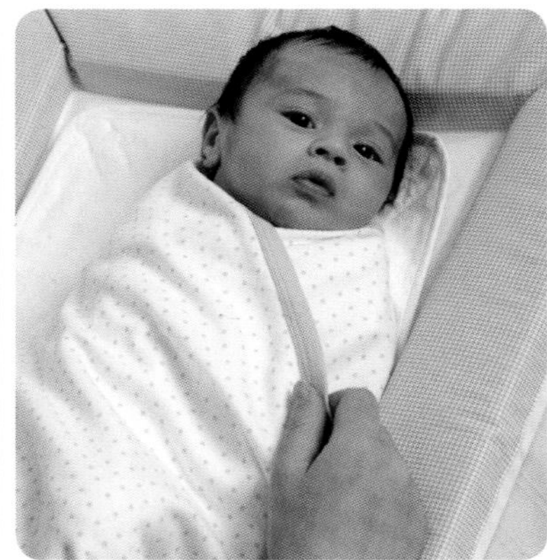

襁褓包裹 当宝宝洗完澡后，将他包在襁褓中，这将使他感到平静，准备入睡。

排除基本原因

控制宝宝哭闹的第一步是排除引起宝宝不适的生理原因。更多有关这方面的内容参考112页。

检查这些可能的原因：

- 饥饿
- 错误的奶粉配方
- 乳糖不耐症
- 便秘
- 反流
- 过敏
- 肠道菌群破坏
- 疾病
- 环境不适

❸ **喂奶** 在宝宝的睡眠空间给宝宝穿衣服，在白天最后一次吃奶时将宝宝包在襁褓中。在光线较暗的房间给宝宝喂奶。放白噪声的录音，模拟子宫里的声音，在睡意袭来时，将他放在婴儿床上让他睡着。

使感官平静的方法 如果宝宝开始哭闹，按照下面列出的 4 个步骤行事。这些步骤将会帮助他减少哭闹，缩短肠绞痛周期：

第一步

- **把宝宝包在襁褓中，让宝宝打嗝** 在宝宝白天最后一次吃奶时将宝宝包在襁褓中。喂完奶，5 分钟内让宝宝打嗝。如果 5 分钟内宝宝没有打嗝，不要强行他打嗝，而要将困倦的宝宝放在他的婴儿床上。
- **深压** 如果宝宝开始扭动，并在婴儿床上焦躁不安，你就把你的手压在他身上，在你的抚慰下让他蠕动。当他睡着了，或是 5 分钟后，你就可以放开你的手。
- **轻拍，发出嘘声，让宝宝安静下来** 如果宝宝开始哭闹，当他被裹着躺在婴儿床上时，轻拍他，并发出嘘声，试着安抚他。许多婴儿会在 5 分钟内入睡。如果 5 分钟后他还是在哭闹，那么就实行第二步。

第二步

- **把宝宝包在襁褓中，让宝宝打嗝** 如果他还在哭闹，将宝宝从婴儿床上抱起来，让他在 5 分钟内打嗝。如果襁褓松了，就重新包好。
- **摇晃和深压** 在宝宝打嗝后，或 5 分钟后，开始摇晃他，直到他有了睡意。将他放在婴儿床上，并把你的手放在他身上，用稍重的力压他，让他扭动。当他睡着了，或是 5 分钟后，你就可以放开你的手。
- **轻拍，发出嘘声，让宝宝安静下来** 如果宝宝开始哭闹，轻拍宝宝，并发出嘘声，试着安抚他。许多宝宝会在 5 分钟内入睡。如果 5 分钟后他还是在哭闹，那么就实行第三步。

第三步

- **喂奶** 将宝宝从婴儿床上抱起来，追加喂奶（被称为密集喂奶，晚上这种喂奶方式较合适。见 138 页）。许多宝宝在第二次喂奶后都会安静下来。
- **把宝宝包在襁褓中，让宝宝打嗝** 为宝宝喂完奶后，将宝宝包在襁褓中，让宝宝在 5 分钟内打嗝，然后摇晃他，直到他昏昏欲睡，然后把他放在婴儿床上。
- **深压** 如果宝宝开始扭动，并在婴儿床上焦躁不安，你就把你的手压在他身上，在你的抚慰下，让他扭动。当他睡着了，或是 5 分钟后，你就可以放开你的手。

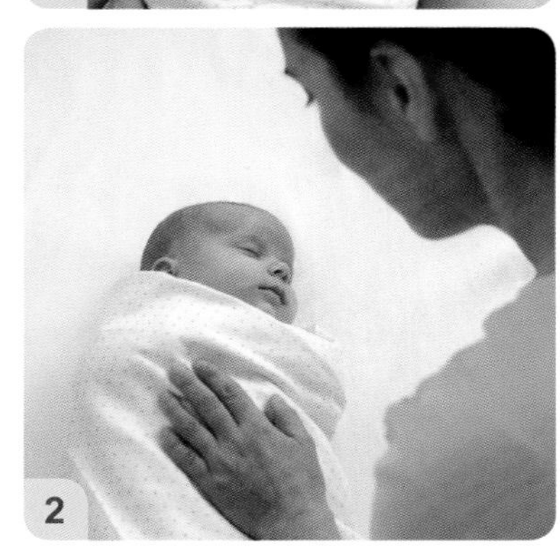

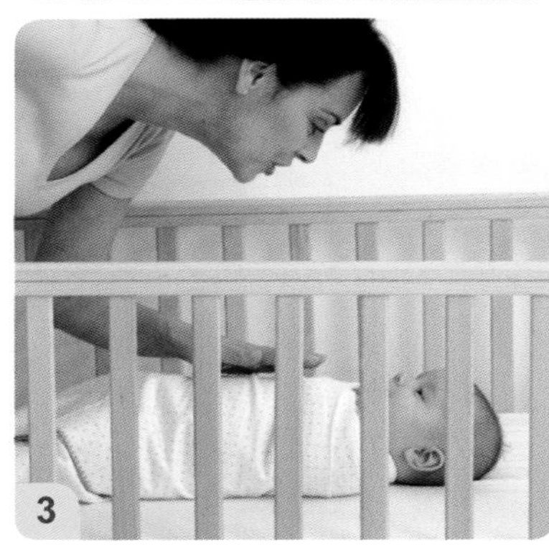

缩短肠绞痛周期

❶ 襁褓和打嗝：在晚上喂完奶后，让睡在襁褓中的宝宝在5分钟内打嗝。

❷ 把宝宝放在婴儿床上，把手压在他身上。当你安抚他的时候，让他在婴儿床上扭动。

❸ 如果宝宝开始哭闹，可以轻轻拍他，并发出嘘声，把他裹着放在婴儿床上5分钟。

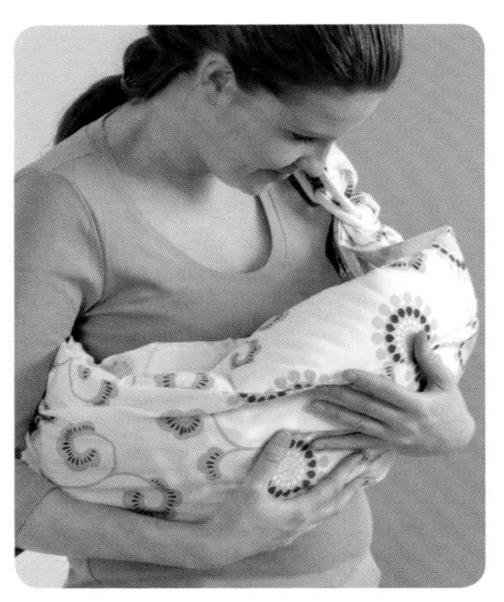

把宝宝放在婴儿背带中，安抚宝宝 把宝宝放在婴儿背带中摇动他，直到他睡着了。由于温暖的感觉和你身体的晃动，他会平静下来。

● **轻拍，发出嘘声，让宝宝安静下来** 如果宝宝开始哭闹，当他被裹着躺在婴儿床上的时候，轻拍宝宝，并发出嘘声，试着安抚他。如果5分钟后他还是在哭闹，那么就实行第四步。

第四步

● **抱起宝宝，安抚宝宝** 如果宝宝哭闹，抱起他，包在襁褓中，将他放在婴儿背带或婴儿推车上摇动，直到他睡着。将宝宝紧贴在你的胸前，以防宝宝受到外界的刺激。别担心你会宠坏宝宝。有些宝宝需要一点点额外的感官舒缓，特别是那些晚上出现肠绞痛的宝宝。

● **把宝宝放回到在婴儿床上** 一旦宝宝睡着了，把他放在婴儿床上。当你将他从婴儿背带放到婴儿床上的时候，如果他开始躁动不安，把你的手紧压在他身上，让他扭动，安抚他，让他在婴儿床上安静下来。当他睡着后，你就可以放开你的手了。

应对肠绞痛的其他方法

遵循白天睡眠的习惯，使宝宝平静下来，观察过度刺激，就可以避免肠绞痛。如果你发现宝宝始终焦躁不安，那么当宝宝开始哭闹的时候，首先要排除宝宝焦躁不安的基本原因（见112~113页），然后再按照具体的方法一步一步来（见133页）。下面这些方法在某些情况下可能会有效：

脊椎按摩疗法 脊椎按摩师轻轻地按摩宝宝的脊柱，让紧绷的肌肉放松，减少关节的炎症。据说脊椎按摩疗法可以减少消化系统产生的黏液。减少炎症有助于消除腹胀、肠绞痛和便秘。

顺势疗法 顺势疗法是一种替代疗法，会产生一些副作用。如果你想尝试这种疗法，咨询顺势疗法治疗师或顺势疗法药房。

传统疗法 人们经常推荐有经验女性的建议（如将一个温暖的垫子放在腹部）和草药（某些草药茶）。但是，这些可能对宝宝的身体有影响，采用这些疗法之前，一定要向医生咨询，弄清这些疗法的作用（即使人们说它是"自然疗法"）。

医疗方法 医生会开具很多的药，非处方药房里的药也是琳琅满目。多数药都具有镇静的效果，应该谨慎使用；需在医生的指导下给宝宝服药。

关于奶嘴

许多人刚刚当上爸爸妈妈就会面临一个难题——是否应该给宝宝奶嘴。吸吮确实可以让宝宝安静下来。一些宝宝从早期就在学习吸吮他们的手。应该鼓励这种行为，因为让自己安静下来是宝宝学会的第一个独立的技能。如果宝宝可以让自己安静下来，你就会轻松些，尤其是在睡觉的时候。然而许多不到3个月的婴儿不能很好地做到这一点，他需要你的帮助。帮助宝宝找到他的手。如果这样还不能起到作用的话，就尝试用奶嘴。宝宝的头3个月是需要进行巨大调整的一段时期。尽量不要为自己设立太多不切实际的目标，例如不用奶嘴就能使宝宝停止哭闹。

帮助宝宝睡眠

当宝宝的睡眠 / 清醒周期开始变得更有规律时，白天睡眠模式会在这几周慢慢形成。如果你让宝宝安抚自己，他将这样做 —— 他会不需要别人的帮助自己入睡，在晚上让自己重新安静下来，会需要你较少的感觉支持（如通过摇动才能入睡）。

清醒时间

宝宝可能一天需要 3 次小睡，这 3 次小睡的时间通常是一长两短。如果他的小睡时间都很短，他一天就需要 4 次小睡。在此阶段，宝宝会将每次小睡之间的清醒时间控制在 1~1.5 小时之间。约 1 小时后，观察他困倦的信号，如打哈欠和揉耳朵（见 52~53 页），带他到他的睡眠空间，让他安静下来，如果喂奶时间到了就给他喂奶。

傍晚时的睡眠 傍晚时的睡眠可能会非常棘手。最好的做法是尽量让宝宝在 18:00~19:00 之间就寝。你可以按照如下步骤修正傍晚时的睡眠：

- 如果是 16:30 前睡觉，让宝宝睡一次，时间为 45 分钟（见 30 页）。如果他睡眠的时间长于 45 分钟，17:15 唤醒他，以便他晚上睡觉时能很容易就安静下来。
- 如果宝宝是 16:30 后睡觉，那就让让宝宝打个盹 —— 换句话说，15~30 分钟后就叫醒他，或在 17:15 叫醒他，那么他在晚上就不会难以入睡。
- 如果宝宝白天中最后一次觉是在 17:30 之后睡的，你就把宝宝放在婴儿床上，如果宝宝累了，就让他早点睡觉。对于这个年龄段的婴儿来说，恰当的就寝时间是在 18:00~19:00 之间。

睡眠空间

到现在为止，宝宝睡觉的地点可能是多种多样的了，无论是在婴儿推车中，还是在特殊的睡眠空间里，宝宝都能够睡得很好。但是一旦宝宝变得更警觉，一切都会改变 —— 无论是白天还是夜间的睡眠，宝宝都需要一个固定的地方。由于下面 3 个因素，这一点尤其重要：

年龄 宝宝直到三四个月时才有睡眠期望，当他 4 个月大的时候，他将开始期望被放在一个固定的地方，有规律的睡眠。你可能很喜欢让

睡眠：在这个阶段，你能预知什么？

- 在这个年龄段，宝宝只能将自己的清醒时间控制在60~80分钟之间。如果你按照宝宝的困倦信号行事的话（见52~53页），将宝宝的清醒时间控制在60分钟，你将会发现宝宝的睡眠模式开始形成了。
- 随着宝宝睡眠时间的不同，宝宝在白天有3~4次小睡。
- 当你注意到宝宝睡眠的次数形成了一定的模式，每天重复这一模式，鼓励将这一模式固定下来（在相同的时间，将宝宝放在相同的位置睡觉）。
- 尽量让宝宝最迟于晚上19:00睡觉。如果你让他自己醒来，中途可以不用给他喂奶（大约凌晨1:00~3:00），连续睡6~8小时。
- 虽然这看起来似乎是不可能的，但是当宝宝在白天小睡时，你还是要尝试躺下休息一会儿。

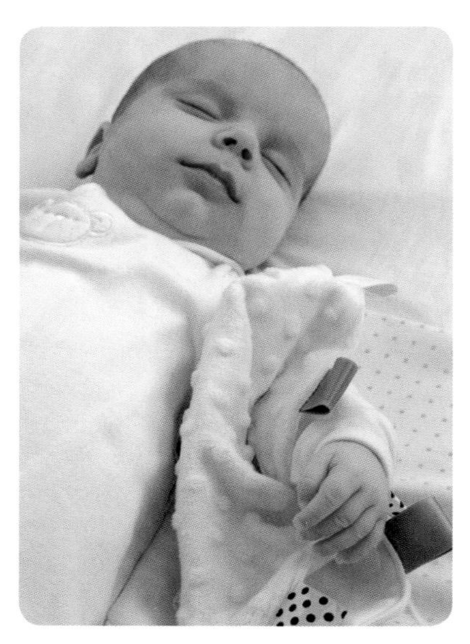

自我安抚 鼓励宝宝使用有舒缓作用的物品，如小毯子或毛绒动物玩具，帮助他抚慰自己。

你出生不久的宝宝睡觉的时候紧靠着你，并且一直都是这样做的。但是，如果你发现当宝宝在你身边的时候，你却睡不好了，你就要把他放在婴儿床上或是婴儿房里睡觉。在他具有睡眠期待之前，你应该认真考虑他的睡眠空间。当宝宝大一些时再转移他的睡眠空间就要困难多了。

一致性 如果你让宝宝睡在随意的地方，而始终没有让他在固定的地方小睡，现在你就该这样做了，因为让宝宝在一个固定的地方静静地睡着是养成睡眠习惯的关键。不要随意改变宝宝的睡眠时间和地点。有时你会非常忙，宝宝白天不会在家里睡觉，这是可以理解的。但在这时你务必要让他白天的小睡，至少有一次是在他的睡眠空间，当然，每天晚上都要在相同的空间睡觉。

安抚 确保宝宝所处的睡眠环境是舒缓的，他不会受到过分刺激。调暗灯光，给他有助于睡眠的东西，如小毯子或毛绒玩具，当他在夜间醒来时，他可以用这些东西来安抚自己。

宝宝在睡眠空间睡多久?

虽然专家们建议，宝宝头 6 个月，最安全的睡眠空间是你房间的摇篮或婴儿床，但是专家们并没有明确建议，什么时候将宝宝从你的床或卧室，转移到宝宝自己的婴儿床或婴儿房。那么就将这 3 个基本原则作为一个经验法则：

- 跟着你的直觉和个人情况走。
- 在宝宝 3~4 个月前转移较为容易，因为睡眠期望出现在这个年龄段。他越长大，习惯就越有可能形成，因为他会发现熟悉的安抚。这将会使他过渡到自己的睡眠空间更难，但也并非不可能。
- 很难转移一个蹒跚学步的孩子，所以在此之前要作出决定。

仍不确定? 观察什么时候应该将宝宝转移到婴儿床或他的婴儿房：

- 你家里有专供宝宝睡觉的空间。
- 无论是你或爱人睡觉时，宝宝都会捣乱，你睡得越来越少，而不是越来越多。
- 睡眠剥夺导致你白天筋疲力尽，并时刻影响着你的生活质量和你与宝宝的情感关系。父母在感情上的付出比与宝宝睡在一起更有利。重要的是，如果你有足够的休息，就能对宝宝做出回应，也能更好地培育宝宝。

● 如果宝宝很敏感，夜晚你的动作和声音会使宝宝不安，实际上你们一起睡觉时情况会更糟。敏感的婴儿在自己的房间会睡得更好。

● 你和爱人都不同意宝宝与你们一起睡（无论是在你的床上或你的房间）。与宝宝或蹒跚学步的孩子分享卧室是需要你同意的。

● 宝宝只在晚上吃一次奶。4 个月后，夜间的营养需求显著降低，因此只要他状况良好，也很健康，这是将宝宝转移到他自己的睡眠空间的好时机。

● 你打算再生一个孩子。让蹒跚学步的孩子和新生儿睡在你的床上是不安全的。在另一个宝宝即将出生前，将蹒跚学步的孩子转移到他自己的房间也是不公平的。因此，早在你考虑想要另一个宝宝之前，就将蹒跚学步的孩子转移。

进一步睡眠的秘诀

在这个年龄段，白天睡觉规律很关键，不仅能防止宝宝醒着的时候过度刺激，使宝宝更快乐和更警觉，也有助于宝宝晚上的睡眠。

在白天宝宝睡觉前的 10 分钟，带宝宝到他的睡眠空间。用襁褓包住他、抱他（或到了该喂奶的时候给宝宝喂奶），同时轻轻地左右摇动他——帮助他从几小时以前的刺激中放松下来。睡觉前让宝宝平静下来，使他在睡觉时不至于过度劳累或过度受激。一旦他平静下来，也困了，你就把他放下。

宝宝的睡眠周期是 45 分钟，但当宝宝 6 个月时，他开始把睡眠周期连起来，一次或多次小睡的时间会超过 45 分钟（见右框）。许多婴儿还不会将睡眠周期连起来，每次小睡只有 45 分钟。这是正常的，所以不必担心。

在这个阶段，宝宝晚上醒来会吃一次奶。如果他醒来的次数频繁，尽量不要对他发出的每一个微小的声音或吱吱声立即做出回应（只要他不是不高兴，不哭闹，就让他一个人待几分钟）。如果在这时候，你让他自己安抚自己，他会很快学会怎样使自己平静下来，让自己再次睡着。如果宝宝哭闹，要对他做出回应，但夜晚喂奶时尽量保持安静。到了这个年龄段，宝宝可能不再每次都弄脏尿布。如果他只是小便，不要在晚上换尿布，这将彻底唤醒他。不过，如果你使用的是布尿布，你可能需要在夜间换尿布，以防止尿布疹。晚上你可以使用一次性纸尿布，从而有效地吸走水分。

连接睡眠周期

鼓励宝宝将睡眠周期连起来，如果没到喂奶的时间，这将会延长他白天和夜间的睡眠，你可以尝试这些技巧：

- 宝宝醒来时，聆听十几分钟，看他是否使用自我安抚的方式来安抚自己，如吸吮拇指或手，或双手合十。
- 如果他没有成功，仍然躁动不安，静静地将宝宝重新包在襁褓中，鼓励他把自己的手放在嘴里，或给他奶嘴或其他让他入睡的东西，轻拍他，让他睡觉。
- 继续尝试2~3分钟，但如果是白天不起作用，那么宝宝就是已经睡足了，让他起来。观察清醒的时间，弄清楚他下次睡觉是什么时候。在夜间，如果宝宝已经睡了3个多小时，那么就给他喂奶，然后让他安静下来继续睡觉。
- 如果宝宝睡很短的时间就醒来，显得很疲劳、很急躁，你可能会发现，他下一次的清醒时间比平时稍长。按照他发出的信号行事，他想睡时让他睡。

宝宝的喂养

当宝宝6周大时，你的奶水量已经稳定。如果到目前为止，你的母乳喂养很成功，你可能会继续母乳喂养一段时间。如果要在母乳喂养和人工喂养之间做出选择，毫无疑问，在进行了很多的咨询之后，你会做出正确的选择，并会为这一决定而轻松不少。宝宝尚未准备好吃固体食物，所以在这个阶段，你的重点仍然是母乳喂养或者使用配方奶喂养。

母乳喂养

现在，你越来越精通母乳喂养了。3个月前，你对这项技能还十分陌生，现在变得容易多了。依靠一些信号，你才知道自己有奶水，如乳房下垂、胀满、柔软，这些感觉现在可能会变弱，加上在宝宝对奶水的需求猛增时，宝宝的烦躁也会出现，可能会使你产生奶水不足的感觉。

奶水充足迹象消失的原因是，你的乳房组织在按需求分泌奶水时变得非常高效。如果喂奶之前你不觉得奶水充足，不要对你能否分泌足够的奶水产生怀疑。在宝宝需要时，你的乳房就能预测和分泌奶水，你应该感到高兴。

在这个年龄段，许多婴儿在喂奶中开始拉扯乳房、环顾四周。这不是因为你不能分泌足够的奶水，或是因为宝宝已经饱了，仅仅是因为他发现世界是多么有趣。用毯子盖住宝宝和你的乳房，这能使宝宝专心吃奶，免受外界的影响。另外，给他足够的时间和空间环顾四周，然后恢复喂奶。

由于不能对乳房进行测定，你不知道宝宝吃了多少奶，需要依靠其他的迹象来告诉你宝宝已经饱了。如果宝宝在晚上焦躁不安，午夜前经常醒来，你可以尝试密集喂奶（在洗澡和睡前之间的时间频繁给他喂奶）或晚上把他放在床上的时候，用瓶装的母乳再次给他喂奶。如果他在晚上睡觉一小时内醒来，再给他喂奶看他能否安静下来。保持这种平静的互动：不要换尿布（除非真的有必要）或刺激他，5分钟内让他打嗝（见133页）。如果他需要吃奶，他会很快安静下来。如果他无法安静下来，似乎更不安，可能是他吃得太多了，感到不舒服。经过多次试验和错误后，你很快就会确定你的宝宝是否需要密集喂奶才能更安静。

喂养：在这个阶段，你能预知什么？

- 白天至少每4小时喂一次奶。最好不要让他没有吃奶，而睡觉的时间超过4小时。
- 预计在6周大时，宝宝对奶水的需求将会出现井喷式的增长，在4个月时又会出现这种情况。在此期间，要更频繁地给宝宝喂奶，然后你的奶水量将会增加，以满足宝宝的需求。
- 如果是人工喂养，宝宝吃奶频率下降，但奶量增加，每次多达200毫升，每24小时4~5次。
- 如果宝宝体重增加，鼓励宝宝吸吮他的手或奶嘴（非营养性吸吮），轻轻摇晃他，尽量将喂奶之间的间隔延长至3小时。如果他焦躁不安，将他包在棉毯襁褓中，或将他放在婴儿背带中或放在婴儿推车里。
- 在傍晚，进行母乳喂养的婴儿可能需要密集喂奶（见右）。如果你把他放下，他会感到不安，要再次给宝宝喂奶，或用瓶装的母乳给宝宝喂奶。
- 大多数婴儿在这个阶段会漏掉一次晚上的喂奶，从睡前到早晨只需要1~2次喂奶。
- 母乳和配方奶能为宝宝提供这个阶段所需的营养。不要考虑固体食物，因为宝宝的消化系统还不够完善。

奶水需求的迅速增长和奶水量

如果在白天，宝宝吃奶的间隔为3~4小时，在晚上睡觉时延长到6~7小时，他很高兴，也很满足，体重增加，每天换6次尿布，那么就没有理由担心你的奶水供应。如果宝宝变得焦躁不安或要求更频繁地喂奶，那么他对奶水的需求就出现了井喷式的增长。预计在大约6周时会出现对奶水的需求迅速增长的情况，这种情况在大约4个月时会再次出现，这时你要在24~48小时内更频繁地喂奶。对奶水需求的迅速增长是确保你奶水量的增加能够满足宝宝日益增长的营养需要的自然方式。

互补或补充喂奶

如果你想要长时间进行母乳喂养，那么就不需要在这个阶段用配方奶来补充宝宝的饮食。相反，如果他似乎更焦躁不安，需要更多的奶水，那你要更频繁地给宝宝喂母乳。如果儿科医生建议你，宝宝需要额外的热量，或者你要返回工作岗位，有两种选择：

- **补充喂奶** 在给宝宝喂完母乳后，立刻给宝宝一瓶奶水。这也常常被称为“追加”喂奶。你可以用母乳或配方奶进行追加喂奶。如果宝宝体重增加，通常在不吃奶时是很快乐、很满足的，就没有必要追加喂奶了。
- **互补喂奶** 这是为专门的人工喂养而设立的术语，相对于其他喂养方式而言，母乳喂养是规范的。如果你要返回工作岗位，或有时无法进行母乳喂养，人工喂养是很实用的选择。

配方奶喂养

如果你选择人工喂养，选择正确的奶粉配方是很重要的。接受医生的指导，铭记以下几个简单的指导原则，可以节省大量时间，让你不再焦虑：

- 如果你或宝宝的父亲患有过敏症，应选用低过敏性配方奶。如果你的家人没有过敏史，选择任意一种奶粉——基础配方奶，这是专门为6个月以下的婴儿研制的配方奶。
- 如果宝宝出生时体型较大，而且容易饥饿，那么他可能需要更完美的配方奶，如包含更多的酪蛋白——所谓的“饥饿婴儿”的配方奶。（酪蛋白是奶粉中的主要蛋白质。）
- 如果宝宝吃奶时出现反流现象（见141页），选择的配方奶应是专门“抑制反流”的，如果出现反流情况，请选择适当的配方奶。

增加奶水量

许多妈妈认为，由于宝宝不断增长的需求，她们的奶水在约4个月时会减少。增加奶水量最简单的方法是当宝宝饿了时，更频繁地喂奶。如果宝宝仍然饥饿，焦躁不安，而且这种情况持续的时间比平常奶水需求迅速增长（24~48小时）时要长，有可能是你奶水量的问题。如果你打算继续母乳喂养，需按下列步骤，花时间增加你的奶水量：

- 喝大量液体，如水、奶，或稀释果汁。
- 完全避免咖啡因和酒精——它们不仅会通过你的奶水传给宝宝，而且会让你脱水，影响你的奶水量。
- 记住要吃饭。生活一忙起来，你可能会忘记吃饭。务必要按时吃饭，常规的饮食含有蛋白质、脂肪、碳水化合物，以及大量维生素和矿物质。
- 当宝宝睡觉时，你也尽可能地睡觉。睡眠和休息有助于分泌母乳。
- 向你的医生询问适合你服用的维生素补充剂。
- 混合一些“丛林果汁”（见121页），一天到晚都要喝。
- 不要把生活安排得满满当当，不要让自己太忙，如果你消耗过多的话，你白天的奶水可能会不足。

感觉亲密 无论你选择的是哪种喂养方式，喂养婴儿都是一种感官体验的过程。如果采用人工喂养的方式喂养宝宝，你可以试着模仿母乳喂养的感官体验，为宝宝提供同样的亲密感。

● 在儿科医生的指导下，正确准备和使用配方奶。不正确地使用配方奶可能会危害宝宝的健康。
● 经常彻底清洗所有喂奶的器具。
● 不要用牛奶代替。牛奶不适合一岁以下的宝宝，因为它包含的铁以及维生素 A、C 和 D 太少，难以消化，而且它的蛋白质和钠的含量过高。
● 在换另一种配方奶之前，尝试使用该配方奶至少 48 小时，关于选择何种配方奶，注意不要听朋友或家人太多相互矛盾的意见。
● 给你人工喂养的宝宝与母乳喂养类似的感官体验（将他抱在怀里，让他能感受到你的温暖和皮肤）。
● 如果你能听到宝宝咕噜咕噜地吃奶，他很可能是吃得过快了，最终可能产生过量的气体。你可以选择较小的奶嘴，调整瓶子的角度和奶水的流量。你很快就会发现宝宝是喜欢快速吃奶，还是更喜欢抓紧时间。

人工喂养的感官体验

婴儿哺乳期间的感官体验，如当他正在吃奶时，他会感受到你的气味和你身体的温暖（见 98 页），这对于你与宝宝之间的关系至关重要。如果你选择使用奶瓶喂宝宝吃奶，使用下列技巧，尝试重现这个感官世界：

● 在人工喂养时，始终抱紧宝宝，不只是将奶瓶托在他的嘴里。他会感受到你的触摸和感官经验，如你的味道。
● 母乳喂养时，你会将宝宝从一个乳房转移到另一个乳房，在使用奶瓶喂宝宝时你也要换边——从左到右。这能确保宝宝身体两侧收到的感觉输入相等。

奶瓶喂养的内疚 家长们发现这种内疚在生活中是一直存在的，但是有一种因素使得这种内疚变得更加严重，这种因素是决定不哺乳，或停止哺乳，因为这太痛苦了，或是你担心不能够为宝宝提供足够的乳汁。如果你坚持母乳喂养很久后决定使用奶瓶喂养，要么是事先挤出的母乳，要么是配方奶，或者由于健康原因，你不能继续母乳喂养，由此你可能会情绪低落，似乎你不再拥有育儿的要件。

做妈妈重要的是在情绪上为宝宝付出——如果宝宝的出生或喂养不是很完美。除了母乳喂养外，你还可以其他方式满足宝宝的情感需求，不要对你的决定感到内疚、悲伤或愤怒。

感知的秘密

如果还没到吃饭时间，宝宝焦躁不安或是吮吸他的手的时候，不要以为宝宝是在传达他饥饿的信息。想想他是否累了，或已经受到足够的刺激了。解读他的信号，并让他有机会学习怎样让自己安静下来。

反流

如果宝宝在吃奶时躁动不安，这段时间睡得也不好，你可能要咨询医生，以排除胃食道反流（GOR），即反流。它是由宝宝的胃和食道（将食品从嘴里输送到胃里的管道）之间不发达的瓣膜引起的。瓣膜会随着年龄的增长加强，但在这之前，宝宝胃里的酸性溶液常常会返回到他的食道。他可能会感到不适，某些情况下，他会吐出很多奶水，甚至产生喷射性呕吐。反流甚至可能会干扰宝宝吃奶，这会影响他的成长和发展。

如果你怀疑宝宝有反流状况，请向医生咨询中和胃酸的药物。偶尔需要动手术，但幸运的是，这种情况比较罕见。总的来说，只要宝宝茁壮成长，体重增加，就不用担心反流。

如何发现反流 假如宝宝出现下列状况，那么就可能有反流现象：

- 抗拒平躺着睡觉，尤其是喂奶后。
- 让他直立的时候他最高兴。
- 吞咽和打嗝非常频繁。
- 喂奶时经常焦躁不安。
- 让他直立或趴着时睡得最好。
- 吐奶频繁或频繁地喷射呕吐。

如何控制 如果反流持续的话控制起来就很棘手，但随着时间的推移它会减轻，因此不必慌张。按照以下建议行事，顺利度过这一阶段：

- 以最少的感觉输入，在安静的环境中喂奶。过度刺激会导致吐奶的可能性增加。
- 喂奶后让宝宝保持直立，温柔地拍打他（避免打嗝）。
- 垫高婴儿床床垫。
- 少食多餐。
- 一旦他睡着了，播放白噪音，让他睡得更深一些。
- 尝试使用益生菌类药物帮助宝宝的肠道消化食物。让医生推荐合适的益生菌类药物。
- 如果是母乳喂养，减少你饮食中的乳制品一周时间，看看是否有帮助。尝试用坚果和种子替代乳制品。
- 如果用配方奶进行喂养，向儿科医生询问专门的防反流配方奶。医生可能会为你推荐一种让你尝试；也可能会建议如何勾兑宝宝的奶粉，以防止反流；或为你提供一种无乳糖配方奶。

垫高床垫 如果宝宝有反流现象，垫高婴儿床床垫可能会起到一些作用。垂直角度将有助于防止胃里的酸性物质反流。

了解你的宝宝

在这个阶段，宝宝的动作变得更加有条理而不是无意识的。他的背部肌肉和腹部肌肉得到加强，开始用眼睛和双手探索世界。他会经常笑，甚至发出咯咯声和尖叫声，开始学着沟通。

移动，猛打，伸手 这些是他正在发展的细动作的一部分。在6周大时，宝宝的动作可能会非常混乱，因为他的颈部肌肉和背部肌肉得到了发展和舒展，而他在子宫内蜷曲时享有的安全感降低了。由于他不再那么需要原始反射，原始反射就减少了，但是他还不能完全控制这些动作，这就是为什么他的手臂会胡乱地猛打、腿经常会乱踹的原因。

当他快4个月时，你会发现宝宝开始自愿运动，开始有目的地活动了。他很快就能控制胳膊，并瞄准对象猛打，试图触摸或伸手抓住这些对象。猛打对于手眼协调能力的发展很重要，同时，也有利于发展手臂肌肉。宝宝甚至可能会去抓那些挂在他房里的活动东西，当然，如果这些东西离他足够近的话。你要鼓励他去尝试，尽管他很少成功。

头部控制：准备滚动 两个月大的婴儿很难控制他的头部，控制头部是他粗动作技能的一部分。当他仰面躺着时，可以将头部保持在身体的中线上，这样他就可以看到上面挂着的移动的物体。当他趴着的时候，如果你能托起他的头部，让他发展背部肌肉，他也会发展全身的力量（扩展）。

宝宝3个月时，如果他趴着，他抬起头来最多呈45°角。坐在你的腿上时，他能将头部保持直立。他开始努力发展腹部肌肉力量。平衡发展背部肌肉和腹部肌肉，对于滚动是必不可少的，这将出现在4~6个月时。

微笑和沟通 宝宝现在能对你的声音做出回应，发出沙哑的咯咯声。在12周时，他开始咕咕地叫、尖叫，甚至胡言乱语。他能认出爸爸、妈妈了，能对你的关注做出回应。宝宝可以将物体和其发出的声音联系在一起，看看声音来自哪里。3个月时，喂奶前他会认出瓶子或你的位置和动作。他准备吃奶时会很急切，也很兴奋。他现在很会享受洗澡。

视觉开发

宝宝现在可以追踪离他面部15厘米、呈弧形移动的物体，并开始用眼睛追随你在房间移动的身影。在此期间，他会突然注意到自己的手。你会发现他凝视着自己的手，活动手指看看会发生什么。这是形成手眼协调能力的积极一步。他把手放到嘴里，开始探索双手。相对于身体的其他部位而言，婴儿的嘴部有更多的感受器，所以他会从吸吮自己的手的过程中得到很大的快乐，还将了解双手的形状和大小——对于以后的细动作控制很有必要。

目标里程碑

宝宝锻炼他的背部肌肉和腹部肌肉来为他翻滚作准备。从他的肚子开始探索世界使他以后能够爬行。这个阶段的关键要素包括：拥有视觉感知、能够控制眼睛、用双手探索自己的身体。预计在4个月大时会达到这些目标。

发育领域	**目标里程碑**
粗动作	平躺着，开始通过抬起膝盖和脚强化他的腹部肌肉。这对后来的爬行至关重要。 从平躺姿势翻滚成侧卧姿势。 当他趴着时，头能抬起来几分钟，会将他的重量放在前臂上。
细动作	开始用手探索他的膝盖和身体其他部位。 会将他的手放在身体的中线。 双手自如地放在嘴里。
手眼协调能力	用眼睛追踪视线内移动的对象。 把手放在自己嘴里，以便可以探索它们。
语言发展	开始学会控制喉部发出声音。
社交、情感	面带微笑，变得更加合群，能将人和乐趣、游戏时间关联在一起。 面临较高水平的刺激时，开始保持冷静。
自我调节能力	状态调节能力发展，面临较高水平的刺激时，能安抚自己，使自己保持冷静。

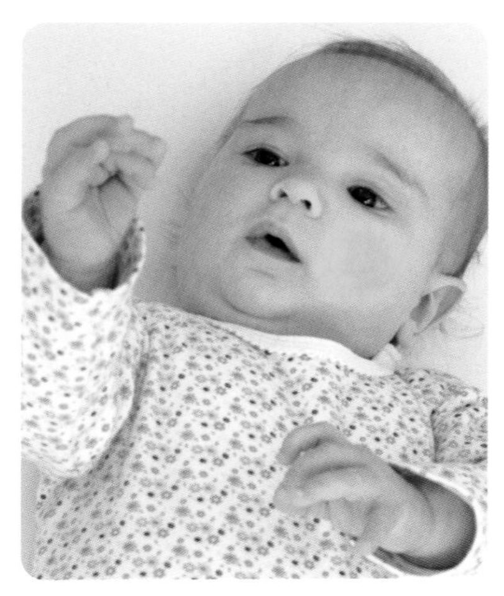

观察 在这个阶段，宝宝会注意到自己的手。你可以看到宝宝全神贯注地凝视着自己移动的手指。这是形成手眼协调能力的第一步。

“宝宝面带微笑，变得合群，甚至开始用咕咕声和尖叫声进行交流。”

感官刺激：TEAT原则

刺激宝宝对他的发展至关重要。提供丰富的刺激方式，是育儿的一大部分。当宝宝受到刺激时，仍然非常依赖你来控制刺激。你可以开始在他的日常活动中创造刺激的机会，大致如概述框所述（见下页），但应确保他不会受到过度刺激。

在这个阶段，宝宝开始能够安抚自己，你应该鼓励这一点。如果他在吸吮手，或将手放在身体中线来安抚自己，不要使用喂奶来干预他(除非当时是喂奶时间），也不要立即将奶嘴放进他的嘴里。相反，试着让他探索吸吮，使他学会独立地使自己安静下来。

你独特的宝宝

面临新奇的刺激空间时，沉稳型婴儿和交际型婴儿都会茁壮成长。但是敏感型婴儿更易受感官刺激的影响，特别是当他看到某种东西时，所以要小心，不要过分刺激他。慢热型婴儿开始可能会焦躁不安，在非常繁忙的或新感官环境中感到压抑。

时间

随着长大，宝宝将更长时间地处在平静而警觉状态。现在，当你的宝宝很容易接受刺激（平静而警觉状态）时，他每次醒来时都会安分10分钟。他每天都有一个时间段，保持长时间安分。这往往是在快中午时（白天第一次小睡后），此时和他一起玩耍，给他一个新玩具或为他按摩，或短时间外出。

环境

现在宝宝处在各种各样的环境中，从每一个新的空间和刺激中学习。

视觉 几何图案，明亮的、对比鲜明的色彩和脸仍是宝宝最喜欢看的东西。这些将强化宝宝的发展。自然中移动的物体，比如树上的树叶、蝴蝶和云，都为宝宝创造了美妙的感官体验。如果天气允许，你可以将他放在婴儿推车或婴儿背带中，带他到户外活动。

听觉 宝宝喜欢听人的声音，所以尽你所能用不同的音调、有趣的面部表情和他说话。不要忘了模仿宝宝的声音和咕咕声，当他“说话”（发出咕咕声或尖叫）时，你要停下来，因此他会认识到学习语言是双向的活动——这是讲话的开始！

触觉 采用深层按压的方式为宝宝按摩，抚摸他的背部，让他平静下来，在这个阶段宝宝真的会从按摩中受益。用胳肢和轻轻地触摸来刺激他，与他玩耍。观察宝宝的反应，比如：敏感型婴儿往往会被光和突如其来的触摸激怒。

运动觉 慢节奏的运动能使宝宝平静下来——睡前在婴儿背带中摇动宝宝，抱着宝宝踱步。快速、不规则的运动会让宝宝提高警觉，所以只应在玩耍时这样做。注意观察宝宝的反应，如果他喜欢，就采用刺激运动。

运动发展 要发展宝宝的背部肌肉和腹部肌肉，在俯卧上需要花费大量的时间。尝试着把他放在地板上柔软的毯子上。你和他处于同一水平面上，并和他一起躺在地板上，这些方式都可以鼓励他抬起头来。

或画一个大大的脸，挂在宝宝对着的靠背上。如果他感到厌倦或不安，这会分散他的注意力。

听觉 在车上的时候，播放儿童歌曲的录音或童谣。你会发现，宝宝喜欢在你怀孕期间频繁播放的音乐，它具有安抚的作用。

运动觉 将宝宝放在婴儿背带或婴儿推车里。这样他就可以和你在同一个水平面上观察世界，你可以告诉他看到了什么。他会很享受按你的节奏走路。如果你使用婴儿推车，让他脸朝外坐着，鼓励他活跃些，直观地看看世界。

有些婴儿无法容忍汽车的运动，会不愉快。如果宝宝在汽车安全座椅上哭闹，你可以尝试以下做法：

- 在车上放薰衣草精油，因为这种香味能起舒缓作用。
- 播放安静的音乐，播放你在怀孕时喜欢的，也是他熟悉的那些摇篮曲，或舒缓的音乐。
- 放置重物，例如当他坐在汽车里的时候，把很重的泰迪熊或厚重的毯子放在他腿上，这样会使他感到被包裹。

运动发展 把宝宝固定在座位上不是发展肌肉的理想位置，所以一旦你们到达目的地，首先就要把他从汽车安全座椅上抱出来。

喂养时间

由于一直是宝宝睡觉的时候喂奶，在这个阶段，宝宝在喂奶时会变得越来越警觉。如果他变得心烦意乱，要将刺激减少到最低。

视觉 将红白相间的丝带系在衣服上，以便宝宝注意它，并在吃奶时摆弄它。

听觉 如果宝宝在嘈杂、有趣的环境中吃好奶的话，你在给宝宝喂奶的同时，要把他周围的刺激物移开（例如，关掉电视），不要和宝宝说话。你也可以使用育儿袋隔离外界的影响。如果无论周围的环境怎样，都不影响宝宝继续吃奶的话，你可以和他说话或读书给他听。

运动发展 即使你用人工喂养，也要经常改变喂奶的左右位置，这样有助于宝宝发展身体两侧的听觉、视觉和身体动作。

玩具和工具

你仍然是宝宝生命中最重要的玩具。是你与他的互动，而不是任何花哨的玩具，为他提供了最幸福的时刻和最佳学习经验。

视觉 可移动物体为宝宝提供了良好的视觉刺激和手眼协调能力的锻炼。尽量使可移动物体有趣和丰富多彩，以鼓励他看，甚至开始伸出手。

尝试在衣架上增加附加物：铝箔螺旋（做出一个一次性的馅饼盘）；软的玩具朝下挂，让宝宝可以看到玩具的正面；婴儿安全镜；丰富多彩的摇铃；一串贝壳、松果或其他自然物件；充气玩具；面料柔软的球和块状物。

听觉 做一个摇铃，往空瓶或药丸容器里装一些谷子、面团或种子。但是要确保盖子盖紧，或用胶带和胶水粘好，让宝宝不能打开它们。

触觉 有纹理的玩具会引起宝宝触摸的兴趣，发展触觉。你可以购买质感柔软的动物玩具，也可以自己制作一个玩具。制作有纹理的垫子，把不同纹理的布料和纽扣缝起来，做成好看的图案。确保末端没有松动，避免绳结缠住小手指。你可以在宝宝趴着的时候使用这张垫子。

第 11 章

4~6个月的宝宝

当你的宝宝接近 4 个月大时，你应该视贺自己通过了“为人父母的第一个阶段”。从这时候起，所有的一切都会变得容易。每当宝宝看到你或听到你的声音时，她就会面露喜色，而且到了夜晚，你也不必经常起床。在这个阶段，宝宝的生活逐渐进入了一个明确的模式，喂养、睡眠和玩耍的时间都可以预见。当你越来越熟悉宝宝的信号和她的日常生活时，新的挑战也随之出现。你将面临重大的决策，比如何时可以让宝宝接触固体食物；如果你重返工作岗位以后，选择什么样的照管方式对宝宝最好。本章的内容有助于你去掉恐惧，也能让你利用知识来作出这些重大的决定。

宝宝的一天

到目前为止，宝宝的日常生活应该能够遵循一种可预知的模式了。如果你仍然在探索何时应该喂奶、何时应该让她睡觉，那么你就需要引导她朝间隔一致的吃奶时间和规律的睡眠努力（见130~131页）。让宝宝形成一种规律的日常作息，这会让你的生活少一些压力。通过观察宝宝发出的信号，你会很快知道她何时已经准备好睡觉了、何时肚子饿了。

以宝宝为中心的日常生活

- 尽量把宝宝的清醒时间限制在1~2小时以内，在这段时间里要安排洗澡、喂养和玩耍。
- 在白天，宝宝可能会睡3~5小时，并分为3~4次小睡。到了夜晚，她可能会睡10~12小时，中间会醒一次。所以在24小时为周期的时间内，你的宝宝总共会睡13~17小时。
- 在白天，你应该每隔3~4小时给宝宝喂一次奶。
- 在宝宝4个月左右的时候，她有一个速长期，这时候，在24~48小时内，你需要更频繁地喂养宝宝。

妈妈的感觉：心情的高潮和低谷

现在，你的宝宝是如此可爱，你很高兴观察她的每一步发展。假如她已经形成了一种规律的生活习惯，而且你的生活也变得可以预知，这时你一定感到自己胜任了育儿这项艰巨的任务。但是，很多时候你还是会出现情绪波动和心神不定的状况。这一阶段是过渡时期，比如你偶尔会意识到宝宝不再是新生儿，她很无助，需要依赖你。这一阶段宝宝的生活以变化为特点，也需要你作很多新的决定。比如，了解宝宝何时准备好了接受固体食物，或者母乳是否仍然能够满足她的营养需要，这些都是难题。如果在这个阶段你采用人工喂养的方式，那么你可能会经历一些复杂的情绪。所有这些事情都表明你的宝宝在一天天长大。你会发现自己一方面希望初期的挑战结束，而另一方面，当意识到不能让时间停止时，你又觉得心痛，想要控制宝宝的成长。

如果在这个时候重返工作岗位，你可能会惊讶于自己感受到的情感冲突。首先，最悲伤的是你会错过宝宝的成长，你可能不会成为第一个看到宝宝会爬或听到宝宝会说话的人。其次，你可能会出现这种短暂的感觉："谢天谢地，我终于能够做自己的事情了，也终于能从平淡的育儿生活中离开一会儿了。"这自然也会增加父母常有的内疚感。如果你有时候感觉非常沮丧，这是可以理解的，特别是当宝宝整夜都没有睡着的时候。你的宝宝又开始在夜里醒来，因为她饿了，所以你会发现自己非常疲惫，会由于长期缺乏睡眠而沮丧。你需要留意一下自己的情绪，如果你感到无法抑制的悲伤、焦虑，或者觉得只是无法继续了，那么你可以从医生或专门治疗产后抑郁症（也称围产期忧虑症，见59页）的临床医学专家那里寻求帮助。这是一种相对普遍的情况：在宝宝出生后，宝宝10个母亲中就有一二个会被诊断为产后抑郁症。

所有的一切都是值得的 在为人父母的过程中，尽管你可能十分艰难地照料着宝宝，但是当看到宝宝对你的出现高兴地回应时，你就会觉得所有的一切都是值得的。

宝宝的感觉：作息时间

在过去的4个月，你可能渴望生活多一些可预见性。如果建议你早一些开始规律的日常作息，你可能发现很难让宝宝习惯于设定的一天。但是到了4~6个月大时，你的宝宝已经准备好进入规律的日常生活了。

形成规律的睡眠习惯

如果按照以下3个步骤进行，那么就很容易形成规律的睡眠习惯。

❶ **观察时间** 注意观察宝宝从上一次小睡后醒来的时间，然后1~2小时以后，准备再次让她睡觉。

❷ **注意信号** 当宝宝的清醒时间（见51页）结束后，观察她的疲倦信号，并指给你的爱人或其他看护人看，以便他们也能认出宝宝的疲倦信号。常见的困倦信号包括：拽耳朵、打哈欠、打嗝，以及吮吸她的拳头、大拇指和手或朝她的脸部拉扯手边的毯子等（见52~53页）。

❸ **让她躺下** 把宝宝带到她的睡眠空间，通过轻轻地抱她、摇晃她，或哼摇篮曲的方式，帮助她进入昏昏欲睡的状态，然后把她放到床上。

形成固定的喂养习惯

因为你遵循了宝宝的需要后，她的喂养已经变得相当灵活。现在是时候通过更有规律的喂养间隔，来形成固定的喂养习惯了。在这个阶段结束以前，你可以让宝宝食用一些固体食物。你可以通过以下方法来形成母乳喂养习惯或配方奶喂养习惯。

❶ **观察时间** 在4个月大时，宝宝的喂养包括白天4~5次的奶水喂养，其中第一次是在早上6:00或7:00。3小时以后（大约9:00或10:00），假如她看起来又饿了，就准备再次给她喂奶，一整天都是如此。

❷ **注意信号** 为了让这一过程更简单，你可以观察宝宝的信号，看看她准备什么时候吃奶。这些信号包括：吮吸她的双手、寻找乳房或奶瓶，或者变得烦躁不安。

❸ **喂养宝宝** 前一次奶水喂养之后，再过3~4小时提供下一次喂养。

当宝宝将近6个月大的时候，你可以考虑用固体食物喂养。当你开始这样做时，你的喂养习惯就要进行调整。在宝宝4个月大时，白天需要4~5次的奶水喂养。到了6个月大时，你可以减少到4次奶水喂养，不时补充一些固体食物。你可以在规律的时间为宝宝提供奶水和固体食物，这样她就能够在可预知的时间吃奶。详细参考161页的建议：一旦引入固体食物喂养以后，如何形成固定的喂养习惯。

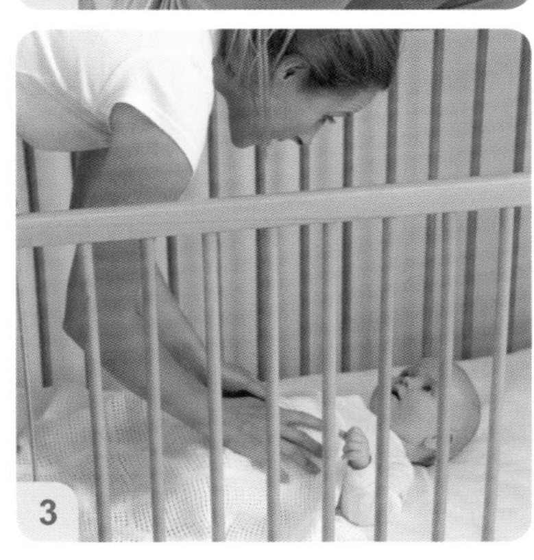

形成规律的睡眠习惯

❶ 注意宝宝睡眠时间的同时，也要观察她的疲倦信号，比如打哈欠。

❷ 如果她在睡觉前需要你帮她安静下来，那么你要抱起你的宝宝。

❸ 当宝宝昏昏欲睡时，你可以把她安顿在婴儿床上，这样她就能学会自己入睡。

鼓励的最佳时机

尽管大多数婴儿的警醒、疲倦和过度受激的信号都差不多（见38~41页），但现实情况是，每一个婴儿都是不同的。到目前为止，你的宝宝已经建立了一套自己的信号系统，来表明宝宝如何与她的感官世界进行互动，而你应该学会读懂这些信号。当你的宝宝处于平静而警觉状态时，即休息好了，并且也不太饿的时候，你应该刺激宝宝。

平静而警觉状态：刺激的时间 当宝宝到了4个月大时，两次小睡之间的间隔会拉长，处于平静而警觉状态的时间也就越多。在这种状态下，她真的很享受互动。她会呈现专心的表情和最小限度的动作，也特别专注于某种刺激活动。在这种状态下，宝宝能最好地回应她的世界，也能从面对的人群和环境中学到更多的东西。当宝宝和你进行目光交流、召唤你，并开始伸手拿玩具时，你可以给她新的刺激活动（见164~167页），鼓励她的大脑发育并建立神经节之间的连接（脑细胞之间的连接），从而让她开始学习。

少就是多：扫兴的时间 当你知道刺激输入对宝宝的大脑产生积极作用时，你可能很想用尽可能多的方式刺激她，以便增强她的智力或发育。但你要记住，当宝宝已经接收了足够的刺激输入时，更多的刺激或互动反而达不到预期的目标。你应该观察宝宝受激过度的信号，比如她可能会非常激动、精力充沛地踢腿或移动身体，或是转移目光、精力旺盛地吮吸她的手指。这些警告信号就是在告诉你，她已经处于活跃而警觉的状态了。这种状态并不是学习的最好状态，因为宝宝从忙碌的肌肉运动过程中接收了太多的输入，也耗尽了精力试图让自己保持冷静。当你观察到这些信号时，要改变她的感官环境，帮助宝宝通过吮吸自己的手或奶嘴进行自我安慰（见46页）。如果你忽视了这些信号，她就会继续吸收感官信息，最终会导致哭泣。

哭泣：舒缓和睡眠的时间 尽管现在肠绞痛患病周期已经过去了，但在宝宝受激过度或疲倦的情况下，她仍然可能长时间地哭泣。哭泣是一个非常清楚的信号，表明她已经接收了足够的刺激。在这种状态下，宝宝会感到苦恼和疲倦。你需要运用感官知觉安抚方法（见45页）来帮助她平静下来。哭泣常常表明宝宝要求小睡一会儿，如果你正在观察宝宝的清醒时间（见51页），并开始确立一种规律的日常生活，你就会知道何时该让她躺下睡觉。

从平静状态到哭泣状态

❶ 当宝宝处于平静而警觉状态时，会显出开放的表情，很平静，对特别的东西很感兴趣。这是刺激他的最好时间。

❷ 当他疲倦或饥饿时，或者仅仅因为接收了过多的刺激时，他就会变得难以对付。这种状态属于活跃而警觉的状态。

❸ 如果宝宝通过吮吸、拥抱或睡眠的方式无法平静下来，他就会哭泣。

帮助宝宝睡眠

宝宝到了4个月大时，你也许会期望她夜晚只睡醒一次。但是到了4~6个月大，当你觉得自己的这种想法正确时，你的宝宝又开始缩短已延长的夜间睡眠时间，需要在午夜喂一次奶才能安定下来，这时你可能会很纳闷。即使你预知这种情况，但还是感觉又退步了。其实在这个时候，宝宝睡眠中断是很常见的。

良好睡眠习惯的感官秘密

注意观察宝宝疲倦的信号，确保她的睡眠环境是昏暗而舒缓的。这有助于建立宝宝白天规律的睡眠习惯，也能保证她夜晚良好的睡眠习惯。

白天睡眠的秘密 白天的睡眠很重要，这与宝宝夜晚睡眠的好坏有密切联系。一个过度疲倦的婴儿，到了晚上会更频繁地醒来。如果你的宝宝白天不睡觉，可能是因为你没有留意她的清醒时间（见51页）。如果你允许宝宝的清醒时间延长，超过两小时，那么她会恢复精力，自然就无法入睡。你会发现过度疲倦的宝宝无法安静下来，你不得不想尽各种方法让她躺下睡觉，比如开车到街区周围转一圈，或是摇着她睡觉。但是对于4~7个月大的宝宝来说，这是一个老旧的圈套，会导致不好的睡眠习惯。

夜晚安定的秘密 在这个年龄段，每晚规律的洗澡和睡眠时间变得很关键。它是良好睡眠的基础，假如从现在开始定时洗澡和睡眠，就会变成对宝宝睡眠时间的暗示，因为它充当了一个信号，大脑从平静而警觉状态（醒着的）进入到非常重要的困倦状态，然后静下心来睡觉。这种规律的睡眠时间非常神奇，从宝宝两个月大直到她进入学步年龄，可以持续不变。

假如你们在外出行，宝宝脱离了她的舒适地带，这时，如果规律的睡眠时间没有改变，她就很容易安定下来进入睡眠。规律的睡眠习惯有利于睡眠，关键因素有：舒缓的沐浴、昏暗的房间、相同的睡眠空间（不论是白天的小睡还是夜晚的睡眠，每次睡觉都应该在同一地点和同一时间）和有抚慰效果的互动。

睡眠：在这个阶段，你能预知什么？

- 现在，你的宝宝在白天里会有更多清醒的时间，但是过了1.5~2小时的清醒时间以后，你应该准备让她上床睡觉了。假如你延长宝宝的清醒时间，她会疲倦过头而进入睡眠，这时坏习惯也可能随之增多。在这个阶段，白天规律的睡眠习惯是必不可少的。
- 白天的小睡可能会维持在45分钟（一个睡眠周期的长短），宝宝也可能会延长某一段睡眠。
- 在睡眠时间，你可以不再将宝宝包裹在襁褓里，晚上睡觉时，可以将她放在睡袋里。
- 如果你给宝宝机会，让她寻找自我平静的方法，比如吮吸双手或把两只手抱在一起，那么在她夜晚醒来但又不饿的情况下，她应该能够学会安抚自己重新进入睡眠。
- 在4个月左右时，那些能够自我安慰的宝宝们通常可以睡一整夜（10小时）。第一次的夜间喂养（凌晨1:00~2:00）不会再出现。如果你在18:00~19:00让宝宝躺下睡觉，她会一直睡到次日早上4:00~6:00，然后需要一次喂养。
- 在4~6个月大时，宝宝有时会在夜晚更频繁地醒来，这表明她饿了，需要更多的营养才能让她度过整个夜晚。

“白天的睡眠很重要，这与宝宝夜晚睡眠的好坏有密切联系。”

感知的秘密
每晚大致在同一时间、同一空间把宝宝放在她的婴儿床上，放进一个柔软的睡袋里，这会帮助你建立宝宝规律的日常作息。

规律的睡眠时间习惯

预先确定适合宝宝年龄的睡眠时间，睡眠时间通常在18:00~19:00之间，这取决于宝宝下午的小睡和你一天所做的工作。

在睡觉前一小时给宝宝洗个澡。婴儿出生初期，应该使用专为婴儿设计、无香味的沐浴产品，因为这段时间新生儿可能会对一些气味很敏感。让一切保持相对平稳和安静。即使爸爸在宝宝洗澡时间回家，他的互动也必须是抚慰的，而不是兴奋的（说起来容易做起来难！）。当你给宝宝洗完澡以后，把她用一条温暖的软毛巾包裹起来。有兜帽的毛巾是很舒适的。洗完澡后直接把宝宝抱到她的睡眠空间（已经用昏暗的灯光营造好了一个平静的感官环境）。直到第二天早上，都不要把她抱离这个睡眠空间。播放柔和而舒缓的摇篮曲或白噪声，或是唱歌给宝宝听。如果她喜欢按摩，并且觉得它有镇定效果，那么你可以用舒缓的、无香味的精油给她按摩，比如橄榄油、鳄梨油或葡萄子油。当她大于5个月时，可以使用香味型有机按摩产品。给她换上柔软的衣服，使用质量好的夜间尿布和睡袋。关上灯或调暗光线。在昏暗的房间里，让她在你的臂弯里吃夜晚最后一次奶。等她吃完以后，让她打嗝的时间不超过5分钟。如果宝宝还没有进入困倦状态，你可以站着摇晃她，或是唱摇篮曲给她听，让她变得昏昏欲睡。当她昏昏欲睡但

误解宝宝的信号

你对宝宝信号的回应，会影响她自我平静、进入睡眠的能力。你很容易误解或漏掉宝宝想睡的信号。如果这样的话，她就会变得过度疲倦，这时你就发现她更难入睡了。

宝宝的状态	信号	你的回应
疲倦的宝宝达到清醒时间的终点	困倦信号：揉眼睛、吮吸双手、转移目光	忽视或漏掉困倦信号
婴儿开始恢复精力，很警觉	受激过度的信号：踢腿、尖叫、气喘	无法安抚过度疲倦的宝宝入睡
醒来很长一段时间，变得易怒	烦躁信号：恼怒、揉眼睛、发出呜咽声	摇晃或喂养宝宝，使她进入睡眠

宝宝期望每晚受到同样的对待

还没睡着时，把她放到婴儿床上。从现在起，每晚重复这样的程序。

尽量让宝宝规律的睡眠时间习惯保持一致，它会变成一个非常重要的睡眠暗示，也能真正使她放松，从而进入睡眠状态。当你白天很忙，或宝宝的睡眠空间变化时，比如你们在度假或搬到新家，相同的睡眠时间习惯尤其重要。

感官舒缓工具

使用这个图表里的工具（感官区域）和感官知觉安抚方法（见45页），安抚你的宝宝，使她进入困倦状态。但是要确保在她入睡前停止这些活动，不然它们就会形成习惯。

感官	将其纳入睡眠时间习惯
触觉	• 温暖的沐浴 • 柔软而温暖的毛巾 • 柔软而温暖的衣服 • 洗完澡后舒缓的按摩
运动	• 轻轻摇晃臂弯里的宝宝 • 用婴儿推车推着她 • 用婴儿背带带着她一起散步
吮吸	• 奶嘴 • 拇指 • 乳房或奶瓶喂养
视觉	• 朗读或者讲述一个催眠故事 • 黑暗、昏暗的房间 • 为学步儿童准备夜灯
嗅觉	• 薰衣草 • 洋甘菊 • 香草 • 睡眠物体上她熟悉的气味
听觉	• 白噪声 • 摇篮曲 • 轻柔的经典音乐
身体姿势	• 用双手手臂抱住宝宝 • 把宝宝放在婴儿床上相同的位置

睡眠习惯

为了防止宝宝养成不好的睡眠习惯，你可以遵循一种规律的白天睡眠习惯。

- 观察她的清醒时间（见51页），然后在1.5~2小时之后，可以让她睡觉。
- 读懂她的疲倦信号。
- 在睡眠时间前10分钟，把宝宝带到她自己的房间。
- 安抚她，使她进入困倦状态。
- 让她独立入睡。
- 让她自己醒来。

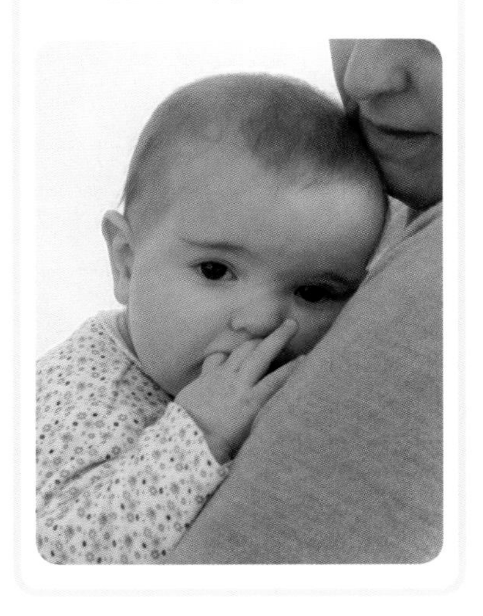

解决睡眠问题

你的宝宝可能从出生时起，睡眠就很好。她能高兴地入睡，夜晚醒来也会重新安静下来。然而有些宝宝到了4~6个月大时，会形成中断的睡眠模式。之前睡眠状况很好的宝宝可能早上很早就醒了，或者宝宝从来都睡不好，现在的情况不是变好，而是突然变得更糟了。对4~6个月大的宝宝来说，睡眠中断的主要原因有4点。本节的建议能让你更容易掌控宝宝的睡眠：

改变营养需要 接近这个年龄段，奶水会满足宝宝的营养需要。在夜晚，她应该能开心地睡上10小时，然后需要吃一次奶。然而过了4个月大以后，许多宝宝开始更频繁地醒来，这是因为奶水不再能够满足他们整晚的需要。这时你可能想给宝宝喂固体食物，但这与何时喂固体食物的建议是相互矛盾的。值得注意的是，在这个年龄段引入固体食物并不是一把催眠的神奇魔杖，这取决于你的宝宝是否准备好了接受固体食物（见160页）。宝宝开始吃固体食物以后，假如宝宝距离上次喂养超过了4小时醒来，你可以给她进行再次喂养。你应该在昏暗的房间里安静地喂养，不要给她换尿布，除非是尿布脏了，然后重新哄她入睡。在这次喂养以后，如果她没有重新安静下来，你可以把她抱在怀里坐着，直到她昏昏欲睡，可能还需要轻轻地摇晃她，然后再把她放到床上，把你的手放到她的肚子上，运用温柔的压力抚摸她。

健康问题 如果宝宝的睡眠状况一向很好，突然在夜里频繁地醒来，你可能想知道她是否正处于出牙期或是生病了。

- **出牙期** 大多数宝宝在6个月以后开始出牙，很少早于6个月（见171页）。然而，如果你的宝宝白天很不安定、排出的大便有辛辣气味、经常醒来，而且看起来很不舒服，那么她可能到了出牙期。假如她具有出牙的迹象，包括牙龈上出现一丁点白色的牙齿，那么你可以使用出牙粉（一种纯天然磨制的粉末，涂在宝宝的牙龈上，让她感觉舒适一些），或是通过儿科医生的建议让她减轻疼痛。
- **耳朵感染** 在这个阶段，如果你的宝宝已经开始日托，或是与年龄大点儿的哥哥和姐姐一起玩耍，她可能会被传染感冒和感染其他病菌。如果感冒康复后她还是不能安定下来，你可以让医生检查一下她的耳朵是否干净。堵塞的耳道会压迫耳鼓膜，并且可能导致宝宝夜晚醒来。如果医生检查她的耳朵后发现问题，他会给你开对症的处方。

睡眠期望

在宝宝4~6个月的时候，她开始产生记忆，以及对自己被放在何处睡觉的期望。假如宝宝在半夜醒来，那么她入睡的地方就是她期望重新进入睡眠的地方。如果起初宝宝是在你的臂弯、床上或房间里入睡，那么半夜醒来后，她会期待在同样的境地再次入睡。所以为了宝宝能再次入睡，你要确保能够满足她的需要。

白天睡眠不足 对这个年龄段的宝宝来说，白天一次的睡眠不超过45分钟是很普遍的。这是因为他们没有把睡眠周期和浅层睡眠（见30页）过程中的清醒周期联系起来。随着宝宝慢慢长大，她自然会连接睡眠周期，白天的睡眠时间也会更长一些。你要帮助她学习连接睡眠周期：

❶ 当宝宝醒来45分钟后，如果你听到她的呜咽声，你可以就那样听几分钟，不要走进房间，除非她真的大哭起来。

❷ 走进去，保持房间昏暗，重新用襁褓包裹宝宝，给她拿一件睡眠安抚物体（毯子或安抚奶嘴），然后轻拍她5分钟。

❸ 如果用这种方式还无法使她重新安静下来，那么你应该放弃让她小睡，把她抱起来，但一定要密切观察她在清醒时间（见51页）内准备好下一次小睡的信号，然后等到她困倦时，把她放到床上。

睡眠习惯 如果你的宝宝醒来以后需要通过喂养、摇晃或轻拍的方式入睡，那么她就已经形成了一个不好的睡眠习惯，现在她需要学会不依赖你的帮助入睡。而后，当她醒来的时候，她就能自己回到睡眠状态。睡眠安抚工具，比如拇指、奶嘴、睡毯或柔软的玩具，能够帮助她回到睡眠状态。

每当宝宝不安或准备睡觉时，你都可以给她拿一条睡毯或一件柔软的玩具。在接下来的几周里，每当宝宝醒来开始哭闹的时候，无论因为疼痛还是疲倦，或者只是希望你抱抱她，你都可以拿起那件睡眠安抚物体，把它放在你的肩膀上，然后让宝宝舒服地靠着你的肩膀。很快她就能把这件物体和舒适、快乐的感觉联系在一起。在午夜时分，你可以将这件舒适的物体放在她一直使用的位置。

睡毯的安全性

由于存在窒息的危险，所以婴儿不适合睡在羽绒被里。玩具或毯子这类睡眠安抚物体对健康的睡眠习惯是很重要的。但是要确保宝宝使用的玩具和睡毯很小，这样即使它在宝宝的脸附近，也不会引起窒息的风险。

问与答 我的宝宝饿了吗?

我的5个月大的宝宝一向睡得很好，从8周大时就能持续睡一整晚了。但是最近，她早上醒来得越来越早，而且很难再次进入睡眠状态。她昨天凌晨1:00就醒了，之后每小时就醒来一次。我一直给她婴儿奶嘴，我已经筋疲力尽了。她什么时候才能再像从前那样，睡着以后不被惊醒呢?

你的宝宝一向睡得很好，所以她在夜晚醒来的情况反应了一个真正需要解决的问题。在4~6个月的年龄段，宝宝的营养需求改变了，她开始醒来是因为她饿了。当宝宝醒来时，你给她一个婴儿奶嘴是不能解决问题的，这就是她继续每隔几小时醒来的原因。当宝宝夜晚醒来时，你应该给她喂奶。一旦宝宝吃饱以后，她就会入睡，而且有可能睡得更久，因为你满足了她的营养需要。现在是到了引入固体食物的时候了，因为你的宝宝向你发出明确的信号：她喝的奶水不能像以前一样满足她的营养需要了。

宝宝的喂养

你的小宝宝正在成长。直到现在，她所有的营养需求都是通过奶水来满足 —— 要么是母乳，要么是配方奶。在4~6个月大时，她可能需要额外的营养，而你也将面临作出是否或何时引入固体食物的选择。在这段时间，你可能已经回到了工作岗位，所以如果你想继续母乳喂养，挤奶是一个不错的主意。它能确保你的奶水量不会减少，意味着别人也能用你挤出的母乳来喂养宝宝。

喂养：在这个阶段，你能预知什么？

- 如果你完全采用母乳喂养的方式来喂养宝宝，你的母乳量也会增加，以满足宝宝日益增长的营养需要。在这个阶段，你的母乳量变得稳定。
- 预计每24小时要喂4~6次奶。在白天，你的目标是每隔3.5~4小时喂一次宝宝。
- 预计在4个月时，宝宝会有一个速长期，你可以通过更加频繁的喂养方式来回应这段24~48小时速长期。你的母乳量仍然会按需增加。
- 在现阶段，采用人工喂养的方式喂养次数不那么频繁，但是每次吃奶的量会变大，每次120~240毫升，每天4~5次。
- 在这个阶段，从某种程度上说，你的宝宝会感到更加饥饿，两次吃奶的时间间隔变短，夜晚醒来的次数更频繁。为了满足她食欲的增长，你在进行母乳喂养时，时间要长一点，考虑引入补充食物，人工喂养时要增加每一瓶的配方奶量，或是引入固体食物。

挤母乳

如果你用母乳喂养宝宝的方法很成功，而且想偶尔使用奶瓶，那么开始挤奶就是一个好主意。你可能希望爱人代替你在夜晚喂一次奶，或者在你重新回到工作岗位的时候，用挤出来的母乳补充母乳喂养。挤母乳并不总是那么容易，刚开始你可能会发现挤出的奶水非常少。但是随着时间的推移，你的乳房会适应吸奶器的抽吸，奶水很容易便被吸出来。

指南

- 当你在家的时候，可以尝试喂完奶之后再挤奶，这时可以释放更有营养的母乳。
- 如果你在工作，可以尝试在宝宝应该吃奶的时间挤奶。这能确保你继续产生充足的奶水。
- 如果这个计划很难实施，可以尝试在工作日内至少挤一次奶。午饭时间通常是最好的，你可以把脚抬起来，吃一点东西，读一本杂志。

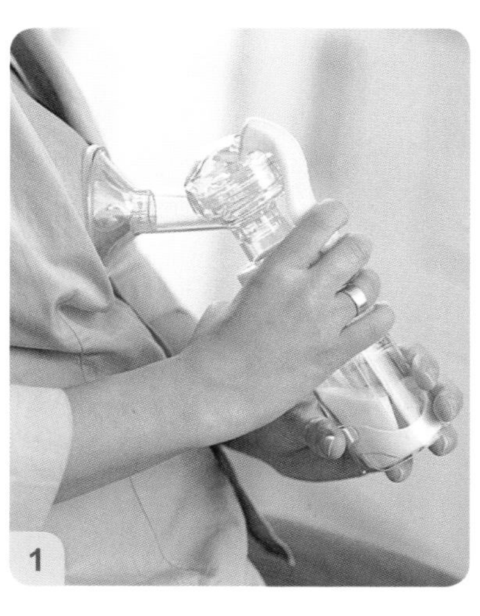

挤母乳

❶ 用手：你可以用一个手动吸奶器（如图）或电动吸奶器挤奶。把喇叭口对准你的乳头和乳晕，然后反复按压手柄以吸出奶水。

❷ 当你外出时，别人也能用你挤出的奶水喂养宝宝，或者你也可以用它作为母乳喂养时的补充。

● 让刚挤出来的奶水冷却一会儿，然后再放到冰箱里冷藏起来（如果办公室有冰箱的话），或是将它放到隔热的袋子里。
● 如果你工作的地方没有冷藏设备，或者你正在路上，可以考虑买一个质量好的冷却盒。一些高端的吸奶器都有这些配件，比如有专门的冷却袋来储藏挤出的奶水。
● 母乳能在冰箱里存放 24 小时，冰冻的时间可长达 3 个月。将挤出的奶水冰冻在清洗消毒过的装有冰块的盘子或小塑料容器里，专门的塑料袋也可以。
● 将塑料容器放在热水里，便可融化冰冻的奶水。不要使用微波解冻或加热的方式，因为这样做有可能破坏母乳中的一些营养成分。
● 对吸奶器、容器进行彻底消毒。
● 丢弃存放在冰箱内 24 小时后未使用的奶水。

感知的秘密

假如宝宝的体重一直在持续增加，也没有生病，那么从上次的喂养时间以后，不要在3小时内进行下一次喂养。如果她看起来很烦躁，你可以鼓励她通过吮吸手或摇晃她的方式，帮助她安抚自己。你也可以试着用汤匙、瓶子或杯子喂一些凉开水给她喝，因为她可能会感到口渴。

喂养指南

至于需要给宝宝提供多少挤出的奶水（EBM）或配方奶，通常的经验法则如下：每天，每千克婴儿体重所需奶水量 150 毫升，乘以婴儿体重，得出的数字就是婴儿一天所需的奶水量。将这个数字除以每天喂奶的次数，就是每次喂奶所需的奶水量。

例如：宝宝的体重 =5 千克，150 毫升 × 5 千克 =750 毫升，等于每 24 小时需要 750 毫升，750 毫升 ÷ 6 次（每 4 小时喂一次奶）=125 毫升，等于每次喂奶需要 125 毫升。

这只是一个参考数值，有些婴儿可能需要更多，而另一些婴儿喜欢少一点儿。这需要看你的宝宝的情况：如果她吃完一瓶奶水后，看起来仍然很饿，你可以再多加一点儿。最开始每次先加 25 毫升，然后看看她会怎样。如果她已经吃饱了，就会拒绝再吃；如果她仍然饥饿，就会表现得很急切地吃奶！

改变营养需要

当你的宝宝到了 4~6 个月大时，她的营养需求将会改变。以前母乳或配方奶能满足她所有的热量需求，但是现在，她需要更多的营养，特别是铁。什么时候引入固体食物，取决于宝宝的年龄和准备就绪的信号。很多专家认为，在头 6 个月的时候，最好只采用母乳喂养方式。最近（从 2009 年起）又有研究表明，从婴儿 4 个月大以后的任何时间开始，都适合引入固体食物。对于这个矛盾的建议，你可以从婴儿的个体角度来考虑。如果你认为宝宝在 6 个月大以前已经准备好了，你应该和儿科医生谈谈，尤其是当你的宝宝是早产儿的情况下。一定要记住，不要仓促引入固体食物，要等到宝宝准备好以后。

什么时候引入固体食物?

- 当宝宝到了4~6个月大的时候。
- 在白天的奶水喂养过程中，她不再能够忍受每3.5~4小时喂养一次。
- 她在夜晚醒来的次数更频繁。
- 她能够支撑自己的身体坐在椅子上，也能很好地抬起头。
- 她对食物非常感兴趣，想伸手抓一把。

重要的注解 固体食物不能代替每天3次的奶水喂养，这是这个阶段最重要的事情。

引入固体食物

在引入固体食物以前，最重要的是要绝对确保宝宝已经准备好了。参考左边的方框，看看她准备就绪的信号，然后和儿科医生商量一下。观察宝宝的信号，在她处于平静而警觉的状态时，而且在她不太饿的情况下给她喂奶。一般来说，应该在奶水喂养两小时后，给宝宝提供固体食物（下一次奶水喂养之前的两小时左右）。不要因为需要喂固体食物而叫醒宝宝，你可以延缓喂养固体食物的时间，或是完全停止。你可以遵循以下这些步骤：

第一步 从单颗粒谷物开始（比如大米或玉米）。如果宝宝未满5个月，这种额外的食物正是她所需要的。

- 取一茶匙谷物，与挤出来的母乳、配方奶或凉开水混合，搅和得稀一些，使它变成3匙。
- 在宝宝的午餐时间，从11:00~13:00之间，喂少量给她吃。用一只小塑料汤匙或你干净的手指尖喂她。
- 逐渐增加每一天的喂养量，并根据她的需求调整混合物的稠度。
- 如果宝宝超过了5个月大，将第一步持续进行两周，然后进入第二步。

第二步 只有当宝宝超过了5个月大，并在过去的两周里很享受第一个步骤，而且没有拖延清晨奶水喂养的时间，做到4小时后进行下一次奶水喂养，这个时候才能开始进行第二个步骤。

- 在清晨奶水喂养两小时以后，为宝宝提供“早餐”（大约在8:00）。喂给她与午餐所吃数量同等的谷物。
- 在接下来的几天里，继续在早餐和午餐时喂她同等数量的谷物，然后再转到第三步。

第三步 从现在起，用蔬菜代替午餐时的谷物，并在每次吃饭的时候给她喂一些水果。

- 选择一些里面是黄色、淡绿色的蔬菜（胡萝卜、西葫芦、地瓜）。蒸熟或者煮熟，然后用搅拌机或叉子反面将它们捣成糊状。
- 选择新鲜的、生的水果。比如香蕉、梨、苹果(先蒸一蒸）、鳄梨、芒果或甜瓜，用搅拌机打成糊状。然后，试着一口一口地喂给宝宝。喂宝宝水果的时间是在早餐喂谷物之后，以及午餐喂蔬菜之后。
- 宝宝想吃多少就给她喂多少，通常是几茶匙。继续早餐喂谷物、水果，午餐喂蔬菜、水果的方法，直到她有信号表明需要第三餐，然后再进入第四步。

● 如果宝宝的年龄大于5个月，你可以将第三步持续一周时间，然后进入第四步。

第四步 在宝宝洗澡之前引进晚餐，其食物组成部分与午餐相同。

● 在晚餐时，提供与午餐同等数量的水果和蔬菜。尽管她现在开始一日三餐，但是还不能改变她的奶水喂养，你必须每4小时喂她一次母乳或配方奶。

● 继续一日三餐，再加上奶水喂养。将这个过程继续两周时间，然后进入第五步。

第五步 当宝宝到了6个月大时可以开始这一步，或者将第四步进行两周以后，开始这一步。

● 在每顿饭里增添一大匙酸奶，混合到谷物中，或搅拌到水果中，或在喂完蔬菜以后单独喂给她吃。

● 继续这种以水果和蔬菜为基础的饮食习惯，直到宝宝超过6个月大。但是不要给宝宝喂养其他食物，比如猪肉、鸡肉、奶酪、鸡蛋或鱼。

喂养确立时的每日计划

一旦宝宝开始每天吃三餐——记住：从最初引进固体食物的两周开始，持续进行3个月时间，这时她的喂养规律也许看起来就像这样：

时间	建议食谱
6:00	母乳、配方奶
7:00~8:00	早餐：谷物、水果、酸奶
10:00	母乳、配方奶（如果她在这次喂养中越吃越少，那就减少早餐量）
12:00	午餐：蔬菜、水果、酸奶
14:00	母乳、配方奶（如果她在这次喂养中越吃越少，那就减少午餐量）
16:00	晚餐：蔬菜、水果
18:00	母乳、配方奶
18:30	睡眠时间——她应该持续8~10小时无须任何奶水喂养

开始吃固体食物 当你引进固体食物时，应该从一满匙谷物开始，将它与母乳、配方奶或凉开水混合。

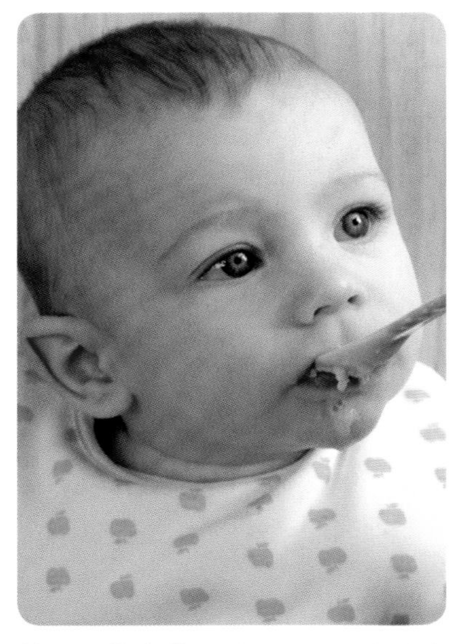

第一口的味道 当宝宝处于平静状态而且不太饿的时候，让宝宝第一次尝试一下大米混合物的味道。你可以尝试事先喂她一半的奶水，确保她不是太饿也不是太饱，这样才能避免她接受太多的食物。

宝宝发展中的技能

❶ 外观和感觉：宝宝能够伸手拿东西和抓东西。到了6个月大时，能把玩具拿在手里翻面。

❷ 来回翻身：翻身是这个阶段的一个重要里程碑。最开始，你的宝宝能从趴着的姿势翻转到平躺姿势。

了解你的宝宝

在宝宝4~6个月大时，她能够很好地控制自己的头，对于伸手抓东西变得很在行，并开始学习坐立。在这个阶段的最后时期，她可能会实现翻身这个重要的里程碑。她也会发现自己的嘴巴很有趣，从某种意义上说，当你扶起她时，她开始将身体的重量施加于双腿。

手和嘴 当宝宝所有的原始反射都消失以后，她可以开始控制一些肢体动作，甚至能够伸手拿东西。当宝宝仰卧时，她已经能让自己的头保持在身体中线的位置。现在，她开始用双手控制物品。在这个阶段，虽然抓东西的动作很笨拙，但是她可以抓到各种各样的东西往嘴里送！千万别将这种现象误以为是饥饿或是长牙齿的初期信号。由于婴儿嘴巴里的触觉感受器比身体其他任何地方都协调，因此她能够通过嘴巴来了解自己的世界，通过牙龈和嘴唇去探索物品，了解它们的形状和材质。

翻身 当宝宝趴着的时候，她会抬高肘部，也可能会用手掌将自己向上推，并伸直双臂。她会通过这种姿势伸手够东西，然后放下支撑臂，这就导致她偶尔翻过身去，呈仰卧的姿势。当宝宝仰卧的时候，她很喜欢抓自己的脚趾，以至于失去平衡，身体翻到侧面。宝宝偶然翻身标志着一个重大里程碑的开始，翻身是6个月大的婴儿显著的标志。当宝宝6个月大时，她应该会一种翻身方式（通常从俯卧变成仰卧），也可能两种方式都会。宝宝把玩自己的脚，这对于其他方面的发育也很重要，比如可以发展腹部肌肉。同样，当宝宝趴着玩耍时，她会抬起头，从而发展了背部肌肉。腹部肌肉和背部肌肉的发育对于翻滚和爬行很重要，而翻滚和爬行正是宝宝在第一年里的两个极其重要的里程碑。

坐立和探索 到了6个月时，宝宝将学会坐立，这让你的生活变得更容易了。起初她需要扶持，因为她的身体常常会随着双手向前倾。但是到了这个阶段结束的时候，她几乎无须任何支撑物，就可以短暂地坐立一阵子。大约在同时，她开始有意识地伸出手，这时她的双手会变成非常有用的工具。她能够摆弄玩具，能把它们握在手里翻面。她会用整只手握住物品（握成拳头），然后叩击它们。她也可能会用拇指和食指掐或戳东西。但是在这个阶段，她还不能自己松手。

嘴巴很有趣 在这几周里，宝宝会发现自己的嘴巴。现在她会意识到，嘴巴不仅能探索玩具，同时也是一个玩伴。她会玩口水、吹泡泡，也会同声音玩耍。她发现自己能模仿你的一些声音，然后发出一些元音。这是咿呀学语的开始。即使是耳聋的婴儿，也能发出咿呀声。这告诉我们，人类的大脑会为早期的说话编程。你的宝宝真的很爱笑，还会尖叫，当你胳肢她或是左右摇晃她时，她会高兴地咯咯笑。

目标里程碑

你的宝宝开始控制她的世界。因为能影响周围的环境，所以她非常兴奋。在这个阶段，宝宝主要的目标是学会翻身，但她也会开始依靠支撑力量坐立。翻身能帮她平衡腹部肌肉，对于发育的各个领域也是至关重要的。同时，宝宝应该能够有意识地用双手控制物品。她会自行发展抓东西的能力，最后也能自行松手。现在宝宝进入了一个更加警觉、寻找感官的阶段。她喜欢通过咿呀学语参与到你们中间，而且喜欢互动、喜欢影响别人。在宝宝6个月时，你可以期望实现这些目标里程碑。

发育领域	目标里程碑
粗动作	从俯卧姿势翻身成仰卧姿势。当她俯卧时，会伸直手臂将自己向上推；能依靠支撑力量笔直地坐立，以这个姿势伸出手。
细动作	伸出一只手或双手拿玩具；玩自己的脚。
手眼协调能力	当她的视线追踪到玩具时会抬起头；用嘴巴探索玩具的特性。
语言发展	开始用咿呀声与人对话，并模拟声音；咿呀学语，包括“咔”和“嗒”这种声音。
社交、情绪	表现出更喜欢自己熟悉的人，在陌生人面前变得害羞。
自我调节能力	半夜醒来感觉舒适的话，她会安抚自己平静下来重新进入睡眠；哭泣之前会发出警告信号。

准备好了走路 3个月大时，宝宝的双腿不能承受重量。现在，她喜欢你扶着她站在你的膝下。当她将近6个月大时，也会喜欢用这种姿势跳动。这是宝宝锻炼肌肉的方式，需要将自己的身体拉直以便站立。你的宝宝会很喜欢运动类游戏。刺激她的这种感觉是很重要的，因为前庭系统对肌张力和运动协调能力的发展很重要（一些好的运动类游戏见下页）。

社交意识 现在，宝宝外表看上去非常警觉，她对新事物很感兴趣。在喂养时，她会很容易突然分心，因此母乳喂养和人工喂养应该在安静的卧室里进行，至少周围没有她感兴趣的人或对话。

当去往公共场合的时候，你可以尝试用保护罩将她遮盖住。你的宝宝现在能认出熟悉的人或事物。她熟悉并享受规律的日常生活。她的视力范围也在增加，她会花更多的时间去观察和玩弄某个物品。

自我调节 宝宝正在成长，当面对大量的刺激输入，她也在发展冷静面对的能力。她现在也有能力调节自己的睡眠和清醒状态，如果你允许的话，她也能够独立入睡。

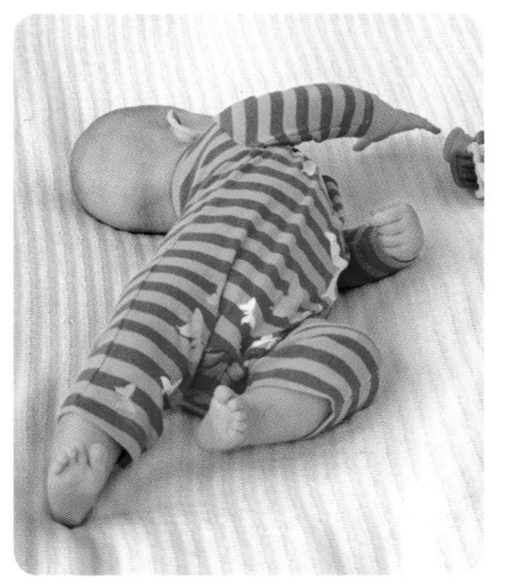

鼓励宝宝表现新技能 把玩具放在她够不着的地方，这样你就能鼓励好奇的宝宝表现新技能，比如当她平躺着的时候，她会越过自己的肩膀去拿感兴趣的玩具。

感官刺激：TEAT原则

你的宝宝就像海绵一样，吸收了各式各样的刺激，你呈现给她的这些新景象和新声音会促进她的大脑发育。她的眼部肌肉目前较为发达，能把注意力集中在感兴趣的东西上。你应该给宝宝提供机会，让她的视线追踪运动的物品，这样就能鼓励她发展眼球运动。她也会对自己的听力技巧进行微调，听着声音，然后给它们附加意义。当宝宝接近6个月时，她喜欢被人摇晃、翻滚、摆动，通常会动来动去。所有这些运动对她的肌肉发展都是至关重要的，也能增加她的空间意识感。很多运动对于今后的技巧发展也是相当重要的，比如爬行。

时间

宝宝现在有更多的清醒时间，处于平静而警觉状态的时间也更长（见31页）。上午，你可以试一试这几页提到的各种活动，让她在游戏垫上玩耍或是玩玩具。到了下午，她会有更多的时间处于清醒状态，这时你可以带她出去走走，或是花时间做一些与运动相关的活动，比如摇晃她、旋转她、左右摇摆她。人们发现，傍晚的运动能改善婴儿夜晚的睡眠长度和质量。

环境

到4个月的时候，宝宝忽然能处理更多的刺激输入。如果她一直有肠绞痛的情况，那么现在会减轻一些，她会发现自己能更轻松地保持平静。

视觉 你可以开始向宝宝介绍一些视觉上有趣的地方和物体，但是要记得观察她受激过度的信号。你可以把宝宝放置在一个能看到运动物体或颜色鲜艳的图片的地方，最好在每个房间放置一件这样的物品。记住，她的睡眠环境要保持视觉上的平静。你还不能让她看电视，因为这对她的发展没什么好处。

听觉 你可以用父母语——一种音调略高、歌唱语调的声音，尽可能详细地告诉宝宝，你现在正在做什么或者在看什么。一遍遍地重复宝宝的名字，这样她就能意识到你在叫她。她会开始识别并且喜欢别人叫她的名字。你还可以和宝宝分享笑话和笑声。虽然她还听不懂笑话，但是她在惊讶的时候会笑起来。

触觉 让宝宝继续用嘴巴探索物体，因为这是一个非常重要的学习过程。放置一个储存篮——在每个房间放置一个小篮子或其他容器，里面装着各种不同材质和声音的物品。你可以试着在篮子里放一些日常用品，比如木制匙状物、有质感的布艺、大小不同的积木、小玩具。但是要确保所有东西都是安全无毒的，因为宝宝会把它们放到嘴里。

运动发展 你可以让宝宝在一条柔软的毯子上或羊皮垫上玩一会儿，特别是趴上几分钟（俯卧时间）。这样做能鼓励宝宝的动作发展，帮助她实现一些目标里程碑，比如坐立和翻滚，宝宝在这些姿势中得到运动。当你带宝宝外出时，一旦到达目的地，要尽快把宝宝从汽车安全座椅或婴儿推车上抱下来，这样才能伸展和锻炼她的肌肉。如果你想把宝宝放在地上，但又担心尘土的话，你可以随身携带一张垫子。

活动

睡眠时间

在白天，宝宝现在能够处理更多的刺激输入。但是在睡觉前，她仍然需要帮助才能镇定下来，进入一种放松的、困倦的状态。

视觉 在睡眠时间要保持宝宝的房间昏暗和安静，在睡前要避免刺激（不管是白天还是夜晚）。不要在婴儿床上放置移动物体或明亮、有趣的东西。

听觉 当宝宝快要睡着的时候，你可以唱一些轻柔的摇篮曲，播放一些柔和、舒缓的音乐。白噪声能让宝宝安静下来进入睡眠，比如风扇、加湿器发出的声音，或是录制的白噪声。

触觉 选择柔软的寝具和没有缝合线的睡衣裤。睡衣裤上粗糙的缝合线会让宝宝在睡眠周期里惊醒。你可能不想用毯子裹着宝宝睡觉，柔软的睡袋会让宝宝感到既舒缓又温暖。

运动觉 在睡眠时间到来以前，继续使用缓慢而有节奏的动作让宝宝平静，比如轻轻地摇晃她。当她昏昏欲睡但是还没有完全睡着的时候，把她放到床上。

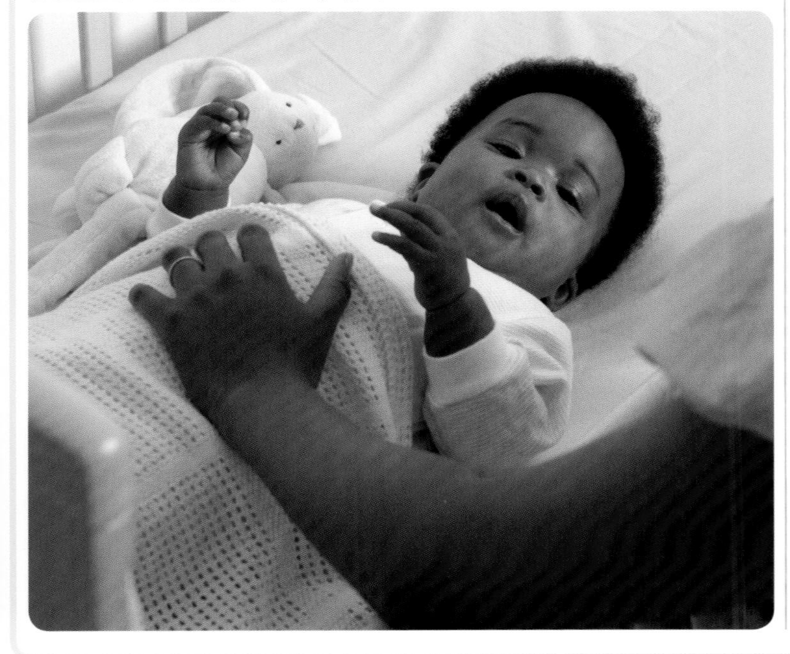

在活动垫上

当你给宝宝换尿布时，她很喜欢仰面躺着观察和触摸物体。

视觉 在活动垫上放一个移动物体（见125页），方便你为宝宝换尿布。当宝宝将近5个月大时，你可以先让她把手放在身体的中线上，然后用橡皮圈把她感兴趣的物体系在移动物体上，鼓励她伸手去拿。这样她就会伸出手去抓，然后把物体拉向她自己。

听觉 当你给宝宝换尿布的时候，你可以向她描述你正在做什么。例如："我正在给你穿衬衫，现在穿裤子……"

运动发展 为了鼓励宝宝翻身，在你给她穿衣服的时候，可以做一些运动。轻轻弯曲她的腿，把她的身体翻转到一侧，把尿布垫在她下面，然后再把她翻转回来。当你更换完尿布以后，握住她的手臂，轻轻地把她拉到坐立姿势，这样可以锻炼她的颈部控制力和腹部力量。

洗澡时间

睡眠时间的习惯从洗澡时间开始，所以在洗澡时，不要让宝宝过于兴奋。相反，应该和她安静地玩耍，在洗完澡后平静下来。

听觉 对宝宝说话，告诉她一天的活动。利用这段不能没有人照顾的时间，与她一起聊天互动。

触觉 当宝宝赤身裸体或是仅仅围着尿布的时候，你可以用不同材质的物体抚摸她身体的各个部位，如刷子、各种织品、橡胶手套、海绵皂。选择有触感的洗澡玩具，例如不同的海绵皂、丝瓜瓤和塑料玩具。宠物玩具的质地常常很有趣，比如：一条塑料鱼，采用柔软的橡胶做成鱼骨。当你给宝宝洗完澡后，抚摸她一遍，然后给她按摩（见105~107页）。

运动觉 洗澡水形成的触觉和温暖，为引入运动创造了一个理想的封闭环境。你可以在浴缸里来回摇动宝宝。

嗅觉 使用带有舒缓香味的婴儿沐浴用品，如薰衣草香型。

清醒时间

随着宝宝慢慢长大，她处于平静而警觉状态的时间会更长一些，这时你可以多刺激她一些。确保你在观察宝宝的信号，并跟随着她的引导，当她感到紧张或受激过度的时候，你应该放慢节奏。

视觉 玩一些游戏，鼓励宝宝的视线追踪，比如在她的视线范围内摆动球、让球在她面前滚来滚去、把手电筒的光照在墙壁上、吹泡泡。你也可以把房子或花园周围有趣的物体，或是移动的汽车和动物指给她看。你还可以和宝宝玩躲猫猫：暂时遮住玩具或她的脸，然后掀开。使用各种质地的布料。

听觉 摇铃、摇拨浪鼓或者你的声音，让这些声源出现在不同的地方，帮助她调整自己的听力技能。用带有些许惊喜的声音，背诵韵律诗或唱歌。当宝宝探索新声音时，你可以模仿宝宝的咿呀声。当她发出“嗒”或“咔”这些声音时，你可以模仿她，以此鼓励她再说一遍。

触觉 让宝宝在不同的表面上玩耍和翻滚，比如在草地上、羊皮垫上或者磨毛布上。继续给宝宝按摩。在下一个发展阶段，她将不再喜欢仰面平躺着，所以要利用这几周进行按摩。

运动觉 你可以用各种各样的姿势抱着宝宝——面向你或者背对你，或抱在你怀里。左右摇晃她、在房间里和她跳舞、把她举在空中坐飞机（起初要慢一点）。让宝宝站立或坐在你的腿上玩大量的弹跳游戏，然后把这

些动作和有情节的韵律诗结合在一起（比如《这就是女士骑马的方式》）。在一个大练习球上轻轻摇晃她，或是让她滚进毯子，再慢慢地滚出来。在傍晚时，让宝宝做至少5~10分钟的运动，比如拉着她在箱子里转、把她放在吊床上摇晃，或者和她一起荡秋千。

运动发展 一旦宝宝可以依赖支撑物坐立，你就可以把玩具放在她够不着的地方，鼓励她伸手去拿。你可以用几个枕头支撑她，帮助她练习坐立。当她的平衡能力有一些提高以后，再去掉一两个枕头。经常让你的宝宝在地板上玩耍，可以促进她的肌肉发育；偶尔让她趴着，可以增强她的背部肌肉和颈部肌肉，为爬行做准备。在她面前放一个移动物体、拨浪鼓、婴儿镜或球。如果开始她不喜欢趴着，你可以把卷起来的毛巾垫在她的胸部底下。玩另一种版本的飞机：你仰卧着，膝盖朝胸部收拢，然后让宝宝面朝下，把她放在你的小腿上，双手握住她的胳膊，让她在你面前来来回回地移动。你也可以坐在地板上，让她以爬行的姿势躺在你的腿上，然后将她来回摆动。你还可以和宝宝玩给和拿的游戏，培养她抓住和放下物体的能力。

出行时间

做了4个月的母亲以后，你可能觉得憋闷。当你知道宝宝现在已经准备好与外面世界的更多互动时，你会很高兴。在这个阶段，对于新鲜而又刺激的体验，尽管疲倦的宝宝或敏感型宝宝的容忍度有限，但她们还是喜欢出门旅行、喜欢参观新的地方。

视觉 当宝宝醒来以后，让她观察一下周围的环境和运动的物体，以此促进眼部肌肉的发育。如果出门在外，到了睡眠时间，就在她的婴儿推车上盖一条毯子；如果你用婴儿背带抱着她，就让她的脸转向你。把外面的世界拒之门外，这样她才能入睡。

听觉 当你驾车出游时，可以播放一些儿童歌曲或舒缓的古典音乐。

触觉 在车里时，将一些有触感的玩具系在挂衣钩上，或悬挂在车窗上方的安全把手上，当宝宝坐在汽车安全座椅上时，就可以玩这些玩具。

运动觉 当你们出门时，只要可能就使用婴儿背带。让宝宝在同一高度与你互动，这对她的语言发展很有好处。另外，你的身体运动也会为宝宝带来刺激输入，这对她的运动系统很有好处，能帮助她建立平衡感。

运动发展 当你背着或抱着宝宝时，要尽量让她的身体低一点儿，为她提供较少的支持力，这样，她的腹部肌肉和颈部肌肉就会努力使自己的身体保持竖直状态。不要长时间把宝宝留在汽车安全座椅上，因为这种姿势很被动，不能促进她的腹部肌肉和背部肌肉运动。

喂养时间

宝宝在吃奶时会比不吃奶时更容易分心。你应该限制让她分心的感官输入，这样喂养才不会花太多时间。在这个阶段，她将探索新的食物结构，因为固体食物将成为她饮食的一部分。

视觉 如果是视觉输入分散了宝宝的注意力，那就在非常枯燥、无刺激的环境中喂养一会儿。你吃得很开心，把这个表情给她看，这样能鼓励她对吃东西感兴趣，因为在这个阶段结束的时候，你会引入一些固体食物。

触觉 最开始的时候，固体食物在宝宝嘴里会有噎住的感觉，所以开始的时候要喂她一些平滑的谷物。当扩展到其他食物时，可以让她尝试吃一些蔬菜和水果泥，这样她就不会总对奶瓶里的口感滑爽的食物习以为常了。

运动发展 一旦宝宝开始吃固体食物了，你就可以给她各种各样便于手拿的食物，比如胡萝卜和苹果片，培养她抓小物品的能力。她可能不会吃，但是她会喜欢咬这些食物。你必须仔细观察她，以防她被噎住或咬下一小块引起窒息。

玩具和工具

研究表明，玩各种各样功能和不同质地的玩具有助于婴儿的发展。然而这并不意味着你应该马上冲出去花一大笔钱买玩具，而是意味着你应该给宝宝提供各式各样的感官体验，特别是触觉方面的。

视觉 鼓励宝宝看一些内容简单、图片颜色鲜艳的书籍。讲述膳食和沐浴的书很实用，因为宝宝看到这样的内容时，可能想用口说出来。有脸部照片的书籍和杂志也会使她着迷。当她面对镜子中自己的脸时，她会微笑，这能促进她的自我意识。在对话中使用玩偶能发展她的视觉和语言技能。婴儿游戏垫上悬挂的玩具能鼓励她集中注意力，并伸手去抓。

听觉 读书给宝宝听、唱歌给宝宝听，这些行为都有助于宝宝的语言发展。你也可以拿一个拨浪鼓让她握着摇。

触觉 使用不同材质的游戏垫，比如羊皮垫。给宝宝制作一条“感官蛇”，在长袜子里装满东西，让它听起来和感觉起来与众不同，比如一个嘎吱作响的塑料袋子、意大利面条形状的物体、棉花球等。最后将袜子缝合起来，确保她不能拿到里面的东西，因为它们可能会让宝宝窒息。然后将不同材质的布料缝在袜子外面。

运动觉 给宝宝一个大球，让她玩耍、翻滚。在院子里或屋子里放一个秋千。做一张莱卡面料的吊床，因为它能让宝宝感觉舒缓，还能进行摇摆运动。把宝宝放在一个敞开的大盒子里，两边放几个座垫，拉着盒子走。

运动发展 让宝宝趴在有触感的地板垫上。给她提供一些不同形状、不同大小、不同重量、不同材质的物体，以便发展她抓东西的能力。抓那些大而软的东西跟抓豌豆的感觉是非常不一样的。

第 12 章 

6~9个月的宝宝

到现在为止，你们为人父母已经有半年时间了，有宝宝之前的那些无忧无虑的日子，似乎已经是很久以前的事情了！而宝宝目前的这个生活阶段是最有意义的阶段之一。没有人能比你们更了解宝宝。你们了解他的每一次哭泣、每一种面部表情和每一个熟悉的特质。作为报答，宝宝喜欢你们胜过喜欢其他任何人，而且在这几个月里，他会出现分离焦虑，以此抗议你们离开房间的每分每秒。这种状况可能令你们感到非常沮丧。另外，试着把这个阶段当成最后的轻松时光——暴风雨来临之前的平静。因为当你的宝宝接近或者超过9个月的时候，他会变得非常好动，为“忙碌”这个词语增添新的意义！

以宝宝为中心的日常生活

- 在白天相邻的两次小睡之间，你可以尝试把宝宝的清醒时间限制在2~2.5小时以内。
- 宝宝白天仍然需要2~3次小睡，到了晚上，他可能需要将近12小时的睡眠。在一天24小时内，总共加起来需要14~16小时的睡眠。
- 宝宝每天需要3~4次的奶水喂养和3次固体食物喂养。但是到了晚上，你无须再给他喂奶了。

宝宝的一天

你的宝宝应该处于一种稳定的日常生活中，随着年龄的增大稍微有所变化，但是从总体来说，每一天都大致相同。你应该确保宝宝每天的小睡时间和夜晚的睡眠时间都是一致的，都处于相同的睡眠环境中，这样才能帮助他保持稳定的日常生活。

妈妈的感觉：是否已经完全失去自我了？

宝宝6个月的时候，可能对父母来说是最有收获的时候。你第一次感受到和宝宝是互惠关系，因为你正在从辛勤的劳动中得到回报。许多母亲觉得自己好像找到了一个最好的新朋友，和这个小家伙一起做事、一起外出。你会因为宝宝的发展和正在形成的个性感到无比欣慰。将来你生活中最好的一些朋友会是你现在结交的朋友，比如与你的宝宝年纪相仿的孩子的母亲。你似乎有说不完的话，与他人的交谈几乎全部围绕着宝宝的话题进行，比如宝宝的睡眠，比如会有什么东西从宝宝的鼻子、嘴巴或臀部出来。然而，当你安静下来的时候，或者当你某天没有和其他成年人交流的时候，你会考虑自己的存在价值。在这一阶段，你个人面对的挑战通常有可能包括：

- **孤独感** 作为一位母亲，你会感到孤单，特别是如果你住得离大家庭太远，你要一个人照顾宝宝的日常生活，这会让你失去拜访朋友的机会。
- **不属于我的日子** 以前下班后偶尔逛商店或者随意喝酒的日子已经一去不复返了。现在在你醒着和睡着的每一时刻，都不得不考虑这个幼小的生命，这可能会束缚你。
- **不是我所计划的** 正当你以为自己的生活有了一些规律性的时候，你的宝宝就会出现些情况：要么睡眠时间过长，要么轻度发热。这时你每周有好几次都不得不打乱自己的计划。
- **肩负重任** 育儿的一个可怕现实是“家务大战”，即关于夫妻双方谁肩负着更重的责任。你也知道在神志清醒的时候为此争论不休是多么可笑的事情，但有时候还是觉得有必要比较一下谁肩负着更重的责任：你还是你的爱人。
- **工作还是家庭** 请放心，无论选择什么，你都会觉得很有意义。做全职母亲的话，时间上是能够得到满足的，因为你会成为宝宝世界里的中心。做努力工作的母亲的话，可以实现你事业上的成就，但是要面临平衡家庭与工作之间关系的挑战。

感知的秘密

花点时间与其他母亲以及她们的宝宝在一起，可以是咖啡早茶会，也可以是母婴小组，在你需要陪伴和支持的时候，她们都可以帮助你。

宝宝的感觉：哭泣的理由

到了这个阶段，宝宝会变得相当平静，而先前的状况也会减轻一些，比如由于肠绞痛或受激过度造成的哭闹。然而随着宝宝的年龄增长，新的挑战又出现了，他会因为很多不同的问题而苦恼。

宝宝的牙齿

拥有一个处于这个年龄段的孩子会有很多乐趣，因为在这个阶段，宝宝的日常生活变得有规律，而且看他吃固体食物时的样子也会觉得很有趣。当他的日常生活被打乱，变得与往日不同时，他就会吃得很少，而且睡眠也时常中断，这时你首先想到的可能是他正在长牙，但是长牙并不是造成所有问题的原因，因此了解长牙的信号是很有用的（见右边的方框），这样你就不会把引起每一个问题的原因都归结为长牙。一旦你明白了长牙的性质，你就能很容易处理由长牙引发的各种状况。

很多人都以为，当一颗牙齿真正刺穿牙龈，出现在宝宝的嘴巴里时，这才出现宝宝长牙的情况。事实上，当宝宝出生时，他的乳牙就已经形成了，只是根部隐藏在牙龈里。平均来说，大多数婴儿大约在7个月时开始长第一颗牙。然而也有一些婴儿在6个月以前就开始出牙，还有一些婴儿到一岁半才开始出牙。这是遗传因素的作用，通常太早或太晚出牙，遵循的都是遗传模式。你可以问问宝宝的奶奶和姥姥，看看你和爱人是什么时候出第一颗牙的，很可能你的宝宝也会在同一时间出第一颗牙。当宝宝开始吮吸自己的手、咀嚼一切可以看到的东西时，不要以为他是在长牙齿。在这个阶段里，正常的里程碑包括啃手、吹泡泡。在6个月大以前，做鬼脸和流口水都不太可能是在长牙。还有一些其他原因致使宝宝把手放进嘴里：

- **从9周大开始** 宝宝可能只是在安抚自己。我们知道，在这段时间宝宝的原始反射消失了，他第一次能够把手放在嘴里，通过吮吸它们，能得到一些自我安慰的乐趣。
- **从3个月大开始** 宝宝可能只是在了解自己的身体。在这个阶段，他会把一切东西都往嘴里放，他会过度吸手，制造大量的口水和泡泡。这是一个特别重要的阶段，在这个阶段，宝宝正在了解新物体的大小、形状和材质。当你看到某样新东西时，你可以用眼睛和手去探究物体的特性，但是宝宝的眼睛和手还不能很好地了解物体的特性，他更多的是通过把物体放进嘴里去探究，而不是通过观察。
- **从6个月大开始** 现在宝宝可能开始长牙了。每个婴儿对出牙的反

宝宝长第一颗牙的信号

如果宝宝在啃咬物体，并且伴有以下这些症状，那么在假定他出牙以前，你要询问医生，以排除其他的疾病。

- 过度流口水，导致嘴巴周围出现红色的皮疹。
- 在吃饭时，常常拒绝汤匙喂进嘴里。
- 频繁排泄稀便，而且有特别辛辣的气味。
- 尿布疹。
- 低热，但并未生病。
- 流鼻涕。
- 拽耳朵。

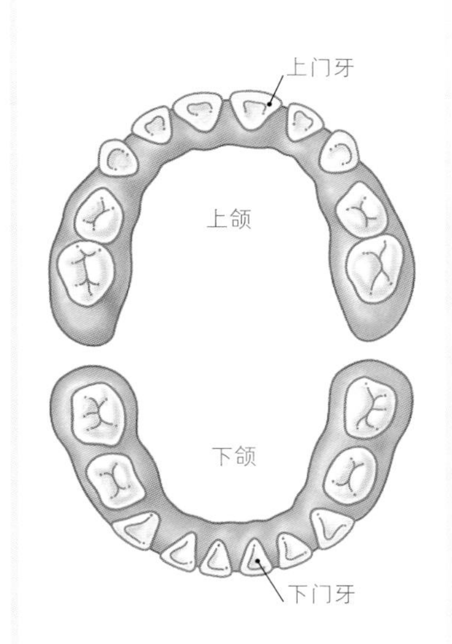

第一颗牙 宝宝最初长出的乳牙，一般是下颌中间长两颗，随后是上颌中间长两颗。

传统的出牙期应对方法

这里有很多有效的出牙期应对方法，如果药物或磨牙圈不管用的话，你可以考虑采取以下方法：

- 顺势疗法：一种替代医学形式，能够减轻婴儿的不适感，此疗法十分有效。在你采用任何出牙期的应对方法之前，应该找顺势疗法治疗师为宝宝诊断一下。
- 丁香精油是一种众所周知的、天然的局部麻醉剂。把一滴丁香油和两大匙有机向日葵油混合在一起，然后把这种混合物涂抹在宝宝的牙龈上。给宝宝涂抹以前，你可以先涂抹在自己的牙龈上试一下，确保它不是太烈性。如果你感觉太刺激，可以往混合物里多添加一些向日葵油。
- 冰冷的食物可以帮助减轻牙龈的疼痛。你可以尝试将一个面包圈切成片状，把它们放到三明治袋里，然后放到冰箱储藏起来。当宝宝不舒服的时候，就拿一片出来让他咬。冰冷的感觉能使牙龈麻木，当宝宝咀嚼时，面包圈的边缘能够按摩他的牙龈。你也可以尝试用一些蔬菜，比如胡萝卜和黄瓜。把它们切成块，事先放在冰箱里。
- 制作一个天然的磨牙圈：用水打湿毛巾的一角，然后冰冻起来。一旦毛巾冻结，就把它拿给宝宝，他喜欢咬毛巾的触觉，冰冻的毛巾能减轻牙龈的疼痛。

应各不相同。你和宝宝可能会幸运而且顺利地通过出牙阶段，或者也有可能经历一些非常不平静的日日夜夜。一般来说，敏感型婴儿对出牙的反应是很不高兴的，他们更容易受到不适感的影响，更容易因改变而不安。相反，沉稳型婴儿几乎没有注意到任何改变，直到有一天当他对你咧嘴笑时，你才会注意他长了一颗牙齿。

设法安度出牙期 在白天，最重要的是确定宝宝是否处在出牙期。出牙会导致宝宝每天夜晚醒来，也会导致他在白天烦躁。除了上页提到的出牙信号以外，你也可以寻找一些其他的迹象，看看宝宝的牙龈下面是否有牙齿的形状（牙龈里有一个坚硬的白色隆起物）。如果你断定他即将长牙，可以尝试采用下面的建议：

- 如果宝宝烦躁易怒，可以采用医生推荐的出牙期药物治疗：出牙期散剂、凝胶剂或醋氨酚。他可能出现头痛的症状（虽然宝宝无法告诉你，但一般头痛时他会变得烦躁，可能会抓自己的头或是按头），也可能出现口腔溃疡的症状（看起来红肿发炎），特别是在吃东西的时候。在给宝宝使用药物治疗以前，同样要请教一下儿科医生。

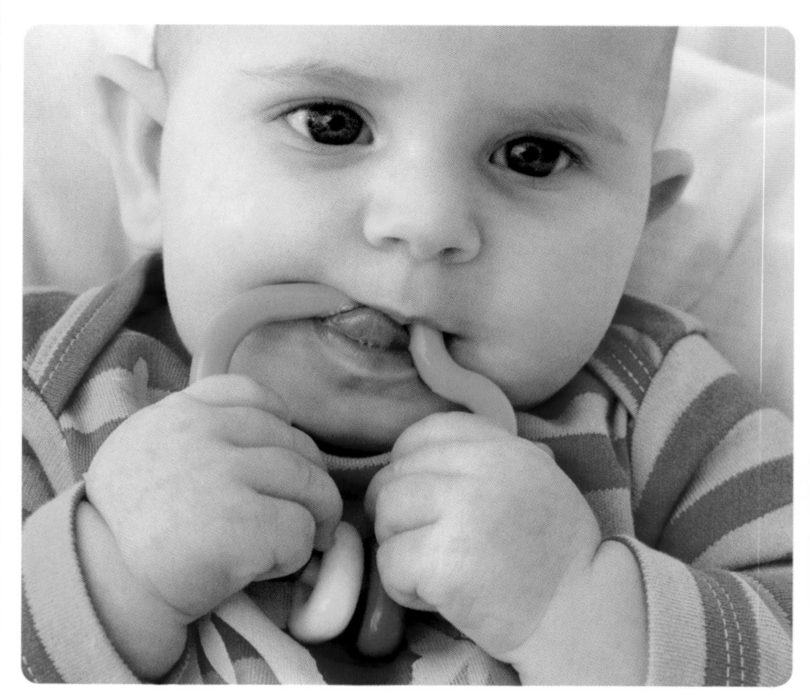

缓解 啃咬磨牙圈有助于安抚正在出牙的宝宝。市面上可以买到很多颜色鲜艳的磨牙圈，你的宝宝一定喜欢玩，而且通过吮吸和啃咬的方式，能使疼痛的口腔舒适一些。

● 把宝宝的奶嘴和磨牙器放在冰箱里储藏一段时间，因为冰冷的感觉有助于舒缓牙龈发炎的症状。

● 比起磨牙圈，宝宝可能更喜欢咬你的手指（别担心，你的手指能够忍受，而且这不会伤害你）。如果手边没有磨牙圈的话，你的手指会更方便。你可以尝试用干净的手指按压宝宝发炎的牙龈，以此缓解疼痛。

分离焦虑

当宝宝到了七八个月大的时候，他会出现分离焦虑。当你离开他时，哪怕只是片刻，他也会出现程度不一的分离焦虑，可能是轻微的沮丧，也可能是强烈的痛苦。这种现象是完全正常的，也是所有婴儿第一年的共同特征。所有的宝宝都会经历某种程度的分离焦虑，但是对于慢热型婴儿和敏感型婴儿来说，情况明显严重一些。当宝宝与你分开时，他之所以变得焦虑、变得黏人，其原因是他还没有完全形成“物体恒存性”的概念，即当他看不见某样东西或某个人的时候，但它（他）仍然存在着。在这个阶段，宝宝担心你会消失，担心你不再回到他的身边，担心他再也看不到你。他可能想一直待在你的怀里，如果你试图离开，即便只是去另一个房间，他也会无法抑止地哭起来。他还会对陌生人产生痛苦的反应，甚至会扩展到家庭成员。如果宝宝很不安，除非你一直抱着他，他才安定下来，这是非常令人沮丧的，你感觉自己好像被困住了。等到宝宝八九个月时，分离焦虑的情况会更加恶化，这是很常见的。只有当宝宝接近一岁，完全建立“物体恒存性”的概念时，分离焦虑的困扰才能真正消除。

不要离开我！ 当宝宝在6~9个月大的时候，他或许产生了分离焦虑，因为他不知道你离开以后还会再回来。

应付分离焦虑的最佳方法是，花专门的时间与宝宝在一起，抱着他、跟他说话、拥抱他。当你不得不放下他去做别的事情时，要继续和他说话。通过一些话语，描述出他的情绪和感受，“我知道你想要妈妈，我就在这儿呢，但是我必须得……，然后我就会来接你。”与此同时，给宝宝拿一个玩具，把他需要你的这种注意力分散几分钟，然后鼓励他玩玩具，这时你就可以继续做自己的事情了。每当你离开宝宝的时候，要经常跟他说再见，不要偷偷溜出房间。一旦你离开他去另一个房间时，要继续在另一个房间和他说话，这样他就能听到你的声音，知道即使看不见你，你依然存在着。当你回来的时候，要非常高兴地和他打招呼，然后拥抱他。为了加快宝宝建立“物体恒存性”的概念，你可以同宝宝玩捉迷藏或者躲猫猫的游戏，让他领会到“有些东西即使看不见了，但是仍然存在着”这样的概念。

帮助宝宝睡眠

经过了对宝宝6个月的养育以后，你可能觉得自己应该能拥有一夜完整的睡眠了。但是当宝宝夜晚仍然会醒来时，你会感觉幻想破灭了。在这个阶段发生的睡眠问题归因于分离焦虑、出牙和营养变化。这些暂时的现象，都可能使宝宝半夜醒来成为一种习惯。

养成良好睡眠习惯的感官秘密

宝宝的感官世界对他的睡眠起着关键性的作用。

运动刺激 我们知道，充满运动的一天是活跃的一天，它能帮助我们睡个好觉。对宝宝来说也不例外，要想夜晚能够安然入睡，白天就需要适当地运动。为了确保你的宝宝接收了足够的刺激，你可以引入一些强度大一点的运动，比如把他放在吊床上摇晃，或是把他放在婴儿秋千上摇摆。你可以在每天下午将这类活动安排两次，每次不少于5分钟。如果宝宝能很好地接受这项运动，你也可以把时间延长一点儿。

能够传递感觉的睡眠空间 宝宝睡觉的环境应该能提高睡眠质量，你要确保他不会受激过度：

- 保持他的睡眠空间一致（每次把他放在相同的地方睡觉），这样环境的感官品质就会引发睡眠。
- 使用带有遮光布内衬的窗帘或百叶窗，营造一个黑暗的环境，这样他才不会因为白天的光线而醒来，特别是如果他每天起得很早的话。
- 拿走婴儿床上所有的玩具，只留下有安抚作用的物体。
- 如果你的房间靠近宝宝的房间，那么夜晚可以关掉婴儿监控器，防止你对他半夜醒来做出过度的回应，这样做也给了宝宝自我安慰的时间。
- 确保在这个标准的睡眠空间里，宝宝有一个较长时间的午睡。

感官超载 在宝宝睡觉前要避免他的感官超载，因为感官超载会引发荷尔蒙释放，从而导致他一直处于清醒状态。保持柔和的感官输入，让宝宝更有可能不必接受外界帮助而镇定下来。观察宝宝感官超载的信号，比如变得急躁，或是揉眼睛和揉耳朵（见40页）。把他的清醒时间（见51页）控制在2~2.5小时，避免过度疲劳。在婴儿聚会或外出时，尽量安排好他的睡眠。

使用睡眠安抚物体 所有婴儿都需要一种安抚方式，这样才能让

睡眠：在这个阶段，你能预知什么？

- 白天，在宝宝清醒2~2.5小时以后，把他带到他的睡眠空间，准备让他躺下睡觉。
- 宝宝的睡眠习惯应该包括：在上午9:00左右小睡一次，中午午睡1~2小时，傍晚打盹15~45分钟（当宝宝将近9个月时，如果白天其余两次睡眠时间都很长，那么傍晚的这次打盹就可能没了）。
- 如果到了下午16:30，你的宝宝还在睡觉，就把他叫醒，以便到了晚上他更容易安定下来。一般来说，对于这个年龄段正在熟睡的宝宝，这是唯一一次应该主动叫醒他的时间。除此之外，不要在白天或夜晚的任何睡眠时间叫醒宝宝。
- 争取宝宝的就寝时间不晚于18:00~19:00，然后在早上5:00~7:00之间醒来。
- 宝宝预计可睡到天亮，从晚上19:00睡到早上5:00，甚至睡到早上7:00。
- 如果宝宝半夜醒来，首先要给他自我安抚的时间，然后再去回应他。

自我安抚

当宝宝夜晚醒来时，你可以尝试帮助他寻找一些用来自我安抚的物体，而不是依赖你提供的安抚物体。

感官成分	依赖你	独立的安抚物体
触觉	• 抚摸你的头发 • 被你拍着睡觉	• 抚摸绸缎或磨毛布 • 抚摸自己的脸 • 抚摸自己的头发
运动觉	• 汽车 • 婴儿推车	• 摇头 • 摆手
吮吸	• 摇晃着入睡 • 你的乳房 • 你的手指 • 奶瓶	• 拇指 • 奶嘴（到婴儿9个月大时，可以作为独立的安抚物体）
身体姿势	• 在你的怀抱里 • 以某种姿势被抱着	• 把自己挤到婴儿床的上端 • 以某种姿势睡觉
听觉	• 妈妈的歌唱	• 哼唱或呜咽 • 对自己唱歌 • 听白噪声录音

夜惊

当宝宝在夜晚尖叫和哭闹的时候，他看起来似乎是清醒的，但又似乎没有意识到你的存在，这就是所谓的“夜惊”。夜惊不同于噩梦，因为你的宝宝实际上处于深度睡眠状态。而噩梦则会让他惊醒。夜惊与过度疲倦直接相关，常见于学步儿童和白天睡眠不足或睡得太晚的婴儿。

自己在夜里平静下来。宝宝可以使用身体的某一部位作为睡眠安抚物体，比如他的拇指或头发。宝宝可能会吮吸自己的拇指、唱歌给自己听，或者抚摸自己的头发。最重要的是你要允许甚至鼓励宝宝发展独立的安抚技能，这样，当他夜晚醒来时，无须叫你就可以安抚自己重新回到睡眠状态。如果宝宝不会这样做，那么他烦躁的时候，你可以尝试引导他的手放进嘴里或头发里。当他白天烦躁时，也可以使用这些方法自我平静，无须你每一次都去安慰他。你也可以给宝宝选择其他的安抚物体，比如毯子或奶嘴。

吮吸

无营养成分的吮吸的确有助于安抚幼小的婴儿。有些婴儿从很早就开始会吮吸自己的手，有些婴儿在设法寻找自己的拇指，而有些婴儿则需要吮吸奶嘴。所有这些都是宝宝在夜晚时最好的安抚物体。不要让宝宝停止吮吸，但你可以引导他使用另一种对你们俩都合适的方法（见下页）。

睡眠物体

一条毯子或其他睡眠物体都能给婴儿最好的睡眠联想，这也是大多数婴儿容易接受的物体。你可以选择一样宝宝喜欢的东西。它应该是柔软的，并且小到能够放进尿布袋，小到不会让宝宝有窒息的风险。最重要的是，当宝宝到了学步年龄时，它能够彻底被替代。比较不错的睡眠物体有：一只小泰迪熊、一条毛巾或一条绸缎的毯子。

使用安全的物体

每当宝宝烦躁不安时，比如当他因为白天的疼痛、刺激或疲倦而感到烦躁不安时，你就把这件物体拿给他，然后给他一个拥抱。你可以把它放在你的肩膀上（如果是一条毯子或某样柔软的玩具），让宝宝靠在你的肩膀上，舒服地贴着它。在你的安慰下，连续一二周给他提供睡眠物体，这个物体会带给他持续的安全感和舒适感。

吮吸拇指 这种自我安抚方法是宝宝学会的第一种聪明、独立的技能。如果宝宝能够自我平静，特别是在睡眠时间，那么你的生活就会变得更轻松。如果宝宝完全依赖你的安抚（比如你不让他吮吸拇指，他自然也就不会发展自我安抚的技能），那么每当夜晚醒来或白天烦躁的时候，他就会叫你，并需要你的安慰。

让宝宝吮吸拇指或手的好处是，使宝宝很早就能独自安抚自己。但经常吮吸拇指也会有负面影响，以后有可能需要牙齿矫正治疗。然而，吮吸拇指是否会导致牙齿受损，还取决于你的家庭遗传，以及宝宝吮吸的时间长短。让宝宝摆脱吮吸拇指的习惯相对更难，因为我们不可能“丢掉”拇指（丢掉婴儿奶嘴就容易得多）。

奶嘴 从感官知觉的角度讲，为了让宝宝安静下来，他需要吮吸奶嘴。特别是当他还不会自我安抚（吮吸手或拇指）的时候，奶嘴是一种非常有效的工具。在之后的日子里，让宝宝摆脱奶嘴是可以实现的事情。这取决于宝宝——有些婴儿在一岁以内会很自然地排斥奶嘴，而有些婴儿到了学步年龄，才会在你的帮助下摆脱奶嘴。如果你不希望宝宝整天依赖奶嘴的话，从宝宝6个月大开始，你可以不让他在睡眠时间使用奶嘴。

教宝宝使用奶嘴 在6~9个月大时，许多宝宝会在午夜叫醒你，让你把奶嘴放进他的嘴里。他们还不会独自使用奶嘴来安抚自己。但是等到9个月大，你可以期待宝宝在夜晚独自使用奶嘴。因此，如果宝宝超过8个月大，而且仍然会在午夜叫醒你去拿奶嘴时，你可以尝试使用以下步骤，帮助他独立使用奶嘴。

❶ 最开始几天，当宝宝夜里哭泣时，你可以把奶嘴放到他的嘴里，但是白天不要这么做。在白天，如果他向你要奶嘴，你可以把它放在他的手里，以便他学会自己去取。

❷ 一旦宝宝白天学会了独自取奶嘴，那么夜晚你也可以这么做。你不要把奶嘴直接放进他的嘴巴里，而是要放在他的手里，或者事先贴着睡眠毯子放，然后再放到他手里。这样一来，他就能实现最后一步，自己把奶嘴放进嘴巴里。

❸ 当宝宝学会第二步以后（如果他超过8个月大，几天之内就能学会），你要停止将奶嘴放到他的手里，而是引导他在黑暗中拿奶嘴。等到第二天晚上，你可以把家里所有的奶嘴都放在婴儿床上，让他在夜里更有机会找到其中之一。开始的时候，他可能会把一些奶嘴丢到床下。

白天要睡好

宝宝忙碌的感官世界仍然有可能使他承受不了。如果宝宝受激过度，就会过度疲劳，脾气也会变得暴躁，尤其是在睡眠时间前后。你应该在适当的时候实施白天睡眠计划，以避免宝宝过度劳累和过度受激。如果你已经实施了规律的睡眠计划，但是仍需通过努力才能使宝宝上床入睡，那也许是因为他过度疲倦或是已经养成了不好的睡眠习惯。

过度疲倦的宝宝 如果宝宝因为错过了一次睡眠而过度疲倦，你要努力使他平静。为了让他进入昏昏欲睡的状态，你可以试试以下技巧：

● 留出 20 分钟的时间使宝宝安定，然后把他带到一个黑暗的房间。给他换尿布，然后播放白噪声录音。

● 把宝宝抱在怀里，直到他变得非常困倦。然后把他放下来，把你的手放在他肚子上按压。如果他还是辗转不安，继续温柔地把你的手放在他的手里。

● 如果宝宝一直很烦躁，而你最终不得不通过摇晃的方式才能让他入睡，那么请你不要责备自己。你只需记得观察他下一次清醒时间的长短（见 51 页），这样他就不会变得过度疲倦了。

睡眠习惯被破坏 如果你们经常外出，而且宝宝经常在婴儿推车或汽车安全座椅上睡觉，你会发现，宝宝只有在这些地方的时候才能入睡。为了让宝宝习惯在婴儿床上入睡，你可以遵循以下步骤：

● 在宝宝的睡眠时间，停止乘车外出，并持续几天。当然，你还是可以把宝宝放在汽车安全座椅或婴儿推车上，把他摇晃睡着后，再将他放回睡眠空间。这样一来，运动环境是一致的，而睡眠环境改变了。

● 假如宝宝只能在婴儿推车里入睡，那么你可以先用婴儿推车摇晃他，直到他昏昏欲睡，让他自己进入睡眠状态。每天减少摇晃的时间。

● 一旦宝宝无须任何运动就能入睡，你就可以在睡眠时间直接把他放到婴儿床上。别忘了首先要让他变得昏昏欲睡。在头几天，他可能需要一些帮助，比如轻拍、抚摸或发出嘘声。

夜晚要安静

宝宝的就寝时间应该是安静和固定的，因为它作为一个暗示，可以让宝宝的大脑在睡眠时间开始时转变到昏昏欲睡的状态。力争就寝时间在 18:00~19:00 之间。每天的这个时候，你可以观察一下宝宝感官超载的信号，确保他是在家里这个平静的空间，没有与人互动。如果你的宝宝喜欢玩水，看到水会变得非常兴奋，那么洗澡就很难起到舒缓

延长午睡时间

到了6个月大时，大多数宝宝已经开始形成规律的睡眠周期（一次睡眠周期是45分钟，见30页）。午睡也可能如此。两次短暂的小睡过程仍然会持续45分钟。为了让宝宝的小睡时间变长，你可以尝试以下这些步骤：

- 在宝宝小睡之前喂午餐，因为他吃饱以后会睡得更好。午睡时间可以在11:00~13:00之间的任何时间，这取决于宝宝距离上午的小睡后清醒了多久。如果他的午睡时间很早，在上午11:00，那就把午餐安排在睡觉前进行，或者在这个时间为他提供一些丰盛的点心，当他醒来以后再为他提供一些点心。
- 如果45分钟以后，宝宝身体开始活动，要么仔细听5分钟，看看他是否重新恢复了平静；要么把他抱到黑暗的房间，递给他一件睡眠物体，然后轻拍他，让他再次回到睡眠状态。
- 假如第一天这些方法都不起作用，你还是要每天坚持，鼓励他拥有更长的午睡时间。另外，还要时刻留意宝宝的清醒时间，这样才能知道他下一次小睡是什么时候。

夜晚的分离焦虑

大约在宝宝8个月大的时候，他的睡眠有可能因为分离焦虑而被打断。在6~8个月大时，宝宝会开始怀疑：当你离开他以后，你是否仍然存在。这让他很不安，因为他已经对你产生了强烈的依恋感。如果你离开他，他就开始抗议分离并哭泣。在宝宝处于浅层睡眠状态的过程中，他可能会醒来，寻找你能够回到他身边的保证。这与宝宝正在建立的"物体恒存性"概念（知道当我们看不见某些东西时，它们依然存在着）有关。

- 如果你感觉宝宝夜晚醒来的原因是分离焦虑造成的，那么你就应该走到他身边，温柔地告诉他你还会回来的，让他继续睡觉，再递给他一件睡眠物体（毯子或柔软的玩具），然后离开他的房间。不要养成某种习惯，比如通过喂养或摇晃的方式使他入睡，而是一定要向他表明，你离开之后还会回到他的身边。
- 在这个阶段，一件舒适的物体对宝宝来说是非常重要的，比如一条毯子。因为当宝宝半夜醒来，或是你不在他房间的时候，他可以用这件东西进行自我安抚。
- 在白天，每当你离开宝宝的时候，要经常跟他说再见。哪怕只是去冲个澡，也要在回来时高兴地和他打招呼。这样他才能知道，有分离就会有快乐的团聚。
- 用大量的拥抱应付这个阶段，而且要记住，分离焦虑不会持续太久。

作用。但你可以试着与宝宝进行无声的交流。在洗澡时间结束以后，是按摩时间，然后再到黑暗的房间里给他喂奶。在下午 18:00 到次日早上 6:00 的这十几个小时里，不要把宝宝带出他的房间。因为宝宝会认为当他睡觉的时候，世界就停止存在了。如果宝宝从上一次的喂养之后一直醒着，你可以轻轻地摇晃他，使他进入昏昏欲睡的状态，但不要使他睡着。一旦宝宝变得困倦，你就把他放到婴儿床上，跟他说晚安，然后离开房间，不要留在附近看他。在入睡前，很多宝宝会发出咿呀声，左右扭动身体，甚至还会玩一会儿。

睡眠辅导 如果你的宝宝在睡眠时间并不安静，而且你一直在按以上步骤进行，现在就到了尝试用一些睡眠辅导策略（见 198~199 页）的时候了。睡眠辅导策略能教会宝宝独自入睡。它对宝宝的情绪发展是非常有益的，也非常适合这个年龄段的宝宝。当你把宝宝放到床上的时候，假如他烦躁不安，你要么立刻就离开房间，要么先给宝宝一点时间，让他独自一人，然后再回到他的身边。为了教会他独自入睡，你需要在他身边坐上几晚，直到他学会自己进入睡眠。在第一晚，你可以通过轻拍的方式帮助他，随后的几个夜晚，可以逐渐减少你的帮助。你只需坐在他的婴儿床旁边，不要对他说话；你只需闭上眼睛，不要看起来很不安或是很担心。给他拿一件睡眠物体，如果他起来，你就帮助他躺下。除此之外，就只是坐在他的身边。如果宝宝期望你通过摇晃或喂养的方式使他入睡，他可能会哭起来，但你要坚持，不能动摇。继续等到他睡着，这可能会花上几个小时。每当宝宝半夜醒来时，你就必须重复这个过程。大约一周的时间，宝宝就应该能够学会自己入睡了。

夜间睡眠的解决方案

在这个阶段，宝宝有能力睡一整晚。因此，如果到了夜晚你仍然会被他叫醒，那就应该考虑一下常见的原因，然后寻找解决方法。

你的感知性宝宝 敏感型婴儿的睡眠状况一直很糟糕，他会听到并感觉到任何一个微小的感官印象。为了促进他的睡眠，你可以：

- 在他的房间里播放白噪声，以此掩盖外面的噪音。
- 不要让宝宝睡在你的床上或卧室里，因为如果不被你的动作和声音打扰，他可能睡得更好。
- 去掉宝宝的睡衣裤和连体衣上的标签，它们会让宝宝觉得刺痒；你也可以把它们翻个面；还可以寻找不会刺激感官的无缝连体衣。
- 夜晚不要把宝宝抱起来，这样可能导致他进一步清醒。相反，你

应该把手放在他身上，深深地抚摸他，使他平静下来，回到睡眠状态。

交际型婴儿在夜晚醒来的原因，只是为了看看你是不是还在他身边，或者是为了寻求感官输入。如果你在夜晚发现宝宝趴在婴儿床上摇摆，甚至自己站在婴儿床上，他可能是焦躁不安，因为他完全不觉得疲倦，以至于无法入睡。为了促进他的睡眠，你可以：

- 在傍晚时让宝宝多做一些运动：用婴儿推车推着他去公园；买一个吊床或婴儿秋千；在晚餐前给他系上婴儿背带，带他出去散散步。
- 你应该把电视声音调小一些，或者干脆关上电视。因为在屏幕前面久坐不动的话，对宝宝没有好处。

只要每天的日常生活保持规律，慢热型婴儿一般会睡得很好。但是假如你们搬到一座新房子里，或者出去度假，或者把他从你的房间抱到他自己的房间时，所有好习惯都不翼而飞了。为了促进他的睡眠，你可以：

- 通过相同的气味和床上用品，使他的房间保持相同的配置。
- 在旅行时，把他的旅行儿童床、床上用品以及睡眠物体都随身带着，尽量保证睡眠空间的一致性。

营养需求改变 在这个阶段，奶水对宝宝来说已经完全不够了。在夜晚时，如果宝宝还是频繁醒来吃奶，那么在你使用睡眠辅导策略以前，先检查一下他是否吃饱了。这一点很重要。在这个年龄，宝宝的饮食缺乏蛋白质会对睡眠产生深远的影响。蛋白质是至关重要的，原因有两点：首先，它需要更长的时间消化，这让宝宝感觉肚子饱的时间也更长。其次，它能够筑造身体，而且能够为大脑的发育提供“建筑模块”。和脂肪一样，蛋白质中也包含脂肪酸，脂肪酸是大脑发育所必需的，而我们的身体不能产生脂肪酸。在夜晚，当宝宝睡觉时，他的大脑在处理信息，这些必不可少的脂肪酸十分关键。大多数情况下，如果宝宝总是在夜晚醒来，是因为他没有获得足够的蛋白质，特别是睡觉之前的那顿饭。因此，你要确保宝宝的晚餐包含蛋白质。

出牙 通常来说，如果宝宝夜晚睡得不安稳，第一个蹦进你脑海的想法就是，宝宝在出牙（如何应付白天和夜里的出牙状况，见172页）。这时不必惊慌，你可以适当地做以下这些：

- 如果宝宝有很多出牙的迹象，而且有一颗小牙齿就在他的牙龈下面，你应做好连续3天的夜晚睡眠被打断的准备了。
- 递给他一件睡眠物体，重新使他安定下来，但是不要给他喂奶。因为喂奶不但不能解决牙齿的刺激，还有可能导致很多坏习惯的养成。

问与答

坐立不安的睡眠者

我的宝宝在7个月时就会爬了。但从那时候起，他经常会在夜晚醒来，试图在睡眠时爬行，甚至站在他的婴儿床上。我该怎么办？

这是一种常见的睡眠中断，它还伴随着新技能的学习。当宝宝学会一样新东西时，在睡眠过程中他的大脑在花时间处理这项新技能，各个神经节之间也在加强连接。这个过程发生在浅层睡眠状态。在经历这个过程时，大多数宝宝可以睡一整晚不醒来，而有些宝宝则会醒来演练爬行的动作或学习站立。这时你什么忙也帮不了，你可以选择离开，让他自己玩，直到他真的哭起来。如果宝宝开始哭泣，你就走到他身边，轻拍他或是摇晃他，使他重新镇定下来。

很多婴儿都会在夜里演练他们的新技能，然后也能自我平静下来，重新回到睡眠状态。

宝宝的喂养

如果你还没开始给宝宝引入固体食物，那么现在是时候了。几周以后，他就会喜欢这些新口味和新质感的食物。一旦你的宝宝超过6个月，你就需要在他的固体食物里增加蛋白质了。

奶水喂养

为了满足宝宝的成长需要，你的母乳量也在变化。但是如果宝宝吃的是婴幼儿配方奶，现在就可以换一种专为6个月以上年龄的宝宝准备的婴幼儿配方奶了。这种配方奶含有更多蛋白质。不要给宝宝提供牛奶，但是可以根据说明调制配方奶。宝宝对奶水（母乳或配方奶）的最低需求大约是每天600毫升。如果他在喝母乳或配方奶的时候没什么热情，那么你要记得在他的固体食物里，以奶酪、酸奶或者其他乳制品的形式添加一些含牛奶成分的食物。

固体食物

尽管母乳或配方奶仍然发挥着重要的作用，不能从宝宝的饮食习惯里剔除，但是现在宝宝已经6个月大了，单一的奶水已经不能满足他日益增长的营养需求了。如果你还没有给宝宝引入固体食物，你可以按照第11

新的食物 引入固体食物可以让宝宝尝试一些不同成分的东西，这有助于发展嘴部肌肉的控制能力。

喂养：在这个阶段，我们能预知什么？

- 奶水成为仅次于固体食物的第二种选择。到了这个阶段，你的宝宝需要每天喂4次奶（半夜醒来时、上午时、午餐后、晚上睡觉前）。等到9个月大时，上午的那次奶水喂养就可以去掉了。
- 如果你还没开始给宝宝吃固体食物，那么现在就很有必要这么做了。
- 只要宝宝是茁壮成长的，没有生病，只要他开始一日三餐吃固体食物，包括蛋白质，就不需要在夜晚醒来时喂奶了。
- 如果你采用的是人工喂养方式，应该确保配方奶适合宝宝的年龄。
- 宝宝应该每天吃3次固体食物（早餐、午餐、晚餐）。
- 你可以尝试在上午和下午给宝宝吃些小点心。
- 把蛋白质引入宝宝的饮食，这很重要，包括乳制品、家禽、红肉和豆类。为了健康地成长和发育，宝宝需要吸收蛋白质，也需要吃一些含有氨基酸的食物，这对他的大脑发育有好处。每一顿饮食应该都包含蛋白质。

警告 如果你或爱人有过敏症，或者如果你的宝宝已经表现出了过敏的迹象，那么你应该尽量避免某些蛋白质，比如坚果、鱼类、大豆和鸡蛋，直到宝宝稍微大一点。关于宝宝的饮食，你可以咨询儿科医生或者营养学家。

章列出的五步计划去做(见160~161页)。用二三周的时间完成这个阶段，让第一顿固体食物从单一的谷物开始，比如大米，然后逐步发展到一日三餐，最后添加动物蛋白。如果6个月大的宝宝已经开始吃固体食物了，你就可以直接实施下面的饮食计划(见182页)。

多样化的固体食物 宝宝在他的感官世界里是极其兴奋的，然而饮食又为他提供了另一个探索和拓展感官经验的机会。你可以一次引入一种食物，连续3次，再换另一种新食物。

尽量不要让食物变成你和宝宝之间的“问题”。你应该尊重他的情绪和感受，正如我们也有完全感觉不到饥饿的时候，那么宝宝也一样。如果他似乎已经吃饱了，那就拿开食物，不要试图强迫他吃。你可以将不同的食物放在一起煮，给他引入不同的口味组合。比如，将意大利面条、肉类或蔬菜、沙司放在一起煮。你可以通过引入以下食物，来扩展宝宝的饮食世界：

- **不同的食物** 给宝宝引入更多不同的食物，能鼓励他发展咀嚼和嚼碎食物的技能，也帮助他发展舌头、嘴唇和面颊的肌肉控制能力，这是语言发展的一个重要部分。不要限制宝宝吃罐装食物，也不要限制他吃成长第一步所需的婴儿食品，因为这样会造成他之后的挑食。婴儿需要体验不同的食物，比如块状的、咬起来嘎吱嘎吱响的食物，这就是为什么婴儿刚开始吃家常食物时很少挑剔的原因。
- **小点心** 小点心有助于发展宝宝手指的细动作控制能力，同时也能发展口腔中的味觉神经末梢，以便能应付更多美味的、不同的食物。好的小点心包括：无盐的米糕、面包条、烤面包、剥过皮的无核小水果、煮过的小块蔬菜和干果。在宝宝吃这些固体食物的时候，你一定要仔细观察，确保他不会被呛住。

蛋白质 富含蛋白质的食物对宝宝在这个阶段的成长和发育是很有必要的。蛋白质是强身健体的最佳食品，对成长和发育很重要。当宝宝到了6~9个月大的时候，他每天需要7~9茶匙的蛋白质（一种食物一茶匙的分量）。将蛋白质食品和各种碳水化合物、脂肪、水果和蔬菜混合在一起，分散在一日三顿食用。不要给年龄在6个月以下的宝宝食用除母乳或配方奶以外的蛋白质食品。这是因为有些蛋白质可能会引起宝宝过敏，对于过于年幼的宝宝，他们的消化系统还无法处理过敏素。一旦宝宝的年龄超过6个月，就需要在饮食里添加额外的蛋白质食物。你可以参考右边的方框（婴儿的蛋白质食品），看看有哪些不错的选择。

婴儿的蛋白质食品

植物蛋白质

- 豆类：芸豆、奶油豆、扁豆、豌豆
- 鳄梨、花椰菜
- 种子：芝麻、葵花子、南瓜子
- 豆腐
- 糙米、大麦、藜麦、荞麦、燕麦片

动物蛋白质

- 乳制品：酸奶、松软干酪、奶油干酪、白色硬奶酪、无盐奶油
- 鸡蛋（煮熟的）
- 鱼类：金枪鱼、沙丁鱼、三文鱼、鲭鱼、黑线鳕、鳕鱼
- 家禽：鸡、鸡肝、火鸡
- 猪肉和火腿（要检查盐含量）
- 红肉：牛肉、羊肉、兔肉

需要避免的食物

注意：宝宝的食物里并不需要盐。因此，不要在你制作的食物里添加任何盐，而且一定要检查你购买的所有食品的标签，确保它不含盐。要特别注意腊肉和方便食品。即便是专为婴儿设计的食品，也可能含有高浓度的盐，它会损害宝宝的肾脏。避免在宝宝的食物里添加糖。你要养成读标签的习惯，避免含甜味剂、着色剂和防腐剂等添加剂的食物。避免香料、加工食品和包装过的调味酱。

得到的足够吗？ 宝宝每天每顿主餐需要3茶匙蛋白质。酸奶是一种很好的蛋白质来源。

小点心 从这个年龄段开始，可以给宝宝吃完全蒸熟的食物。这对于培养宝宝养成良好的、多样化的饮食习惯，是一种非常好的方法。

6~9 个月婴儿的饮食计划

你可以参考这个表格的建议，看看在这个阶段需要给宝宝喂些什么、何时喂养。宝宝每天仍然需要3~4次的奶水喂养。

时间	一餐	食物和数量
6:00	奶水喂养	150~240毫升。
8:00	早餐	提供含碳水化合物的早餐，以便供给宝宝足够的能量开始一天的新生活： • 婴儿谷类食品（6~12个月），或者由熟燕麦、麦片或者粗面粉制作而成的麦片粥； • 二三茶匙蛋白质——例如：奶酪、酸奶、鸡蛋、杏仁或配方奶； • 法式面包； • 新鲜水果、杏仁、枣泥。
10:00	奶水喂养	150~240毫升（当宝宝接近9个月大的时候，就可以省略这一次喂养）。
12:00	午餐	提供下列碳水化合物的其中之一和/或蔬菜蛋白质，其次是水果和酸奶： • 鳄梨和松软干酪或奶油干酪； • 法式面包； • 有碎面包屑的蔬菜汤； • 添加奶酪沙司的马铃薯泥； • 通心粉、奶酪、切碎的鱼类； • 搅成糊状的精白米或奶酪沙司； • 鸡肉、羊肉或者蔬菜汤； • 添加酸奶酪的新鲜水果、南瓜或芝麻。
14:00	奶水喂养	150~240毫升。
15:00	小点心	稀释的果汁或者水；小点心，比如米糕或者蒸熟的蔬菜。
17:00	晚餐	提供与午餐相同的食物。
18:00~19:00	奶水喂养	150~240毫升。

补充品

你的宝宝应该能够从他所吃的食物里得到所有的营养。假如你的宝宝食欲非常好，那么他就不需要补充维生素，除非家里的其他人生病了。另外，假如你的宝宝非常挑食，那么你应该找儿科医生谈谈，因为儿科医生会给你推荐专门的补充品：

- **植物蛋白** 如果宝宝摄入的植物蛋白不足，你可能要试着给他补充一些比如麦草果汁之类的液体，实践证明，这类液体可以改善婴儿的成长、发育和睡眠。
- **维生素** 如果宝宝每天都在吃母乳，或者 500 毫升或更多的配方奶，饮食很均衡，那么他不需要额外的补充品。不过，如果你还是担心的话，可以请教一下儿科医生关于补充维生素的问题。
- **铁** 刚出生的婴儿，身体内储藏着铁。但是等他们长到 4~6 个月大的时候，身体内的铁就耗尽了。铁对人体中枢神经系统的运转是必不可少的，在把氧气传输给大脑的过程中，也发挥了关键性的作用。铁缺乏与免疫功能降低有关，它会导致更多的感染、疲劳、食欲不振和睡眠失调。铁的来源，包括绿叶蔬菜、蛋黄以及牛肉和肝脏之类的红肉。含铁的婴儿杂粮食品，比如某些种类的水果和蔬菜汁。如果你的宝宝极爱挑食，而且在他的饮食里没有获得足够多的这些食物，你可能要考虑给他补充一些以植物为基础的铁。但是首先还是要咨询儿科医生，因为如果服用的剂量不正确，铁质补剂会有副作用。

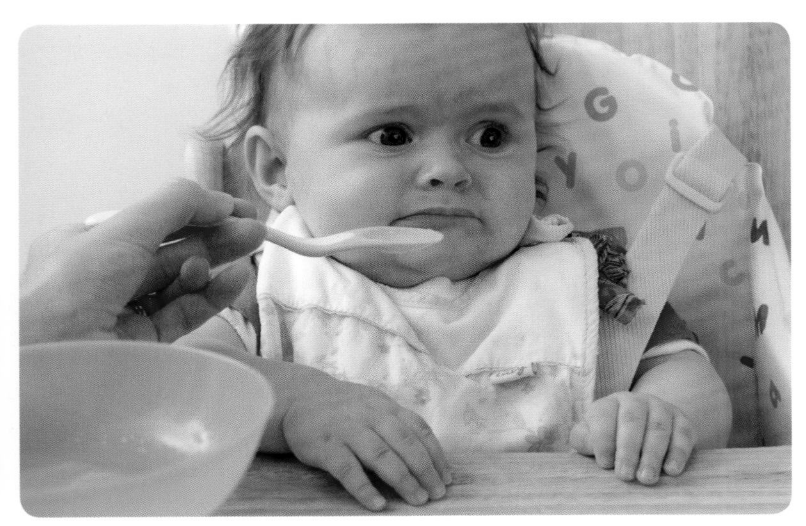

挑食 如果你的宝宝爱挑食，他就不会吃到各种各样的食物，这时你可能要考虑给宝宝补铁。首先还是要与儿科医生协商。

问与答

拒绝吃固体食物

我的宝宝7个月大，每次给他喂固体食物都很困难。从他5个半月起，我就在尝试给他吃固体食物，但是直到现在，他仍然不想吃。我尝试过家常菜、罐装食物、婴儿谷类食品、酸奶、水果……一切的一切！幸运的是，宝宝的体重还没有减轻，因为他一直坚持每天吃5次奶。他每次在夜里醒来，我就知道他饿了。我应该做些什么呢？

你的宝宝现在需要吃固体食物，因为奶水已经不能满足这个成长中的婴儿每天所需的营养。之所以宝宝不接受固体食物，是因为他每顿都吃奶，导致他没有了食欲。你需要把他吃的奶水量限制在每天3瓶，夜晚只能喝一瓶，直到他开始吃固体食物。这样一来，他就有了吃固体食物的胃口。你可以先从婴儿谷物食品开始，然后再是水果和蔬菜。一旦他的胃口变好，你也可以减少奶水量。你还可以试着喂他吃一些家常菜。如果他还是不吃，而且对固体食物恶心，你就应该找专家谈谈，看看他是否对喂进嘴里的食物过敏。

了解你的宝宝

在这几个特别的月份里，你的宝宝变得越来越爱交际。他试图吸引每个人的注意，而且真的会与他的世界进行互动。对宝宝来说，这是一个令人兴奋的时期，因为他学会了坐、学会了站（当有人搀扶的时候），最后还学会了爬，同时也学会了操作物体，还形成了“物体恒存性”的概念（见下页）。

翻滚和坐立　等宝宝到了6个月大，当你让他平躺时，会锻炼他的腹部肌肉，这有助于宝宝学会坐立和爬行。这时的宝宝不仅喜欢抬起胳膊、抱住腿，还喜欢抬着头看自己的脚。当宝宝从躺着的姿势翻滚成趴着的姿势时，或者从趴着的姿势翻滚成躺着的姿势时，可以锻炼他的背部肌肉。在这个阶段，他会开始抗议换尿布，因为换尿布的姿势使他不能自由活动。

现在，宝宝可以不必依靠外力的支撑而坐立。他会设法让自己从躺着的姿势变成坐立的姿势，反之亦然。这种新发现让他感到快乐。由于宝宝愿意坐着玩，许多妈妈都认为，这是自他们的宝宝出生以来，第一次觉得生活变得正常了，而且会得到一些属于自己的空间。

爬行　你的宝宝很快就学会了熟练的坐姿。他开始伸手拿玩具，甚至还会转向一边，去取距离他远一些的玩具。直到有一天，他发现自己在爬行——因为他要拿的东西离自己太远，最后不得不趴在地上。在这种情况下，他首先会摇晃一段时间，然后变成趴的姿势。再过几天以后，他就可以摇摆着身体，开始爬行了，通常他先向后爬。你的宝宝如何发展成爬行的姿势并不重要，他可能首先会慢慢地爬，或者“像豹子一样爬行”：先趴在地上，然后再变成爬行的姿势。重要的是，他的确是在爬行，或者至少是某种形式的前进。如果他学会爬行的过程很慢，你可以帮助他，让他多俯卧一段时间。

运动和操作　每当宝宝被扶着站立时，他会支撑起自己全部的体重，而且非常喜欢弹跳。事实上，对大多数婴儿来说，任何运动都是一种令人愉快的游戏。你会发现他非常喜欢弹跳、移动和摇摆。现在，他能把玩具从一只手递给另一只手，能操作物体，他还喜欢握住任何一样东西。在这个阶段，你的宝宝除了经常用嘴巴探索物体以外，还能有目的地使用双手查看物体。

爱交际的婴儿

你的宝宝正在长成一个真正喋喋不休的人。用单调的节奏咿呀学语、咯咯笑以及生气时的尖叫，这些都是他全新的语言节目。你那爱交际的小宝宝甚至可能开始模仿对话。他知道自己的名字，也理解“不”的意思。他开始懂得社会情境，还会挥手。

现在你的宝宝对过渡期的物体可能有一种强烈的依恋感，比如一条毯子或一件柔软的玩具。这是他的独立性发展的一个标志：除了你以外，他现在有独立的安全来源。

形成“物体恒存性”概念 当宝宝将近8个月大时，他开始产生陌生人焦虑，而且一旦你离开他的视线（见173页），他就能马上注意到。等到9个月大，他就会形成“物体恒存性”的概念，也就是开始知道，当某些东西从视线中消失时，它仍然存在着。所以现在他会到处寻找丢弃的玩具，喜欢玩躲猫猫的游戏。他也真的很喜欢童谣和其他的身体游戏，例如“这只小猪”。

目标里程碑

你的宝宝真心喜欢与他人互动，也喜欢参与到自己的世界。他身体重心的稳定性在不断增加，这意味着他的手臂和手掌可以自由地活动、探索、学习。他的情感在不断开发，真正的个性也开始出现。在宝宝9个月大时，你可以期望他实现这些目标里程碑。

发育领域	目标里程碑
粗动作	坐得很稳，一边坐立着，一边东张西望； 变成跪姿； 爬行是主要的运动； 一边爬，一边观察环境； 有人搀扶时，能支撑起身体的全部重量。
细动作	握住物体以后，能自由放下； 摔东西、撕纸； 用食指和拇指（夹住）捡起细小的东西，比如豌豆。
手眼协调能力	在两手之间传递物体； 把物体拿在手上仔细查看。
语言发展	发出组合音，比如“爸爸”和“大大”； 明白“不”和“再见”是什么意思。
社交、情感	利用动作来交流，比如用手指指点、伸出手； 在这个阶段结束的时候，对陌生人的惧怕逐渐减少。
自我调节能力	掌握了良好的自我安慰技能——如果给他自我安抚的机会，他应该能够自己安定下来，再次回到睡眠状态； 能够调节自己的食欲，能够清楚地给出饥饿或吃饱的信号。

拉着自己走 当宝宝尝试爬行的时候，她可能会“像豹子一样爬行”；把手臂向上推，试图拉着自己走。

握住物体 在这个阶段，由于宝宝的操作技能发展得更好了，因此更多的时候，他会用双手探索物体，其次才是用嘴巴。

感官刺激：TEAT原则

现在，你的宝宝不再满足于坐着观看外面的世界，他在努力让自己的行动变得更加灵活。他想四处活动的动机变成了发展运动技能的催化剂：他开始趴在地上，以肚子为中心旋转、爬行。他还开始逐渐培养双手的使用技能。当宝宝能够应付越来越多的感官知觉输入时，你可以使用这里提到的方法多刺激他一些。同时，你要一直密切观察他受激过度或者不安定的警告信号。在现阶段，保持规律的日常作息很重要，因为当宝宝熟悉他每天的生活时，他就会茁壮成长。当宝宝努力实现了重要的里程碑时，比如翻身和爬行，你应该鼓励他，这为宝宝今后的发展奠定了重要的基础。

小心学步车

你可能想知道学步车是否是一种适合宝宝的玩具。事实上，不应该使用学步车，这里有两个重要的原因：

- 它会导致婴儿摔跤：当婴儿坐在学步车上的时候，学步车会头重脚轻，这意味着它更容易倾斜。在美国，学步车翻倒是致使婴儿在第一年头部受伤的最主要原因。
- 它会妨碍婴儿的发展：学步车常用于婴儿需要练习爬行技能的时候。从运动的层面讲，它不仅会妨碍爬行技能的发展，还会减少婴儿对爬行的积极性，因为当婴儿坐在学步车里时，他能去任何自己想去的地方。此外，这种依靠支撑力量的站立姿势，还会对婴儿的臀部、腿和脚的发展造成负面影响，这些发展都有利于婴儿学习行走。

如果你真的很喜欢使用学步车，就不要把它当做保姆使用，而应有节制地使用它：每天不超过10分钟，而且要一直有人监督。比起学步车，拉式手推车或固定的活动中心会是更好的选择。

时间

你的每一天都应该包括刺激活动和镇定策略。在这个阶段，刺激活动的作用变得更加明显了。现在宝宝的清醒时间能持续2~2.5小时，在此期间，他能够应付将近1小时的刺激。这段时间，你可以寻找一个游泳馆、一间婴儿活动房或音乐教室，他会高兴地应对这种新环境。在白天睡觉之前的10分钟和夜晚睡觉之前的1小时里，你应该限制刺激，确保你们能够安静地玩耍。

环境

随着宝宝慢慢长大，除了睡眠时间以外，你要设法使他的环境更刺激，而不是更安静。

视觉 现在，宝宝可以通过视觉来学习外界、探索物体了。你应该限制每次给他的玩具数量，这样他才能把每样玩具都探索清楚。假如你不断地给宝宝提供很多玩具，这会阻碍他的注意力持续时间。不要打开电视，因为不需动脑筋的视觉和听觉信息对宝宝没有益处。

听觉 经常跟宝宝说说他的环境以及你现在正做着的事情。最好能播放一些背景音乐和歌曲。

触觉 游戏区和户外环境为宝宝提供了很多的机会，因为它们能让宝宝通过触觉探索自己的环境。你可以把宝宝带到操场或海滩，让他体验一下那里的触觉元素。

运动发展 公园和游戏区是很好的地方，因为它们能促进宝宝的运动发展。你可以让宝宝看看公园里的青草和树叶，帮助他探索一些游戏设施。

活动

睡眠时间

即便宝宝现在可以应付更多的感官输入，保持平静而警觉状态的时间也更长，但是你还是应该限制晚上睡眠之前的刺激输入。特别是当你的宝宝是交际型婴儿或敏感型婴儿的时候，如果他过度受激，那么你需要做很多努力才能使他平静下来。

视觉 在这个阶段，婴儿的典型特征是清晨很早醒来。你应该用遮光窗帘使宝宝的房间保持黑暗，鼓励他继续睡觉。限制颜色鲜明或有趣的东西出现在他的婴儿床上或附近。

听觉 柔和的摇篮曲具有镇定作用，但如果宝宝不习惯听的话，就有可能会刺激他，而不是使他镇定。白噪声仍然很有效果，它能使宝宝安静下来，进入更深层次的睡眠状态。

触觉 使用柔软的毯子、床上用品和衣服。找一件柔软的玩具或一条毯子作为宝宝舒适的睡眠物体，宝宝会对它产生依恋感，并能用它进行自我安抚。如果宝宝的睡眠状况很糟糕，而且通过排除法（见112页）仍然找不出原因，那么你要注意一下宝宝的衣服。有时候衣服的标签或刺痒的面料会打扰婴儿夜晚的睡眠，对于敏感型婴儿来说尤其如此。

运动觉 在睡眠时间，舒缓的运动现在已经没什么必要了。事实上，摇晃不再能够让宝宝平静下来去睡觉，相反会唤醒宝宝。

在活动垫上

在这个阶段结束的时候，你的宝宝开始抗拒被仰面放着换尿布。

视觉 对这个年龄段的婴儿来说，那些可以活动的玩意儿仍然非常适合。宝宝喜欢看着它们，会伸手去拿他所看到的东西，这对宝宝非常有益。当你要做别的事情时，利用一些玩具，比如杯子、积木以及图片鲜亮的书籍，可以使宝宝玩得不亦乐乎。

听觉 如果你有音乐手机的话，可以把它放在活动垫上，当你给宝宝换尿布的时候，就放音乐给他听。

运动发展 为了教会宝宝从躺着的姿势坐起来，换完尿布以后，你可以握住他的一只胳膊，把他的身体翻转到另一边，然后再变成坐姿。

洗澡时间

洗澡时间仍然是睡眠时间的开端，所以在每天的这个时候，不能让宝宝过度兴奋，你可以安安静静地和他玩耍，洗完澡后要立刻变得非常镇定。

视觉 你可以把洗澡玩具放在浴缸里，这样他就能看到玩具漂浮在水面上，在他面前来来回回地漂动。通过这种目光追踪的方式，能够锻炼他的眼部肌肉。

听觉 对宝宝唱歌和说话，利用其他感觉来增添他对自己身体的认识。比如，当你给宝宝洗澡的时候，可以说出他的身体部位名称。

触觉 通过触摸的方式，也可以引起宝宝对自己身体部位的注意。你可以用毛巾擦拭他的肚子，或把泡沫放在他的肚子上，并鼓励他伸手去玩。还可以用一只软毛刷，轻轻地擦洗他的脚趾头，并且说“这是你的脚趾头”。给宝宝增添一些泡泡浴，这样可以让他探索新的质感。

运动发展 宝宝现在已经可以洗坐浴了。你应该使用沐浴支撑物或防滑垫，确保他不会滑倒。给他洗澡时，不要把他单独留在浴室，一秒钟都不可以。给他一些他能够握住的，用来浇注的玩具，这种活动对他肩部肌肉的发展有帮助。

嗅觉 使用安全的薰衣草或洋甘菊气味的沐浴用品，它们在宝宝睡前可以起到舒缓的作用。

清醒时间

这是宝宝学习和发育的黄金时间。现在，你的宝宝已经准备好了应付更多的感官输入。假如他正处于平静而警觉的状态，他将学到更多关于外界的知识。

视觉 宝宝现在喜欢外出了，所以你可以用婴儿推车推着宝宝出门，一边向他描述有趣的东西，一边指给他看。为了鼓励他发展眼睛追踪能力和强化他的眼部肌肉，你可以和他玩一些游戏，比如让他看正在滚动的球，或者指给他看正在移动的飞机或汽车。宝宝会喜欢捉迷藏游戏。为了帮助他领会　“物体恒存性”的概念，你可以部分或者完全隐藏某样东西让他去找。

听觉 指给宝宝看看声音来自哪里，这样他就会把自己听到的声音附加上意义。当你对宝宝说话时，可以使用夸张的语言和手势，还可以学学他发出的声音。读书给他听，指给他看颜色鲜亮的图片。当你在厨房煮饭时，可以把宝宝放在地板上坐着，拿一些锅碗瓢盆让他敲击。给他一些声音有趣的物体。用玩偶鼓励他沟通。给他一些能唱歌或发出吱吱声的柔软玩具。背诵韵律诗，让他积极参与。尝试一些按照童谣节奏玩的拍手游戏，以及其他一些能鼓励宝宝参与的游戏。

触觉 走进一个触觉之旅，让宝宝感受自然界的不同构造，比如树叶、树皮等。通过触觉旅行向宝宝解释事物的特质，比如柔软的叶子、粗糙的沙子、湿的草。唱一些可以运动手指和脚趾的歌曲，比如：“绕着花园转圈圈”、“这只小猪”。 在每一个房间放置各种各样有触感的物体，让宝宝去玩，比如橡胶宠物玩具、不同纹理的纤维面料、积木、黏糊糊的小球等。

运动觉 和宝宝坐在秋千上荡来荡去。用一些有趣的活动物体载着宝宝前进，比如推拉式卡车。把他抱起来站在你的膝盖上，如果他喜欢弹跳的话就让他弹跳。人们对于婴儿弹跳器是有争议的，因为它使一些婴儿形成了不良的站立姿势和承受重力的模式。要是你对它有怀疑，那就不要使用。假如你使用挂在门框上的那种弹跳器给宝宝一些运动刺激，那么每天使用它的时间不要超过10分钟，而且绝对不能无人监督。

运动发展 让宝宝坐在草地上或者地毯上，四周放一些玩具。这能够促进他的坐立和平衡能力，吸引他爬行。如果你想让宝宝开始游泳的话，现在是时候了。花点时间让宝宝在暖池里玩耍，这对所有感觉的刺激都是惊人

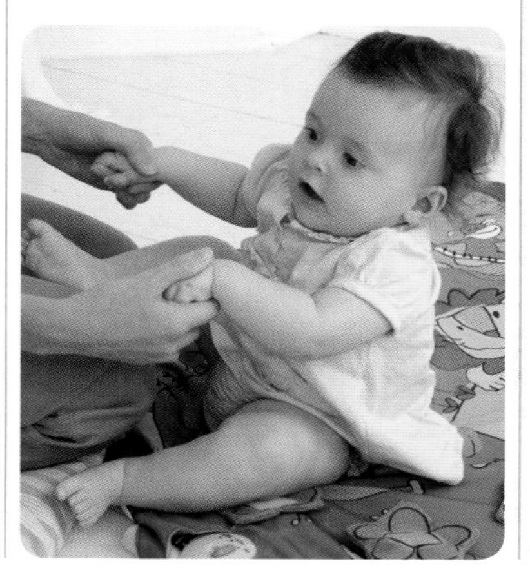

的，对运动发展的刺激也是如此。为了提高他的坐立平衡性，你可以把宝宝放在你的膝盖上，然后慢慢抬起你的一条腿，这就足以引发他的平衡反应，而且也不会使他摔倒。把玩具放到宝宝够不着的地方，鼓励他爬行。给他点儿时间，让他自己趴在地上，或是让他趴在你的腿上，然后以这种姿势摇晃他，给他一种运动的感觉。鼓励他爬过障碍物，比如枕头、毯子和你。让宝宝拿一些形状有趣的物体在手里玩，这能发展他双手的功能。玩拍手游戏，如“打蛋糕”。让他撕纸，特别是旧报纸，鼓励他双手一起使用。你也可以给宝宝一些不同类型的纸张，让他揉成一团，或者把贴纸贴在他的手上，让他撕下来。在他的每只手里都放置一样东西，或是给他一个很大的物体，只有用双手才能拿起来。

出行时间

用音乐和玩具伴随旅行，使宝宝感到很有趣。他喜欢坐在婴儿推车或婴儿背带里出门。

视觉 宝宝开始可能抗拒坐在汽车安

全座椅上。这时，你可以使用自然的、能够发出有趣的声音，或者感觉与众不同的活动物体，从视觉上分散他的注意力，比如豆荚和羽毛。把它们挂在车窗上方的安全把手上。

听觉 买一张质量好的光盘或儿童歌曲的录音带。

运动觉 如果宝宝晕车，或是不喜欢待在车里，可能是因为他对运动非常敏感。你可以运用安抚方法，帮助他克服这种情况，比如吮吸（奶嘴、奶瓶里的水或吸管杯）。冷的液体有助于缓解晕动病症状。

喂养时间

喂养时间是进行探索和学习的绝好时机。这也是一种优势：当宝宝把东西放进嘴里时，他感觉味道真的好极了！

触觉 让宝宝在玩不同食物过程中享受质感，比如：细的意大利面条、柔软的面团形状、块状的奶油蛋羹、胶状的零食、西瓜、冰块、巧克力布丁和谷类食品。向宝宝描述食物的特性。

运动发展 宝宝能为自己做的第一件事就是拿小点心，而且他也很乐意这么做。你可以给他拿一小块点心，鼓励他发展细动作的控制能力，但是要看着他，以免被噎住。在高脚椅子上，看看宝宝如何练习扔玩具。你可以在玩具上系一根短线，这样他就可以再把它拉起来。

玩具

对这个年龄段的宝宝，玩具有一个巨大的市场。在这里不可能列举出所有好玩的东西。但是你每次不必拿出大量的玩具给宝宝玩，让他先熟悉几种玩具以后，再给他换别的。记住，一次只能拿几种玩具给宝宝，不然他就会变得受激过度。宝宝会忘记被他丢在一旁的玩具，然后重新发现它们。在假期和生日之后，孩子们会得到许多礼物。你也可以看看当地儿童图书馆为宝宝提供了哪些书籍。

视觉 寻找图片颜色鲜亮、画面清晰的书籍，最好是纸板书或塑料书，这样更耐用一些。制作一本个性化的书，把“他的东西”（杯子、妈妈和爸爸、电话、床）拍成照片放在书里。用绳把书系在婴儿推车上，这种方式在出行时间特别实用，因为它们不会丢失，不会掉在地上。为了帮助宝宝领会“物体恒存性”的概念，你可以制作或者买一些消失以后又重复出现的玩具，比如弹出式玩具。在木勺上画一张脸，把它塞入空的卫生纸卷筒中。当你把木勺推上去的时候，脸就出现在卷筒的顶部；当你把木勺拉下来的时候，脸就消失了。

听觉 给宝宝提供摇铃和铃铛，向他示范如何使用。并且播放歌曲和音乐，给他看动物的图片，模仿它们的声音。

触觉 任何不同的物体都会吸引你的宝宝。试着把积木堆成有趣的形状。给他橡皮环和有触感的书，这样他就可以用双手和嘴巴探索不同质地的物体了。

运动觉 秋千和吊床都是有益的刺激运动。不要让宝宝一个人留在秋千或吊床上无人看管。

运动发展 在出行时间，婴儿推车上的玩具会非常有趣，而且也能促进宝宝的各种细动作的机能。不要忘记了传统的、经久的玩具，比如简单的木块和球类。

第 13 章

9~12个月的宝宝

第一年就要结束了，在你的生命里已经迎来了一个全新的小家伙，她改变、塑造、丰富了你的世界。你的育儿技能似乎在日益提高，但是你可能还是会怀疑自己，还是会有一种母性的内疚感。在过去的 9 个月，你已经变成了这些话题的专家，比如喂养、睡眠和成长；同时你也拥有了一座属于自己的知识宝库，比如什么食物对宝宝最有营养？哪家餐厅能友好地接纳婴儿推车的出入？宝宝进入了最激动人心的（还有对你来说最精疲力竭的）第一年发展期。她变得可以走动，最后，她会发现自己处在一个多么令人兴奋的世界！

以宝宝为中心的日常生活

- 在两次小睡之间，把宝宝的清醒时间限制在2.5~3小时。在此期间，进行喂养、换尿布、外出和玩耍。
- 在白天，宝宝可能需要1~3次小睡，时间从45分钟~2小时不等。到了夜晚，她应该能够睡上11~12小时，而且中间不需要喂养。
- 在一天24小时的周期里，她可能总共需要睡14~15小时。
- 在24小时内，喂养次数可以减少到2~3次奶水喂养和3次固体食物喂养。

选择个人护理

- 如果宝宝在家里由保姆照顾，那么保姆是否遵循了宝宝的日常生活规律呢？
- 如果宝宝由某个家庭成员或朋友照顾，他们是否掌握了迄今为止最新的育儿法则？你可能想建议他们看一看最近的保育书籍，上一堂急救课程。
- 在儿童护理的问题上，比如你希望和宝宝在同一间房子里的时候，限制看电视和抽烟，保姆是否会尊重你的意愿呢？
- 如果宝宝被送到家以外的地方照顾，那么这个地方是否安全、干净，是否能正确照顾宝宝呢？
- 如何应对一个烦躁的宝宝？
- 保姆是否会根据你的日程安排来喂养宝宝呢？
- 保姆是否具有必要的儿童保护措施？

宝宝的一天

你的生活似乎回到了规律状态，现在你可以预知你的每一天，在制定计划的时候也变得更有信心。假如宝宝的日常生活规律被打乱了，她也可以更好地处理这次事件。假如她的日常生活安排得很合理，那么也会帮助你计划你的每一天。

妈妈的感觉：托儿服务的忧虑

在宝宝的这个生活阶段，你可能会面临着返回工作岗位的现实问题。选择做一个全职妈妈，还是选择做一个努力工作的妈妈，要做出一个决定是相当困难的。你应该根据自己的实际情况和经济能力来做出选择。有些母亲满足于照顾和养育孩子的角色，而另一些母亲为了让自己感到平衡，需要走出家门接受外界的挑战和刺激。有些母亲选择回到全职工作的岗位，而另一些母亲试图寻找一份兼职工作，让自己同时满足个人和职业这两个生活方面。当你在寻找托儿服务、把宝宝留给他人看管时，又会产生一系列新的情绪。当一个母亲第一次走出家门、把自己的孩子留给别人照看时，没有一个是不心痛的。如何控制好这种分离的情绪，其秘密在于你选择的托儿服务。

选择正确的托儿服务

作为母亲，的确很难离开自己的孩子，把她留给别人去照顾。可以肯定的是，大量的研究表明，当婴儿由一个充满爱心的看护人员照看，而且处于她无微不至、始终如一的关怀下时，那么婴儿和你之间就不会出现感情上的阻碍。此外，尽管婴儿会和照顾她的看护人员形成亲密关系，但是这并不影响你和她之间的情感纽带。只要婴儿拥有一个安全的、充满关爱的环境，她就能学会处理人际关系，满足自己的基本需要。

或许你很幸运，能够选择把宝宝留在家里，一直由同一个人照顾。这个人可能是保姆，也可能是孩子的姥姥、奶奶，还可能是某个充满爱心的朋友，或者其他家庭成员。如果你选择把宝宝送到家以外的地方照顾，那么一个充满关爱的托儿所也能为宝宝创造一个同样的、快乐的地方。所有的看护人员要经过急救培训，而且有一个合格的教育背景。另外，你选择的托儿所应该是经过注册和认证的。问一问她们的学历信息。你要花点时间仔细考虑一下所有的选择，这是非常重要的。做一些调查；从当地的在线平台，或者当地的分类广告上，寻找托儿所的地址；然后走访一下，感受一下这个地方。相信自己的直觉！

建立关系 你选择照顾宝宝的人或者场所变成了你生活中的主要关联。你们之间需要建立一种相互信任、相互尊重的关系，就像其他任何关系一样。为了做到这一点，你可以考虑这些小窍门：

❶ 寻找尊重你和支持你的人。从长远来看，彼此感情不断被破坏、指责或事后劝告，这些都不会对照顾宝宝起好作用。

❷ 选择在你突然到访时，对你表示欢迎和感到高兴的人或者场所。

❸ 尊重宝宝的看护人员，就像对待一个有价值的员工那样对待她：当她迟到了，不要少给工资，也不要期待获得免费的支持和服务。

❹ 不要事无巨细地监视宝宝的看护人员。你选择她，是因为她有资格来做这项工作。花点时间向她介绍宝宝的信号、日常习惯和喂养，然后给她照顾宝宝的空间。

宝宝的感觉：在家和在外以及其他

不管是把宝宝留在家里照顾还是送出去，既然宝宝具备了活动的能力，那么你就需要考虑一下新的难题和可能性。其中有两点：是否能保证宝宝安全？是否有专门的婴儿刺激课堂？

保证宝宝安全

具备了活动能力的宝宝是一个家里非常危险的小家伙。她总是在探索，但是她对于安全和界限的理解又很有限。如果你的家对宝宝不够安全的话，你应该花一些时间，让家和院子变得对宝宝安全。

无法通过 楼梯门对于防止事故发生是很有必要的。

够不着 药品应该放在高处，放在宝宝看不见的地方。

选择托儿所

- 你感觉这里所有的员工都欢迎你吗？
- 这里有轻松的氛围吗？有幸福感吗？
- 托儿所是否干净、明亮、通风？有没有脏尿布或是做饭的气味？
- 这里的玩具和娱乐设施状况良好吗？
- 学步儿童区域与稍大一些的儿童区域是否分开？
- 看护人员知道所有孩子的名字吗？
- 看护人员和孩子的比例是多少？对于年幼的宝宝特别是学步儿童来说，一个看护人员最多只能照顾3~4个孩子。
- 这里的孩子看起来都很满足、快乐、兴奋吗？
- 这里的看护人员如何对待一个烦躁的孩子？
- 这里能提供健康的饮食？
- 看护人员是否有相关的从业资格？她们有进修的机会吗？
- 是否有适合各个年龄组别的日常活动计划？
- 托儿所的位置离你家远吗？如果考虑交通高峰期，从你下班到接到孩子要多长时间？
- 托儿所人员和你之间的沟通如何？
- 这里是否有室外活动区域？如果有的话，你对现有设施满意吗？是否有足够的空间供所有孩子活动？
- 托儿所是否有必要的儿童保护措施？

爱护新长的牙齿

在这个阶段，你对牙齿的保护应该更注意的是你不能做的事情，而不是你为防止牙齿损坏去做什么。下面是一些如何保护婴儿牙齿的技巧：

- 千万不要让宝宝一边吃着奶水或喝着果汁一边睡着。随着时间过去，奶水和果汁里的糖分会造成蛀牙。
- 在这个年龄段，完全避免含糖的零食。
- 给宝宝提供需要咀嚼的健康食品，这能刺激她的唾液分泌，从而有助于清理食物颗粒。
- 把少量的婴儿牙膏涂抹在你干净的手指或手指硅胶牙刷上，然后轻轻揉搓宝宝的新牙齿。没有必要冲洗。

- **水** 即使只是几厘米深的水，都可能让宝宝在不到一分钟的时间里溺死。因此一定要注意，不要让桶和盆里留下水。宝宝洗澡时，也要时时监督。把院子里的游泳池、观赏池塘等都遮盖起来，或者使用栅栏隔开。
- **易碎物品** 把所有易碎的物品都放在宝宝够不到的地方。假如你的咖啡桌上都是结实的物件，那么你的生活将会少一些压力。
- **电器设备** 把电器放在宝宝够不到的地方，比如熨斗和咖啡壶，这样，她才不会被高温熨斗或沸水烫到。把所有插座都盖上插座盖。
- **浴室** 始终关闭浴室门，因为这个房间有很多危险。宝宝可能会进去玩马桶里的水，或者把一整卷纸都塞进马桶。把药物放在高处，放在宝宝既够不着、也看不见的地方。
- **厨房** 把所有清洁剂都放在橱柜的最高处和宝宝够不着的地方，因为这些清洁剂大多数都是有毒的。在橱柜上安装儿童安全锁，因为橱柜里的很多东西都可能有危险，比如刀或者较重的锅。
- **家具** 把书架和柜子稳稳地固定在墙上，拿走那些不稳的家具。因为四处乱爬的宝宝一定会想方设法爬上去，这样就可能把它们打翻。
- **楼梯** 房子的顶层和底层都要安装楼梯门，并且将它们关闭。

婴儿刺激课堂

作为新妈妈，你可能会在面对一些能够锻炼宝宝学习能力的机会时感到不知所措。如果是这样的话，你可以考虑一下婴儿刺激课堂。它们能大大提高宝宝某些方面的发展，能给你出一些与宝宝玩游戏的好主意，为你提供与其他母亲和宝宝见面的机会。最重要的是，让你可以有时间和宝宝独处。这些课堂也是结交新朋友的好地方，特别是当你刚来到这座城市时。你要合理计划学习这些课程，还要估量你的宝宝是否会从这些课程中受益，比如音乐、游泳或婴儿瑜伽。要选择合适的时间和便利的地理位置。假如在宝宝饥饿或疲倦时给她刺激，那么她不会从中受益。此外，有些婴儿，特别是非常警觉和有些挑剔的婴儿，他们会因为刺激体验而过度受激，因此他们从课堂里也学不到什么知识，甚至完全学不到知识。

从你的角度权衡婴儿刺激课堂的利与弊。不要因为带宝宝参加活动时没有看到直接的效果，就产生内疚感，让自己感到很有压力。不管怎样，如果你拥有时间和方法，可以清楚地意识到婴儿课堂怎样适合宝宝的生活，那么它一定会给你提供很好的机会，和宝宝一起享受个人的、不被打扰的时间。

帮助宝宝睡眠

假如你以为经历了一年的育儿阶段以后，终于能期盼一夜完整的睡眠了，然而你的宝宝还是不能一觉睡到天亮，这时你可能会觉得幻想破灭了，觉得疲惫不堪。实际上，你的期盼是正确的。如果宝宝不能一觉睡到天亮，你可以试试这些方法，保证她很快就能做到。

良好睡眠习惯的感觉秘密

宝宝的感官世界影响着她的睡眠情况。重新回忆一下，通过以下方式从感官上排除引起睡眠问题的原因。如果对于任何一个问题你的回答都是“不”，那么你就应该重新学习睡眠习惯的感官密码了（见174~179页）。

- 在傍晚时分，你和宝宝是否玩了很多运动类的游戏?
- 她是否总是睡在同一个地方？这个地方安静吗?
- 你确定她在傍晚时没有过度受激吗?
- 你是否允许宝宝吮吸一些东西（她的拇指或奶嘴）?
- 她是否拥有一个睡眠安抚工具，比如毯子或柔软的玩具?

忙碌的身体 随着宝宝对自己世界的探索，她每天都要发展新的运动技能，她的肌肉会给大脑带来很多感官上的反馈。这帮助她发展了本体感觉：意识到自己的身体在空间内运动。本体感觉对睡眠有一种奇妙的影响，这种影响就像是进行漫长的徒步旅行，或者整天在海洋里游泳，肌肉的锻炼能改善人们的心情和促进睡眠。许多父母发现，当宝宝开始运动时——爬行和走路，他们的睡眠也得到了改善。不过有一个例外，它发生在实现大多数里程碑的开始：在宝宝学习爬行、站立和行走的那几天，她可能有些不安，而且会在晚上练习她的新技能（见179页）。

撞头和摇摆身体 有些宝宝在入睡前会撞头、摇头或者摇摆身体。看起来非常痛苦，但是宝宝并不是在伤害自己，她可能只是在用这种运动方式安抚自己。如果你担心的话，应该让医生检查一下。这种有节奏的行为通常是由感官需要引起的，比如运动或本体感觉需要。有些宝宝在感到过度刺激和过度疲倦时，会用这种运动方式使自己的头脑保持清醒。通过有节奏的身体运动，她可以平衡自己的觉醒系统，感觉更镇静，最后就睡着了。通常到了4岁的时候，摇头和撞头的现象会消失。过度疲倦和过度刺激都会导致这种状况，所以你应该鼓励

睡眠：在这个阶段，你能预知什么？

- 如果你的目标是自宝宝上一次醒来之后最多过2.5~3小时，让她再去睡，那么她很容易就能做到。
- 在这个阶段，宝宝会省略下午的小睡，白天只需睡两次：大约在上午9:00小睡一次；超过一二小时的午睡。
- 假如宝宝16:00才开始睡，那就要记得叫醒她，这样到了晚上她才能够更轻松地安定下来。
- 你最好让宝宝的就寝时间不迟于19:00，她会在次日5:00~7:00之间醒来。
- 宝宝预计能一觉睡到天亮，大约11~12小时，中间无须喂奶。

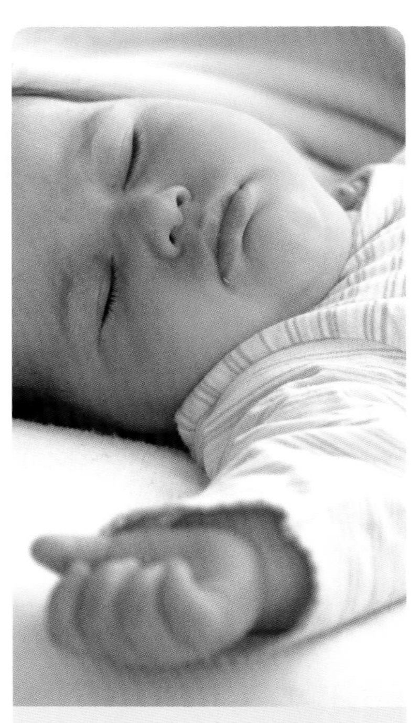

感知的秘密

当宝宝处于"尖端年龄"的时候，你可能难以让宝宝平静地睡觉。但这种情况只出现一二个星期，然后她就会慢慢适应。

宝宝白天小睡一次，或者更有规律、更安静一些。如果你的宝宝省略了下午的小睡，那么你应该把晚上的就寝时间提早一些。鼓励她白天参与到更激烈的运动中，比如荡秋千、推一个装满积木或书的小车，以及其他户外活动。如果你们家没有院子的话，就带她去公园。在极少数情况下，摇头和摇摆身体与脑神经失调相关。儿科医生可以诊断出这些罕见的情况，所以如果你很担心，可以去咨询医生。

帮助宝宝在白天睡好

宝宝应该形成自然的白天睡眠规律，在你始终如一的坚持下，她能够毫不费力地适应。在下列情况下，宝宝更有可能独立地安定下来：

- 你观察她的清醒时间。留意她醒来以后的时间长短（见 51 页），确保她每 3 小时睡一次。假如她过度疲惫，就更有可能抗拒睡眠。
- 你允许她独立地安定下来。假如在她平静时你一直站在婴儿床旁边，或者总是摇晃她睡觉，那么你的宝宝永远也学不会自己睡着。

尖端年龄 在这个阶段，宝宝的清醒时间最长应该是 2.5~3 小时。你要留意她醒来了多长时间，这能帮助你使她更快入睡，而且睡醒之后会更高兴。但是某些时候，在宝宝的生活中，她可能会抗拒白天睡觉。这种情况会经常发生，因为这个时候她的能力正处于尖端水平，没有一定的睡眠也能做某些事情。当这种情况发生时，你应该延长她在下午的清醒时间，调整她的夜晚就寝时间，把就寝时间提早一些。

这个棘手的阶段是与年龄相适应的，被称为"尖端年龄"，第一次发生在婴儿 9 个月到一岁之间。

- 在 6~9 个月之间，大多数婴儿有二三次较短的小睡，可能短至 45 分钟，以及一次较长的白天睡眠（取决于小睡时间长短）。
- 在 9 个月到一岁之间，假如下午的小睡干扰了宝宝夜晚的安定，你可能应该把小睡暂停，或是把它缩短。有些宝宝仍然需要打一次瞌睡，这样才有精力坚持完成夜晚的固定程序：洗澡、吃奶等等。如果宝宝仍然坚持下午的小睡，那么到了 16:00 一定要把她叫醒，这样你才能把就寝时间保持在 18:00~19:00 之间。
- 等到第一年快要结束的时候，傍晚小睡会完全消失，在下午，宝宝将有一大段的清醒时间。当然这意味着在下午，你的宝宝会保持 4 小时的清醒时间，有可能变得过度疲倦。当这种情况发生的时候，你可以把宝宝夜晚的就寝时间提早一些，这样持续几个星期，以便帮助宝宝适应。

帮助宝宝在夜晚安定

睡前例行程序是婴儿大脑释放荷尔蒙的信号，从而诱发睡眠，因此它是每个夜晚的重要组成部分。在傍晚，年幼的宝宝非常容易受到感官超载和感官崩溃的影响。如果她正处于白天睡眠的尖端年龄（见上页），并且停止了下午的小睡，尤其会发生感官超载和崩溃的情况。因此，你一定要让刺激输入保持在最低限度，避免激烈的游戏或刺激活动。你可能会喜欢尝试这样的睡前例行程序：

- 根据宝宝下午睡眠之后的清醒时间，计划夜晚的就寝时间，但是一定要保持在18:00~19:00之间。有时候为了与每晚的就寝时间一致，你可能需要让她傍晚的清醒时间长一些。如果一向睡得好的话，大多数婴儿都能应对这一状况。但是如果你的宝宝在傍晚特别不安静，那就让她在下午16:00以前小睡30分钟。16:00以后将她唤醒，稍晚一些再开始睡前例行程序。
- 用舒缓的热水澡作为睡前例行程序的开始，紧随其后的是平静的按摩（见105~107页）。洗澡的时候保持安静。
- 把宝宝抱出浴室时，要将她包裹在一条温热的毛巾里。把宝宝带到她的睡眠空间，垫上尿布、穿上衣服，把她放进睡袋。让房间保持安静。尽量不要过多地抚摸她或者刺激她。
- 调暗灯光，鼓励她握住睡眠物体（比如毯子或柔软的玩具）来安抚自己。播放白噪声录音，以帮她镇定下来。然后在黑暗中给她喂当天最后一次奶。在这次喂奶过程中，你要一直把宝宝抱在你的怀里，这样她才不会把床和吃奶联系在一起。抱着她摇晃（如果必要的话），让她进入昏昏欲睡的状态。花点时间，放慢节奏，好好享受这些安静的瞬间。
- 在你的宝宝非常放松、昏昏欲睡但是还没睡着的时候，轻轻地把她放到床上，吻安，然后离开房间。

睡觉时间 作为睡前例行程序的一部分，你应该调暗睡眠房间的灯光，然后平静地把她放到睡袋中。

如果她无法安定 如果宝宝在白天睡觉或夜晚睡觉时无法安定，而且进行睡前例行程序就像打仗一样困难，那么现在就要帮助她学习独立入睡了。

或许你担心睡眠训练会对你的宝宝造成伤害，毕竟有些睡眠训练涉及宝宝与你分离和宝宝长时间的哭泣。宝宝经过长时间的哭泣以后，可能导致呕吐。如果你使用一些温和的、“可感知的”方式进行睡眠辅导（就像下页建议的那样），你就不会遇到这种问题。这种睡眠辅导方式不会让你丢下宝宝一个人。由于你给予了宝宝一贯性和信任的信息，这样她就有安全感，觉得自己没有被遗弃。

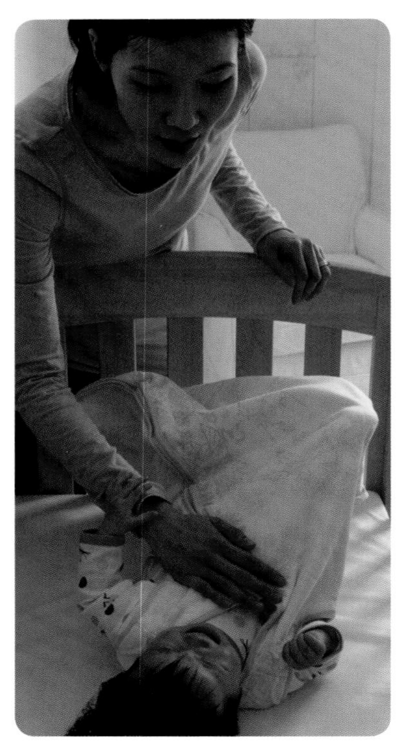

自信的辅导 如果你的宝宝睡不着，你可以温柔地辅导她。你要保持冷静，并尽量显得自信，这样她才不会把辅导过程当做创伤体验。

睡眠辅导的3个策略

如果你很难让宝宝自我平静下来、进入睡眠状态，或者很难让她一觉睡到天亮，那么你可以温和地指导她大约一周时间。认真思考这些要点，然后开始。

信心 如果在某个事件过程中，父母向3岁以下的宝宝传达了恐惧的信号，那么她就会产生创伤体验，并且会把这种恐惧感带到类似的事情中。睡眠辅导也不例外。如果你站在婴儿床头，当她哭泣时，你的眼神里流露出恐惧，或者你的脸上泪流满面，她就会把这件事当成创伤体验。因此，向你的宝宝传达信心和冷静，这才是最重要的。当宝宝睡在婴儿床里往上看的时候，假如你正在教她自我平静后入睡的新方法，她应该能领会到一种安全的感受。在进行睡眠辅导的过程中，特别是尝试"控制哭"的方法失败以后，你的内心可能感到非常焦虑。但是"睡眠辅导的3个策略"不同于"控制哭"的方法。在你充分准备好以后，就可以开始教宝宝这种新技能，那就是独立入睡。很多人尝试过这种"可感知的"方法，也经过了多年来的专业实践检验。无论如何，如果你不相信这个方法会解决宝宝的睡眠问题，那就不要尝试，因为缺乏信心它就不会起作用，对你和宝宝来说也会很艰难。

一致性 教会宝宝这项自我安抚入睡的新技能，必不可少的一点是一致性。如果只是在就寝时开始教宝宝独立入睡的技能，然后一直坐在旁边忍受宝宝整整一小时的哭泣，最终只能退回到重新抱起她、通过喂奶和摇晃的方式使她入睡，这样的做法一点儿也不好。宝宝收到的信息是，她必须长时间哭泣，你才会再次采用老办法。如果你前后的做法不一致，那么睡眠辅导过程需要花费更长的时间。如果你觉得不能将睡眠辅导坚持到最后，那就不要进行。因为这样做会使宝宝困惑，对她不公平。

合作 这意味着共同配合。睡眠辅导是你、你的爱人和你的宝宝之间的一种团队合作行为。互相配合是很必要的，不能破坏彼此的进程。这一点很重要，尤其是因为它影响一致性：不管是你还是你的爱人在晚上对宝宝作出回应，你们两个都需要以同样的方式去做。最好是你们中的一个人去百分之百地进行一致性的睡眠辅导。但是，即使只有一个家长肩负着实际进行睡眠辅导的重任，你们双方都必须同意这种做法，并且彼此支持。你必须做好一周时间（或许更多）睡眠减少的准备。

如何对你的宝宝进行睡眠辅导？

首先，检查宝宝的基本需求是否都已满足（见右边的方框）；同意信心、一致性、合作的原则，准备好进行睡眠辅导。当你启动这个程序时，要严格遵循所有的步骤和建议。一旦宝宝的睡眠状况得到改善，你在操作时就可以更加灵活一些。

❶ 如果宝宝已经习惯于依赖你入睡，她可能在几分钟内会抗议你离开房间。按照197页的睡前例行程序进行，然后离开房间。先听宝宝的哭声。如果她只是单纯地呜咽，那么不要进去，给她一个自我安抚入睡的机会。这种办法也适用于宝宝半夜哭闹的时候——不要走进去，直到她真的哭起来。如果宝宝真的哭了，你就搬一把椅子到她的房间，坐在她旁边。给她拿一件睡眠物体，比如毯子或者柔软的玩具。如果她站起来了就让她躺下去。除此之外就只是坐下陪着她，把你的手放在她的手上，不要拿开你的手，除了说"嘘，嘘，嘘"，不要说话。这时，你正在给宝宝3种感官输入来支持她入睡：她能看见你、她能感觉到你、她能听到你。坐在她身边，直到她入睡。不要看起来很不安或者很担心，只要闭上你的眼睛。如果她期待你喂她或者摇晃她入睡的话，她可能会哭，但是你不能动摇，只是坐在她身边。即使她哭了一会儿，你还是只坐在她身边，透着冷静和自信。当宝宝在这一夜醒来时，首先要给她一件睡眠物体。

❷ 到了第二个晚上，以同样的方式开始睡前例行程序，然后走出房间。当宝宝开始哭泣时，走进她的房间，只是坐在她身边，对她说"嘘，嘘，嘘"。不要触碰她。这时，她正在经历两种感官输入：看见你、听见你。如果你很累，第二晚就可能很困难，但是如果你采取一致的做法，你的宝宝就会形成独立入睡的概念。当宝宝在这一夜醒来时，同样给她一件睡眠物体。

❸ 到了第三个晚上，以完全相同的方式开始睡前例行程序，然后走出房间。当宝宝开始哭泣时，回到她的身边，这次只是静静地坐着，直到她入睡。现在，你给宝宝减掉了触觉和听觉两把拐杖，她只有一种感官输入：看见你。当宝宝在这一夜醒来时，同样给她一件睡眠物体。

❹ 到了第四个晚上，当宝宝开始哭泣时，回到她的房间，给她拿一件睡眠物体，然后站在门口，直到她入睡。

❺ 到了第五个晚上，先听听宝宝是否自己独立入睡了。如果没有的话，就回到她的房间，给她拿一件睡眠物体，然后站到房间外面她能看见你的地方，在她哭泣时，偶尔说"嘘，嘘，嘘"。通常到了这个阶段，宝宝已经学会了独立入睡的技巧。将同样的方法不折不扣地进行一个星期，要预料到会有一个抗议的夜晚——醒来好几次。要有心理准备，然后用与睡眠辅导周相同的方式来处理。

排除基本需求

在开展睡眠辅导训练以前，要排除宝宝的基本需求。确保在你开始以前，这些问题都已经得到了解决。

健康 确保宝宝是健康的。如果宝宝出现以下情况，请不要开展睡眠辅导训练：

- 上个月感冒了，还没有完全好。这可能导致耳朵充血（不同于耳朵感染），在睡眠过程中，会对耳膜产生压力。
- 正在对肺部感染或哮喘进行药物治疗。因为这些药物中含有兴奋剂的成分，不利于宝宝的睡眠。
- 患了急病，比如发热、胃肠炎、泌尿系统感染等。
- 患有严重的尿布疹，或正在出牙期。
- 慢性病，如湿疹或贫血，影响睡眠。

白天的睡眠 制定一个白天睡眠计划。这是必不可少的，因为它能确保宝宝在夜晚安定，并且夜里不会频繁醒来。一个过度疲倦的宝宝会在夜晚醒来。

饮食 确保宝宝的饮食适合她的年龄，奶水充分，如果她超过6个月大，还要有包含蛋白质的固体食物（见181页）。

卧室 把宝宝放在相同的地方睡觉，通过播放白噪声或摇篮曲，保持房间舒缓的气氛。

玩分离游戏

为了帮助宝宝克服分离焦虑，你可以在白天和她玩这些游戏：

- 躲猫猫：将餐巾或小手绢遮在你的脸上，或者放到宝宝的脸前面，然后一边说“躲猫猫”，一边拉下布块，让你暴露在宝宝面前。
- 找玩具：把一些可爱或有趣的物体，比如奶嘴或泰迪熊，放在毯子下面，说“泰迪熊在哪里呢？”然后掀开毯子，展现该物体。
- 捉迷藏：躲在沙发或床的角落，叫你的宝宝。如果她朝你声音的方向看过去，或者朝你爬过去，你要以笑容满面的方式现身回应她。这样做能够教会宝宝，当她看不见你时你还是存在的，而且任何短暂的分离之后都伴随着欢乐的团聚。

夜间睡眠问题的解决方法

在就寝时间，如果你的宝宝正在设法让自己安静下来进入睡眠，那么你就完成了90%的任务。大多数能在夜晚独立安抚自己进入睡眠的宝宝，在半夜醒来时也会这么做。如果宝宝不能在就寝时间使自己安定，你需要做的第一步就是对她进行睡眠辅导训练（见198页），让她学会安抚自己入睡。如果宝宝在就寝时间安定下来了，但是当她半夜醒来时，仍然期待你能帮她重新回到睡眠状态，那么你就得仔细考虑一下她醒来的原因，随后使用这些方法：

分离焦虑 在这个阶段，宝宝可能还是会出现分离焦虑（见173页）。为了解决她的忧虑，尝试在白天处理她的分离问题：

- **观察、等待、惊讶** 花时间和宝宝一对一地在一起。实践证明，这样做不仅可以有效地减少宝宝的分离焦虑，还可以巩固你和她的关系。该方法的神奇效果不仅反映在睡眠问题上，还反映在宝宝成长为学步儿童的每一步进程中。抽出30分钟完全无打扰的时间，与宝宝在一起，每周安排3次。关掉电话，不要有其他人，只是集中注意力与她待在一起。看她玩耍，不加批评，不介入其中——只是看着她，当她玩的时候跟随着她。使用与宝宝年龄相适应的玩具，和她一起坐在地板上，等待宝宝邀请你和她一起玩游戏。当她这么做以后，你把自己看成和她一样大，和她一起玩耍，不去指挥她怎么做。当宝宝表现出她的玩耍方式时，你要惊讶地大声叫出来。这会帮助你加强与她的联系，能让她更有安全感。
- **积极处理分离** 当你离开宝宝时，你也许会很焦虑、难过、内疚，但是你不能把这种情绪传递给她，这一点是至关重要的。不要为了避免眼泪，偷偷溜走和消失。试着实事求是地处理分离，经常对她说再见。这一点也很重要，因为它能让宝宝相信，你总会让她知道何时离开的、离开多长时间。
- **快乐团聚** 正如你需要每次说再见一样，回来的时候应该总是高兴地和她打招呼，然后再和宝宝一起待一段时间。你会发现，当你回来以后，她有一点儿黏着你。如果你期待这样，就撇开一切陪伴她，下次你离开时，宝宝就能更好地应对。
- **帮她选定一个有安全感的物体** 花点时间帮助宝宝寻找一个“有安全感的物体”，比如毯子或者柔软的玩具，每当她哭泣时就拿出来，给她提供安慰。如果宝宝累了、受激过度了、伤到自己了，就把毯子或柔软的物体放在你的肩膀上，这样当她拥抱你的时候，她也能从物体上得到安慰。在就寝时间也可以给她该物体，当她半夜醒来时，就

不太可能吵醒你，不必从你这里寻找安慰。当宝宝醒来，如果你确定她只是想寻找安慰的话，就走到她旁边，轻拍她，确保她的手里抱着有安全感的物体，然后离开房间。要确保在这个阶段，你没有让她养成任何难以戒掉的坏习惯。

营养 宝宝现在可以吃很多丰富的固体食物，可以吃一切糊状的食物或小点心。然而，如果你吃外卖或包装食品，不要给她吃，因为它们对婴儿来说含有太多的盐、糖和防腐剂。宝宝的食物包括水果、蔬菜，以及碳水化合物和蛋白质，另外再加上每天两瓶奶水，这些足以确保她睡得很好。如果她总是半夜醒来，特别是如果她每次醒来都需要一瓶奶，你就应该想想饥饿问题的关键所在。在 3 种情况下，食物可能会影响她的睡眠：

- **蛋白质** 蛋白质对宝宝身体和大脑的成长和发育很关键，尤其是在夜晚宝宝睡觉时。确保她每天的食物中蛋白质摄入量每千克体重至少一茶匙（见 181 页）。9 个月大的宝宝体重大约 8~10 千克，所以每天需要 8~10 茶匙。分三餐摄入，每餐摄入量约 3 茶匙。要想估计出宝宝每顿的蛋白质需求，最简单的方法是取和她手掌一样大小的蛋白质食品。
- **铁** 这种矿物质是宝宝身体所必需的，它能产生红细胞，有利于血液里的氧气运输，对细胞生长也是必要的。如果宝宝没有吸收足够的铁，她的血液就不能有效地运输氧气，这会让她疲倦、容易生病。严重缺铁可能导致贫血，这意味着她的大脑发育可能会受损（铁的来源见 183 页）。
- **每晚给宝宝喂奶** 这会降低宝宝白天的食欲。她会变得挑食，不吃有营养的食物，比如身体所需的含有蛋白质和铁的食物。在这种情况下，她会在夜晚更加清醒，需要你喂奶水。如此一来，便会循环往复。要想打破这个恶性循环和增加宝宝白天的食欲，唯一的方法是戒掉夜晚喂奶的坏习惯。

习惯 不良的睡眠习惯很容易形成，特别是当宝宝还没有学会有效的自我安抚技巧，或者还没有学会使用睡眠安抚物体（见 174 页）的时候。如果宝宝习惯于接受别人的帮助才能入睡，而且不能使自己安定下来，那么在她每次醒来时，她都会指望你帮她。让人欣慰的是，你的宝宝现在长大了，她足以掌握新的技巧，并戒掉过去的习惯。有些习惯是很难改变的，如果宝宝哭了很久，她可能需要喝一点凉开水解渴。在白天，一定要满足宝宝的安慰需求，给她很多的爱和拥抱。

戒掉从饮食到睡眠的习惯

假如宝宝只有在舒适地吮吸乳房或奶瓶的情况下才能入睡——无论在就寝以前还是半夜醒来的时候，那么吮吸就会导致睡眠问题。如果你不用喂奶的方法使她入睡，就可以帮她戒掉坏习惯。确保宝宝的饮食适合她的年龄，她在夜晚不再需要奶水喂养。如果宝宝已经睡了10小时了，那么凌晨4:00之后的喂养就是适当的。如果白天喂奶的时间接近睡眠时间，那就确保她在入睡之前已经吃完了。你可以遵循下面这些简单的步骤：

- 当喂养结束以后，或者当宝宝在夜里醒来想要吃奶时，你就把她抱起来，紧紧地依偎着你。不管她有多么抗议（或者需要多长时间），你只需轻轻地摇晃她、安抚她，直到她睡着。假如你坐在婴儿床旁边轻拍她，可能会更容易一些。
- 和宝宝在一起，待在她的睡眠空间里，保持环境安静。
- 当她进入睡眠状态时，把她放回婴儿床上。如果她醒了，再次重复这个过程，直到她睡着。这可能需要几天的时间才能做得更好，所以不要放弃。
- 当宝宝习惯了不通过吃东西入睡，并且很高兴地在你的臂弯中睡着的时候，就转到下一步，那就是教会她如何在自己的床上独立入睡（见199页的睡眠辅导）。

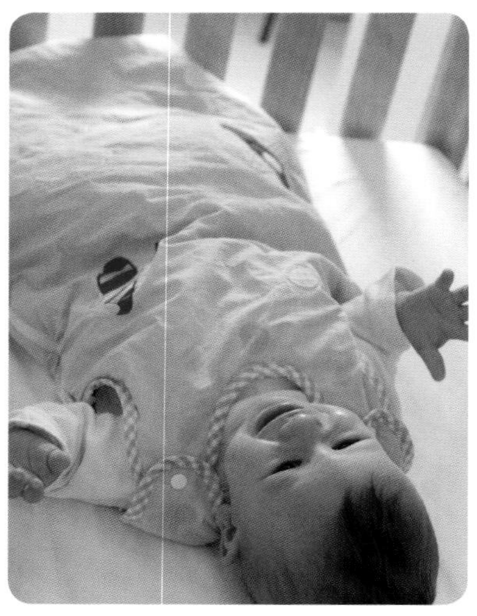

对付夜惊

❶ 宝宝在夜惊时可能会尖叫，但是她似乎没有意识到你的存在，看起来非常痛苦。

❷ 在宝宝夜惊的过程中，你能为她做的最好的事情就是握住她的手，让她知道你在这里。

噩梦？

如果你的宝宝夜里醒来尖叫，你会以为她做了一个噩梦。其实在她成为一个蹒跚学步的小孩以前，她可能不会做噩梦。一岁以下的婴儿尚未在脑海中形成标记视觉影像的语言。基于这个原因，人们认为，只有当婴儿年满 18 个月，会说话以后，她才真正发展想象力。如果你的宝宝夜里尖叫着醒来，则更有可能是夜惊。

夜惊 噩梦会使一个孩子惊醒，你的宝宝可能不会从夜惊中醒来，她只是尖叫。她也可能表现出痛苦的迹象，比如出汗、心率加快或者眼睛睁大。更糟糕的是，她可能不会回应你，或者不会意识到外界的任何事情。这种情况令人不安，因为夜惊可能会持续很长一段时间——长达 30 分钟。当你试图安慰她的时候，你的宝宝甚至可能会用力击打你。幼小的婴儿也有可能会经历夜惊（虽然发生夜惊的常见年龄在 2~5 岁）。

夜惊不同于噩梦，它发生在婴儿沉睡的时候，通常在上半夜，婴儿入睡后 1~3 小时以内。在深度睡眠周期结束的时候（当她进入快速眼动睡眠时），大脑的一部分已醒来，而另一部分还停留在深度睡眠状态（因为神经系统尚未成熟）。所以她看起来醒了，实际上还处于深度睡眠中。大脑有可能把夜惊的身体症状联系在一起，比如心率加快、出汗、恐惧，这就是宝宝在睡眠过程中为什么会哭、会尖叫的原因。

在某些情况下，高烧会干扰睡眠周期，从而引起夜惊。夜惊很少由心理创伤引起。当这段插曲结束以后，大多数婴儿都能够轻松地回到睡眠中，到了第二天也不会回忆起来。

对付夜惊 当宝宝出现夜惊状况时，你能为她做的莫过于紧紧握住她的手，使她安心，让她知道你就在这里。有时候抚摸会引起不必要的刺激，反而会使情况更糟糕。因此，你可能只能等待夜惊结束，同时保证她的安全。

研究表明，夜惊普遍发生在睡眠时间异常和疲惫的儿童。过度疲惫与这些睡眠中断状况尤其相关。你应该时刻记住宝宝的清醒时间，白天坚持规律的睡眠，睡前坚持进行例行程序，就可以避免宝宝出现夜惊现象。确保宝宝白天有一次小睡，把她夜晚的就寝时间提早一点儿，白天避免过度的刺激和感官超载，特别是在夜晚就寝前。

宝宝的喂养

宝宝现在一日三餐都在吃固体食物，从这时候起，她的饮食方式渐渐变得越来越像你的饮食方式。你可以做饭给全家人享用，也能喂给宝宝相同的食物，只要你没有添加盐或蜂蜜。但是要确保她能咬得动，而且不会被噎住。

奶水喂养

在这个阶段，大多数婴儿只需醒来时喂一次奶，夜晚就寝前再喂一次奶。有些婴儿仍然喜欢在午睡以后吃一次奶。你不必急于取消这次喂奶，但是要留意宝宝可能不愿吃或者不愿吃完。只要宝宝需要，你应该在每次喂奶时提供250毫升奶水或母乳。因为宝宝正在从其他的固体食物（奶酪和酸奶）中吸收奶制品，你不必担心她是否可以吃完一瓶奶，也不必担心她是否只吃了一点母乳。

现阶段明智的喂养方法是，保留母乳喂养或配方奶喂养形式，除此之外还需要一日三顿固体食物，直到宝宝年满一岁。你可以添加配方奶或母乳到她的谷物食品里，在烹煮食物时，你可以开始使用牛奶。牛奶中维生素A、D和C的含量低，尤其是铁。所以在宝宝12个月大以前，不适合把牛奶作为奶水喂养。重要的是要记住，婴儿（即使到了两岁）的食物中需要足够的脂肪和胆固醇。这样既能确保成长所需的足够的热量和胆固醇，也能确保大脑的发育。如果你在宝宝一岁以后开始喂牛奶，那就给她喂全脂牛奶，而不是低脂或脱脂牛奶。

开始使用喂养杯 在上午和下午时，可以用有吸管的杯子给宝宝提供水或者果汁。使用两边有把手的吸管杯，这样她就能自己抓牢。如果宝宝不知道如何使用它时，不用担心，因为过一段时间她就会明白的。买一个不会溢出水的杯子，这样可以节省你擦地板的时间。如果你不是用母乳喂养宝宝，那么在早上和晚上，你就用标准的奶瓶给她喂配方奶。

固体食物

假如你推迟引入不同类别的固体食物，直到这个阶段才准备开始，那么现在就应该增加她的饮食多样性了。宝宝的饮食中必须包括蛋白质，另外要减少奶水喂养数量，这是极其重要的。如果你正在遵循前一章所推荐的饮食计划（见182页），那就循序渐进。

喂养：在这个阶段，你能预知什么？

- 你的宝宝可能会省略下午那顿奶水喂养，可能仅仅在醒来和睡觉前要吃奶。
- 她晚上不需要吃奶，除非她生病了或者精神不好。
- 你的宝宝现在可以吃很丰富的固体食物了，其中包括所有的食物类别，以及相当一部分蛋白质（见180~183页）。
- 如果你的宝宝在吃固体食物，而且很高兴，那么你无须担心她的成长曲线是否会呈平衡状态——因为她在运动中消耗了大量的能量。
- 当她开始爬行时，可能会有一个饥饿期。

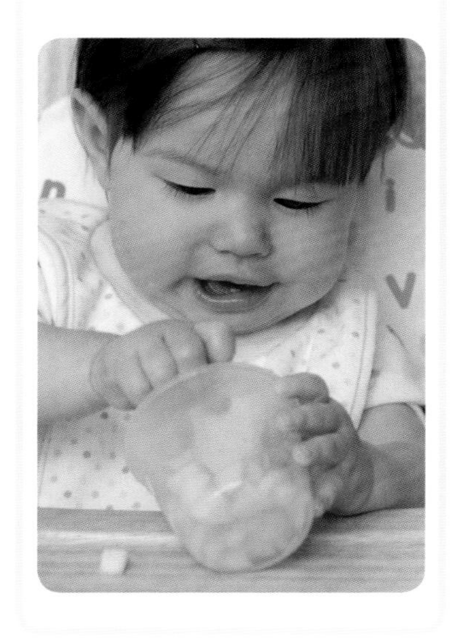

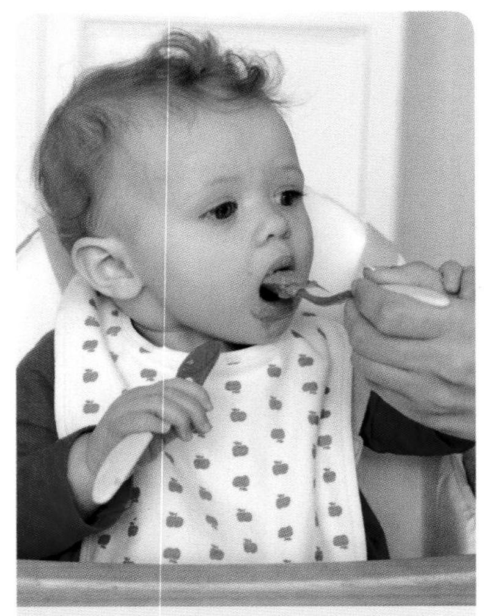

感知的秘密

一旦你的宝宝开始要自己吃饭了，那么到了进餐时间，你要在她的高脚椅子下面铺一块塑料桌布。还要给宝宝一个汤匙——这会让宝宝变得忙碌，这样你就可以继续给她喂食物了。

你应该根据宝宝的需求增加食物的分量。在她的每顿饭中，应该有大约225克的固体食物。她的饭量每天都不一样，如果她偶尔没有吃到225克的固体食物，你也不要担心。大多数时候，她能吃其他家庭成员所吃的食物，只要是健康的家庭烹饪，而且要避免盐或蜂蜜。你可以给宝宝更多质地更粗糙的食物吃。你不再需要把她的食物做成羹，除了某些纤维食材以外，比如煮熟的肉或鸡。当然，要用叉子的背面将食物捣碎。在现在这个阶段，你可以开始让宝宝尝试不同的口味，例如在她的食物里加一点儿大蒜、番茄或洋葱。当你为宝宝引入某种新食物时，如果她吐出来或是塞在嘴巴里不动，你也不要担心，这是正常现象。她还会对小点心很感兴趣，并开始喂自己。当宝宝把她的整个拳头伸向碗里的食物时，不要丧失信心。这是她在尝试喂自己，这是一种非常了不起的感官体验，也能帮助她发展手眼协调能力。继续给她小点心吃，但要避免那些碎成硬渣的食物以及放进嘴里不能变软的食物。

9~12 个月婴儿的饮食计划

现在，宝宝的喂养日程已经形成规律了，她的饮食计划应该是一致的。但是如果她有时候出现不怎么饿的情况，请不要担心。

时间	一餐	食物和数量
6:00	奶水喂养	200~240毫升。
8:00	早餐	碳水化合物，比如谷物食品、燕麦粥或者加了一片水果的白面包，另外再加上如酸奶、鸡蛋或火腿之类的蛋白质。
10:00	小点心	水或者稀释的果汁，小点心，例如面包条或清蒸蔬菜。
12:00	午餐	蔬菜与碳水化合物，比如土豆、米饭、意大利面条，再加上肉、乳制品或鱼之类的蛋白质，用水果代替甜点。
14:00	奶水喂养	在这段时间，这一次的喂养量可能会减少，或者完全取消。
15:00	小点心	水或者稀释的果汁，小点心，比如小块的水果。
17:00	晚餐	提供与午餐同样的食物。
18:00~19:00	奶水喂养	250~300毫升。

了解你的宝宝

在这个阶段，宝宝将重点关注运动。无论是她很快就学会了爬行，还是很早就学会了走路，她都会在四处巡察，给“交战地带”这个术语赋予了全新的意义。具备活动能力对于提升宝宝的空间感很重要，现在，你的小宝宝开始绘制她自己的地图了。

能够外出走动 这是一个令人愉快的阶段，你的宝宝会主动寻求刺激，也能够更好地应付刺激。出游和去亲子游乐园成为有价值的事情，因为她会从那里拓展自己的世界。

从坐立到行走 宝宝一直很享受长时间无支撑地坐在地板上。以这种姿势，她将真正开始发展她的细动作的技能。但是等到她将近一岁的时候，坐立就会显得过于静止。因为只有当她探索有趣的事物，再次爬行或站立之前，她才会使用坐立姿势。这个时候，她开始一本正经地让自己站立起来。

任何人、动物或家具都可能成为她的倚靠物。她会“扑通”一下跌倒，重新回到地面。一旦她站起来，过不了多久，她就会手扶东西，腿开始摇晃。多次摇晃中的一次，最终会变成向前的一步。磕磕绊绊往前走，直到抓住家具。到处晃悠着走是走路之前一个重要的阶段，能一直延续到第二年。当然，每个宝宝开始走路的年龄都不同，你不应该用它来衡量宝宝的发育是否成功，除非有其他显示天赋异禀或严重推迟的信号。有些宝宝 9 个月就开始走路，而有些宝宝直到 16 个月才开始走路。

灵活度和语言 宝宝现在开始用双手作为工具了。她会给你一个玩具，并准确地练习放开物体。她会使用食指，能用食指戳小物体或洞。使用嘴巴探索物体的次数逐渐减少了，因为她开始积极使用双手替代嘴巴，来操作和探索物体。她能用手指喂自己食物、用牙齿咬饼干、用双手抱着自己的奶瓶或吸管杯。她也开始用语言交流 —— 她懂得的东西超过你的想象。她喜欢模仿声音，比如咳嗽。她还会大声唠叨，会说一些重复音，比如“嘎嘎”或“爸爸”。等到宝宝一岁的时候，她甚至可能会说一些真正的单词。通常最早会说的是“大大”，它比说“妈妈”更容易一些。在这个阶段，耳聋的孩子所发出的声音会不同于那些耳朵正常的孩子，因为他们的世界仍然是空旷而单调的。

宝宝的幽默感发展迅速，她会变得和你非常有感情。她喜欢击掌之类的游戏，还喜欢挥手再见。假如你试图拿走她最心爱的玩具，或是试图把她带离危险的境地，她的情绪就会立刻转变。

"你的宝宝一直在练习已有的技能，比如坐立；她还在努力准备下一个重要的里程碑：走路。"

感知的秘密

为了确保宝宝继续健康发育，你应该坚持日常程序（但是要足够灵活，可以随着孩子的发展而改变）。遵循可感知的喂养计划，养成良好的睡眠习惯。使用TEAT原则框架，在合适的时间刺激或安抚宝宝，以此促进她的发育。

目标里程碑

独立性在宝宝12个月大时开始发展，到那个时候，宝宝会决定自己想去的地方。她会练习已有的技能，比如坐立；但她还在努力准备下一个重要的里程碑：走路。当宝宝一岁的时候，你可以期望实现这些里程碑：

发育领域	目标里程碑
粗动作	将快速的爬行作为四处游走的基本方式，包括爬楼梯。 坐着玩耍。 能够爬到任何她可以到达的东西上。 可以独自站立，不需要任何支撑力量。 握住你的手，靠你搀扶着走路。 或许可以开始独立行走。
细动作	能够自如地放下大物体，但是对小物体依然有些笨手笨脚。 开始用双手一起工作，比如一只手握住罐子，一只手打开盖子。
手眼协调能力	能够仔细观察物体的特性；喜欢玩容器、喜欢翻书。 开始扔玩具。 不再把所有东西都塞进嘴里，因为她现在能够更有效地同时使用眼睛和双手。
语言发展	能说一二个有意义的词语。
社交、情感	开始认真地与人交际，因为她能够传递自己的情绪，并且热情地与人互动。 能够记住社交礼仪，比如说"再见"、亲吻。
自我调节能力	能够充分调节基本功能，比如饥饿和睡觉。 控制情绪的能力有限，把发脾气与挫折联系在一起。

感官刺激：TEAT原则

现在宝宝能够从坐立姿势开始移动了。你可以把有趣的玩具放在她够不着的地方，鼓励她去拿。通过在家中创建婴儿安全区，帮助宝宝爬行，为她提供探索的机会。为了鼓励她四处巡察，你可以在合适的位置分开摆放家具。在这个阶段，宝宝有时会感到沮丧。假如正当宝宝在某个有潜在危险的地方高兴地探索物体，而这时候你将她抱离，你要试着去体会她的感受；然后给她提供另一种安全的娱乐来源。给她讲很多故事，教她认识自己的身体，在她的清醒时间里带她出去游玩，因为现在她想了解这个世界。

并排玩耍 婴儿喜欢在彼此旁边玩耍，这称为“平行游戏”。直到宝宝开始蹒跚学步的时候，她才会开始积极地和另一个孩子一起玩耍。

时间

宝宝有很长一段时间处于平静而警觉的状态，在这期间，她会玩耍和探索。在宝宝的清醒时间里，通过外出和活动，抽出时间刺激她，比如去公园或婴儿教室。向她介绍社会情境。她会在她的朋友旁边玩耍，而不是跟她的朋友一起玩——平行玩耍而不是共同玩耍。但是，即使只是和一个小朋友在一起，也能教会她与小同伴玩耍时自己能得到什么。在宝宝睡觉前，确保她仍然有安静的时间和舒缓的活动，这样更容易让她平静下来去睡觉。

环境

在这个阶段，宝宝开始积极探索环境了。她已经能够很好地控制自己的状态，不容易因为不同的活动或新朋友而导致感官超载，因此，你可以增加她接收的刺激量。到目前为止，你会知道她的脾气、她对于感官输入的极限。如果宝宝是个非常容易受激过度的敏感型婴儿，那么你也要确保她有安静的时间。

在每个房间里安放一个婴儿玩具篮。当你白天需要从一个房间到另一个房间时，这些玩具就能帮助你占据宝宝的时间。为每个房间选择一种感觉主题，例如：客厅——小型玩具；厨房——能发声的玩具；浴室——有触感的玩具。或者每个篮子里的某个玩具能刺激某种感觉，例如：有臭味的玩具、声音嘈杂的玩具、有质感的玩具、颜色鲜艳的玩具。

视觉 在散步时，婴儿背带是一种能让宝宝探索世界的好东西。因为你和宝宝正在从同样的高度看世界，可以对宝宝谈论你们所看到的事物。

听觉 告诉宝宝你正在做的所有事情。这样，她就能注意单词和情感。

触觉 继续给宝宝大量的拥抱。如果她仍然喜欢按摩的话，就继续使用婴儿按摩手法（见105页）。

活动

睡眠时间
保持睡眠环境的平静舒缓很重要——因为宝宝的感官吸收了更多的信息，这使她在就寝时更难进入睡眠。

视觉 如果宝宝睡眠很好，白天也不容易烦躁，那么你可以使用装饰品，让她的房间更有生气。但是不应该影响她的睡眠模式。

运动发展 宝宝现在已经具备了足够的活动能力，她能够选择自己的睡眠姿势。如果她选择趴着睡觉，不要担心，因为在这个阶段，婴儿猝死综合征的风险已经减少了。当她翻滚成趴着睡觉的姿势时，假如你每次都把她翻过来的话，会打扰她的睡眠。

在活动垫上
换尿布仍然是一个挑战，因为宝宝或许讨厌平躺着。为了转移宝宝的注意力，你可以拿玩具给她玩，这样你就能很快完成换尿布的任务了。

视觉 拿各种颜色明亮的图片，尤其是脸部图片，递到她手里，或放在活动垫上。她会喜欢家庭成员的照片或宠物的照片，这样你就可以完成换尿布的任务了。

听觉 当你给宝宝换尿布时，给她讲讲图片或者照片里的人或宠物。

洗澡时间
这仍然是睡前例行程序的开始，所以不要让宝宝过于兴奋。洗完澡后，让她保持安定。

视觉 防水材质的书和明亮的洗澡玩具会让宝宝觉得很有趣。

听觉 通过唱歌和背诵儿歌的方式描述她的身体。

触觉 通过触摸她的身体部位，让她更了解自己的身体构造。以这样的方式告诉宝宝："这是你的脚趾"，或者"让我们来洗洗你的肚子"。教宝宝认识玩具的特性：重和轻、沉和浮。在洗澡时，向她介绍一种新的质地——把剃须膏喷到浴缸旁边的瓷砖上，或者就喷在浴缸上。

运动发展 为了鼓励宝宝多运动，在洗澡的过程中让她站立着。

嗅觉 她会喜欢气味芬芳的婴儿泡泡浴和其他沐浴用品。

清醒时间
在这个阶段，你每天的大部分时间都跟着活跃而清醒的宝宝东奔西跑。你可以通过各种活动来刺激她，让这段时间过得快活。

视觉 指给宝宝看动态的东西，比如在空中飞翔的鸟和在风里摇曳的树，以便发展她的视觉追踪能力。你可以吹泡泡给她看，这也能发展相同的技能。婴儿喜欢看到镜子里的自己，当她盯着自己看时，指给她看自己的身体部位。

听觉 谈论宝宝感兴趣的事情。一直跟她说话，向她描述每件事、每种感觉和每件物体，例如动物以及它们发出的声音。

触觉 触摸你们在户外看到的东西，比如鲜花和动物。在炎热的夏季，装一大桶不同特征的东西给宝宝探索：水、沙子、各种大小的球，每个星期更换一次桶里的东西。试着邀请你的朋友们以及他们的宝宝——在任何时候都要有人看管。歌唱或者表演有特点的歌曲，比如"在花园里转啊转"。在屋子的每个房间放置一些有触感的物体，以供她玩耍。

运动觉 让宝宝和同伴在一起玩各种游戏，又叫又闹，很有趣。去公园里，让宝宝在运动设施上玩耍，比如荡秋千和滑滑梯。

运动发展 为了鼓励宝宝锻炼手眼协调能力，你可以在袜子或者网兜里面放一个轻的球，挂在宝宝面前。当它慢慢飘动的时候，宝宝就能抓住它。给她拿一个大球扔，然后逐渐换成小球。让她往篮子里扔玩具。玩圆形和木棍这种玩具，鼓励宝宝有意放下物体。在厨房放一些可以摞起来的罐子

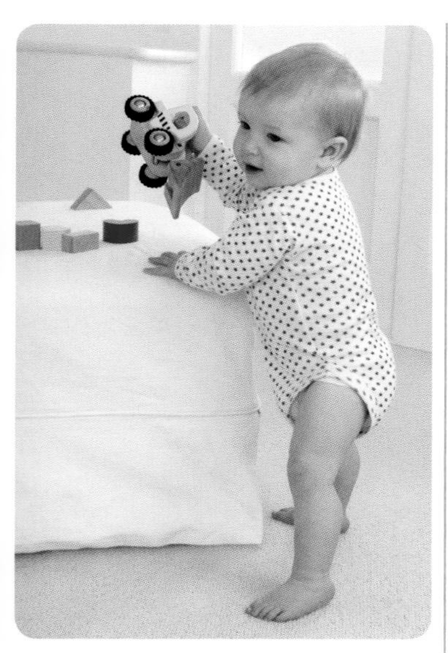

或塑料容器。在这个阶段，她会满腔热情地做这些事，因为她取放东西的技能更加发展了。让她从橱柜里打开塑料制品，然后教她将物品放回原处是很有趣的。用软垫、桌子和篮子为宝宝建造一个穿越障碍训练场，让她爬进去、爬出来、蹲下去。用旧箱子建造一条隧道，挖几个洞，宝宝会喜欢探索。带她玩滑梯，这有利于锻炼她的肩部肌肉。教她用双手和膝盖退下台阶，这对她的安全很重要。为了鼓励宝宝站立和活动，你可以把既安全又有趣的东西放在与宝宝齐胸高的桌面上。教宝宝把玩具推到一起，然后再逐步分开。为了帮助宝宝学会走路，可以让她推婴儿推车。当她将近一岁的时候，鼓励她一边走路一边玩“一，二，三，起来”的游戏：让她在爸爸和妈妈中间行走，握住你们的手；每当她走一步，你们就数“一，二，三”，然后把她的身体提起来，吊在空中，喊“起来！”

出行时间

对宝宝来说，出行可能是一个非常沮丧的时刻。当你把她绑在座位上时，她可能会抗议。为了让宝宝坚持下来，刺激活动通常是必不可少的。

视觉 用一根橡皮带，将玩具系在车窗上方的安全把手上，以便宝宝把它拉过来玩。把嘎吱作响的玩具、能触摸的玩具和书本交替挂起来。

听觉 播放儿童歌曲。在家播放时，教宝宝随着节拍活动；当在车上播放时，她就会很高兴地听着歌活动。

运动觉 步行时，使用婴儿背带把宝宝抱起来。她会喜欢这种运动，因为她可以从新的有利位置观察世界。

喂养时间

在这个阶段，吃饭成为一个挑战了。因为宝宝想自己喂自己食物，但由于运动技能发育不成熟，她可能会把食物弄掉。你可以在她的高脚椅子下面放一块塑料桌布，给宝宝一只汤匙，然后用另一只汤匙给她喂食物。

视觉 制作一些从视觉上就能吸引目光的食物，以此鼓励吃得少的宝宝。试着使用鲜艳颜色的食物，比如绿色西兰花和红色西红柿。

触觉 尽管宝宝喂自己吃饭的过程较乱，但应允许她这么做。这是体验不同食物的过程，是很重要的学习机会。

运动发展 给宝宝提供各种形状不同、大小各异的小点心，鼓励她发展抓握方式和锻炼手指的灵活性。

玩具和工具

这个阶段可使用的玩具范围是惊人的。不要用大量的玩具宠坏你的宝宝——与安全的家用物品玩耍，她就能得到很多乐趣和好处。如果她有很多玩具，那就收起一些，然后轮换着给她玩，这样就总有新玩具，也总有好玩的东西吸引她的注意。

视觉 有图片的书籍能使宝宝入迷、专心致志。

听觉 宝宝喜欢儿歌和童谣。你还可以为宝宝买一些音乐玩具：从摇铃到使用各个按钮切换音乐的玩具。

触觉 尝试有触觉成分的书籍：不同的动物或物体由不同的材质来表现，比如：柔软的羊毛材料来自毛茸茸的绵羊，这样有助于宝宝发展触觉。

运动觉 鼓励宝宝使用游乐场器材做运动，比如荡秋千和滑滑梯。

运动发展 坚固的推拉式玩具非常不错，有助于宝宝学习走路。为了锻炼细动作控制能力，你可以寻找有孔的活动平台或玩具，鼓励宝宝用手指点和戳。给她制作一本布质书，在每一页缝一种需要细动作控制的东西（尼龙搭扣带、纽扣、弹簧搭扣等等）。给宝宝准备一些厚纸和蜡笔，教她如何乱涂乱画。开和关的玩具有助于锻炼宝宝的手眼协调能力。

编后记

一年下来，你已经掌握了如何安抚宝宝、读懂她的信号、简单地爱她。回忆起最初成为父母时的忐忑不安，你也许觉得很不容易，因为一路走来，你经历了太多的喜怒哀乐。现在，你迎来了宝宝蹒跚学步的年龄，同时也带来了全新的挑战和令人兴奋的时刻。

学步年龄的宝宝是独一无二的。在未来的两年里，她的个性将得到发展，并为生活的各个方面打下成功的基础。随着发展的继续，了解宝宝正在发育的关键领域是很有必要的。

学步年龄是在情感上充满担忧的时期。宝宝需要发展自主性和独立性，当她实现这些领域的里程碑时，比如能坚定地说“不”，而你会发现自己处于一场意志的较量中。处理这种状况的最好方式是什么？你要认识到，宝宝有自己的意志，这对她的发展至关重要。她需要获得一种自己是独一无二的感觉，所以，你不要总和宝宝对抗，而是应该给宝宝说话的机会和自我维护的空间。但是，如果某个问题对她的健康或安全有隐患时，就要对她严格一些，你要设定一个限度。

床的边界对进入睡眠是非常重要的。学步期的宝宝通常会出现睡眠问题。避免睡眠问题的最好办法是：建立一种模式，让就寝时间变得可以预知。比如：每天晚上在同一地点和同一时间将宝宝放在床上。这本书里介绍了睡前例行程序，它们会帮助你平稳地度过这个新阶段。然而，夜晚醒来并不总是床的边界原因。许多刚会走路的孩子会在夜里感到害怕，因为18个月大的孩子具有了想象能力。两岁大的时候移到“大”床上睡，也是诱发睡眠障碍的原因。随着婴儿床的栏杆移开，很多学步儿童晚上漫游，仅仅是因为他们有了这个条件。为了解决睡眠障碍问题，你可以选择用强硬的方式，让宝宝走回自己的房间，自己爬上床。或者你可以卷一个野餐床垫在你的床下，在宝宝晚上感到焦虑时，拉出来让她睡在上面。

吃饭是学步儿童制造混乱的另一个领域。俗话说，“刚会走路的孩子生活在新鲜的空气和爱里面”，有时候这句话太对了。众所周知，学步儿童都吃不好，部分原因是吃饭更容易表现他们新形成的独立性，但是还因为他们的胃口每顿、每天都是在变化的。学步儿童吃不好的普遍原因是在夜晚吃奶。从夜晚就寝到清晨这段时间（最早在4:00），

最好不要给宝宝喂奶，除非她生病了。为什么？因为奶水所包含的营养不再能够满足婴儿成长的需要。虽然它能让宝宝吃饱，却会破坏她白天的食欲，而白天的食物含有宝宝所必需的脂肪酸和铁。为了更好地喂养婴幼儿，你要给她的饮食和你提供的食物制定严格的标准，这是至关重要的。一旦你做到了这些，就可以让她自己去控制食物量。然后你就可以卸下责任，变得轻松了。宝宝可能一天之中只有一顿吃得很好，而其余两顿则吃得不怎么好。事实上，她只需要吃拳头大小的食物就可以生存。所以你可以给她提供更多的食物，但是不要卷入由食物引发的战斗。

微不足道的训练、学步儿童的哭闹，这些都可能成为教养宝宝头几年的一部分乐趣。无论你碰到什么问题，在你手中的这本书里，你已经学习了所有重要的原则，它能帮你整装待发，一定要把最重要的这些谨记于心：

- 读懂宝宝过度受激和疲倦的信号，这样你就能成功避免宝宝发脾气。
- 保护宝宝，不要让她在忙碌的社交场合受激过度，以防止她产生不必要的行为或错误的举止。
- 当宝宝进入学前阶段时，首先应当做的事情是遵循良好的睡眠规律，因为充足的睡眠会让宝宝感到平静和满足。

但最重要的是，享受与你那蹒跚学步的宝宝在一起的宝贵时间，或许你可以继续拥有更多幸福平安的日日夜夜。

专业词汇解释 按英文原版书顺序排列

Anaemia **贫血** 红细胞里缺乏血红蛋白或铁，通常是由于饮食中缺乏含铁的食物而导致的结果。

Antibodies **抗体** 能与抗原特异性结合并具有免疫活性的球蛋白。一般由抗原刺激B细胞分化成浆细胞后产生。能保护人体免受感染。

Autonomic nervous system **自主神经系统** 神经系统的潜意识部分，它控制着至关重要的身体功能，比如心跳、呼吸频率、体温。

Awake time **清醒时间** 每个孩子能够开心度过的所有醒着的时间。新生儿的清醒时间可以达到1小时，5岁儿童的清醒时间可以延长到5~7小时。

Baby signing **婴儿手语** 一种手势语言系统，能够帮助人们与失聪或学习困难的人进行交流，也能用于与6个月左右的婴儿进行交流。

Baby types **婴儿类型** 以婴儿的感官方式为依据，分为4种感官类型：交际型婴儿、慢热型婴儿、沉稳型婴儿和敏感型婴儿。

Bonding **联系** 发展形成的一种亲密的人际关系，特别是父母和孩子之间。

Chronic condition **慢性病** 持续很长一段时间的疾病，在某些情况下是终生的，比如哮喘。

Colic **肠绞痛** 在婴儿2~14周期间，通常在傍晚时分会出现一阵一阵不明原因的高声哭闹。婴儿可能会作苦相，脸会变得很红，双腿向上蜷起，或者把腿抬到腹部。

Colostrum **初乳** 在分娩后的最初几天，乳房会分泌一种浓厚的黄色液体，即初乳。初乳中富含抗体，能保护婴儿免受感染。它比母乳含有更多的矿物质和蛋白质。

Competition of skill **技能竞争** 在发育过程中，两种不同的、新获得的技能争夺大脑的能量，因此大脑的关注点从一项技能转移到另一项技能。

Complementary feed **补充喂养** 当母乳喂养定时定量时，额外给婴儿喂一瓶奶（婴儿配方奶或母乳）。

Congenital abnormality **先天性异常** 婴儿出生时就存在异常或残疾，这通常是由于基因受损、某些药物带来的负面影响，或是母亲怀孕时的一些疾病所致。

Controlled crying **控制哭** 一种教婴儿自己入睡的方法，即在控制的时间段里，让婴儿睡在婴儿床上哭闹，父母相隔一定距离观察。

Co-sleeping **同睡摇篮** 和宝宝睡在同一张床上。同睡摇篮是一种特殊的摇篮或婴儿床，它和父母的床连接在一起，这样婴儿就能睡在父母身边。

Counsellor **顾问** 能给他人建议和指导的合格的治疗师，比如给患有产后抑郁症的人做指导的治疗师。

Demand feeding **按需喂养** 只要婴儿需要吃奶就喂养的做法，而不是根据一套计划表。

Developmental delay **智力发育迟缓** 一种术语。用来表示一个孩子推迟完成一个或多个发展里程碑。总体延迟意味着孩子在发育的各个方面已经延迟。

Eczema **湿疹** 一种慢性皮肤炎症，会导致剧烈的瘙痒，出现凹凸不平的皮疹，甚至水泡。它通常是过敏的结果。

Gestation period **妊娠期** 胎儿在母体里发育的一段时间（通常为40周），从怀孕开始，到生育结束。

Habituation **习惯性** 经过反复刺激之后，大脑对于刺激的反应减少，例如对一种特殊的声音。一旦熟悉以后，习惯性能防止多余的感官信息进入大脑。

Hormone **荷尔蒙** 激素的音译名。由身体某些特异细胞合成和分泌的高效能调节生理活动的有机物质。

Hypnagogic startle **入睡前的惊吓** 当一个人离开光线，或者从快速眼动睡眠（REM）进入到深度睡眠时，常常会出现一种突然的肌肉抽动。这种惊吓足以唤醒一个婴儿。

Incubator **暖箱** 恒温控制的密封箱子或摇篮车，早产儿或生病的婴儿可能会用到。

Intelligence quotient **智商**（IQ） 由衡量智力的标准测试得到的分数。

Interoception **内感受** 人体器官的感官刺激。例如，消化系统（饥饿）或温度控制系统（冷暖）。

Kangaroo care **袋鼠保育法** 照顾早产儿或非常小的孩子的一种方法，让婴儿与父母肌肤贴着肌肤，最常见的是母亲，一天持续几个小时。

Midwife **助产士** 医疗护理的专业人员，为女性在怀孕、分娩、生育过程中提供照顾。

Milestones **里程碑** 重要发育阶段，如头部控制或爬行。在小孩的神经系统发育过程中，会完成几个里程碑，而且总是以特定的顺序出现。

Motor skills **运动技能** 婴儿获得的身体技能，通常分为粗大运动技能（如爬行和走路）和精细运动技能（如紧握和抓握）。

Nature–nurture debate **先天、后天之争** 讨论人的生理和行为特征到底是由基因（本性）形成还是由经验（培养）形成，或者两者兼有。

Neonatologist **新生儿学专家** 专门从事照顾新生儿的儿科医生。新生儿护士是专门从事照顾新生儿的护士。

Nervous system **神经系统** 由脑、脊髓和神经组成，它是协调人体功能的意识与潜意识的系统。

Neurodevelopmental disorder **神经发育障碍** 由于神经系统的任一部位在成长与发展过程中损伤，而造成的一种无序状态。

Nurse specialist **护理专家** 在照顾病人的某一特别领域拥有高级学位的护士，例如儿科。

Object permanence **物体恒存性** 是指即使看不见某个物体、它仍然存在的观念。在婴儿的发育过程中，通常在八九个月时，他才能真正意识到这一点。

Occupational therapist **职业治疗师** 帮助儿童和成人克服由于丧失能力而引发的障碍，以便病人能够参与到日常的活动当中。

Paediatrician **儿科医生** 专门从事儿童疾病治疗的人。儿科医生同时也擅长儿童保健的不同方面。

Palmer grasp **握持** 婴儿把物体握在手掌中的能力。此技能在婴儿3~4个月时开始发展。

Parentese **父母语** 父母对婴儿说话时的一种语言形式，它通常为一种高声调的唱腔与长元音。

Physiotherapist **物理治疗师** 能够识别并帮助改善病人身体的运动和功能的人，通常在生病或受伤以后需要他提供帮助。

Pincer grip **抓握** 用食指和拇指夹住物体的能力。大多数婴儿在9个月时可以做到这一点。

Postnatal depression **产后忧郁症** 也称产后抑郁（PND）或围产期忧虑，是生完孩子之后产生的一种忧郁症。

Premature baby **早产儿** 37周妊娠期以前出生的婴儿。

Proprioception **本体感受** 人体的一种内在感官系统。感官神经中的本体感受器搜集关于身体位置和肌肉收缩状态的信息，用它来保持姿势和平衡。

Psychology **心理学** 一门学科，涉及心理和行为的科学调查，包括睡眠和心理疾病。

Reflexes **反射** 对刺激做出的非自愿或本能的反应。婴儿出生时就有生存所需的原始反射。

Reflux **反流** 通常发生在食管和胃之间的瓣膜未完全发育时，导致婴儿吐出多余的奶水，偶尔还会出现喷射性呕吐的状况。大多数婴儿随着慢慢长大，反流状况会消失，但是有时候需要手术治疗。

Saccades **眼急动** 双眼一系列非自愿的、突然而快速的细微运动或抽搐。

Sensory information **感官信息** 由5种外部感觉（触觉、嗅觉、视觉、听觉和味觉）结合我们的内在环境输入（器官、肌肉和身体位置）提供的信息综合。

Sleep object **睡眠物体** 一种小物体，比如柔软的玩具或毯子，婴儿可以用它来安抚自己入睡。

Sleep states **睡眠状态** 睡眠期间两种不同的状态：开始是浅层睡眠，也称快速眼动睡眠（REM），当婴儿移动时，她的眼睛会抽搐，通常人们认为婴儿和成人做梦时都会发生这种状况；然后进入深度睡眠，这时婴儿非常安静。

State regulation **状态调节** 当婴儿面对高强度的刺激时保持冷静的能力。

Stimuli **刺激** 影响儿童行为的外部事件。

Sudden infant death syndrome **婴儿猝死综合征**（SIDS） 表面上健康的婴儿突然无法解释地死亡。又称“摇篮死亡”。

Supplementary feeding **辅助喂养** 当婴儿完成一次母乳喂养后，再给她一瓶婴儿配方或母乳，作为附加喂养。

Swaddling **襁褓** 用一条毯子牢牢包裹住新生儿，以便她的头和双臂贴近自己的身体，从而模拟子宫内的感觉。

Synapse **突触** 两个神经元（神经或脑细胞）的交界，可以传输神经信号。

Transitional object **过渡物体** 除了父母以外的对象，例如一条毯子或毛绒玩具，可以让孩子寻求安慰、变得依赖。这是儿童变得独立的重要一步。

Vernix **胎儿皮脂** 一种蜡状物质，在子宫里保护婴儿的皮肤。

Vestibular system **前庭神经系统** 内耳中的感觉系统，当运动或身体位置发生改变时，它会给大脑传递信息。

Vital signs **生命体征** 外部标志，如呼吸引起的胸部运动和脉搏的存在，确认一个人还活着。

Wakeful states **清醒状态** 当婴儿清醒时，会逐步经历4种状态：困倦、平静而警觉、活跃而警觉和哭泣。持续时间随年龄而异。

White noise **白噪声** 由所有不同频率的声音组成的一种噪音，比如洗衣机或吸尘器的声音。它可以抵挡所有分散注意力的声音，防止婴儿受到惊吓、分心或过度刺激。

索引

K

L

M

N

O

T

W

X

Y

Z

致谢

作者致谢

写一本书，可以有很多种方式；写一本养育宝宝的书，可以比作爱的劳动——因为写作过程包含了许多的不眠之夜、遭遇挫折的瞬间和攀上巅峰的喜悦。正如养育宝宝一样，写作需要团队合作，我要感谢和我一起工作的团队。

能够把这些专业人士称为同事，我感到无比荣幸：Kerry Wallace, Ann Richardson, Lizanne DuPlessis, Dr Simon Strachan, Kath Megaw, Dr Mark Tomlinson, Sheila Faure, Welma Lubbe，感谢你们所有人塑造了我的思考方式，感谢你们数年来提供的每一个观点和建议。

感谢每天和我一起工作的专业人士，他们给了我很多的支持和鼓励，并且在工作的各个方面帮助我：Antoinette Scandling Haydn Heydenrych, Nina Otero, Nancy Mtambeki, Liz Kossuth，深深地感谢你们。

感谢所有的母亲——那些小病人的父母，当然，还有所有通过电子邮件和互联网留言与我交流的母亲们，感谢她们与我讨论养育宝宝的旅程，每当我写完一章，她们就会迫不及待地看这一章。

感谢Peggy Vance，曾经听过我的观点，他相信这本书的内容是所有母亲必须知道的，不能错过《宝宝表情的秘密》这本书。感谢你，一直以来如此支持这项工作。

感谢Emma Maule, Penny Warren, Nicky Rodway，Glenda Fisher，以及我们的摄影师Vanessa Davies, Emma Forge的美妙的艺术指引。能和你们在一起工作真是太妙了，你们富有创造性，倾听我的意见，让我对内容加以改进，从而造就了《DK宝宝表情的秘密》这本书，真的让我感到非常高兴。

最后还要感谢我自己的孩子James, Alex, Em，他们促使我从不同的感觉个性分析不同的人物。谢谢你们，我最亲爱的孩子们，当计算机上的写作占据了我所有的注意力时，你们依然这么有耐心。

感谢你们所有人。

出版商致谢

出版商要感谢编辑顾问Susannah Marriott；校对编辑Jemima Dunne；索引编辑Hilary Bird，以及Joanna Dingley, David Isaacs, Kathryn Meeker提供的帮助；感谢图片研究员Jenny Baskaya，以及Steve Crozier，Gary Kemp所做的的图片修饰工作；DK还要感谢化妆师Alli Williams；艺术总监Charlotte Johnson；造型师和道具Alyson Walsh；感谢造型师和助理设计师Katie Newham，他还担任了摄影助理工作。

Thanks to the models: Rae Baker and Harriet Wisbey; Susanna and Ben Bauer; Sofia and Maya Berggren; Michelle Bridge and Maya Lee; Heidi Carr and Noah Messias; Rachel Chan and Niamh Chung; Lucy and Ruby Chapman; Karen and Henrietta Davey; Solania L. De Freitas and Milin Kushwah; Jacqueline and Francis Denny; Katherine Ellis, Scott Millar and Samantha Millar; Sara Faulkner and Thomas Murray;
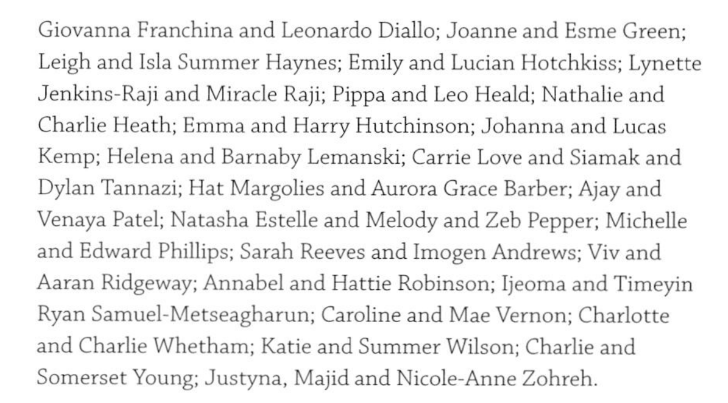
Giovanna Franchina and Leonardo Diallo; Joanne and Esme Green; Leigh and Isla Summer Haynes; Emily and Lucian Hotchkiss; Lynette Jenkins-Raji and Miracle Raji; Pippa and Leo Heald; Nathalie and Charlie Heath; Emma and Harry Hutchinson; Johanna and Lucas Kemp; Helena and Barnaby Lemanski; Carrie Love and Siamak and Dylan Tannazi; Hat Margolies and Aurora Grace Barber; Ajay and Venaya Patel; Natasha Estelle and Melody and Zeb Pepper; Michelle and Edward Phillips; Sarah Reeves and Imogen Andrews; Viv and Aaran Ridgeway; Annabel and Hattie Robinson; Ijeoma and Timeyin Ryan Samuel-Metseagharun; Caroline and Mae Vernon; Charlotte and Charlie Whetham; Katie and Summer Wilson; Charlie and Somerset Young; Justyna, Majid and Nicole-Anne Zohreh.

图片说明

本书出版商由衷地感谢以下人员提供照片使用权：

（缩写说明：a-上方；b-下方、底部；c-中间；l-左侧；r-右侧；t-顶端）

12 Baby Sense: Pippa Hetherington (bl). **18** Getty Images: Frank Herholdt (tl). **20** Photolibrary: Neil Bromhall (bl). **21** Getty Images: Stephen Chiang (t). Science Photo Library: Ian Hooton (b). **22** Baby Sense: (tl). **23** Alamy Images: Paula Showen. **54** Getty Images: Mauro Speziale (b). **59** Getty Images: Yellow Dog Productions. **62** Science Photo Library: Mauro Fermariello (cl). **72** Alamy Images: Trevor Smith (c). Corbis: (tl). Getty Images: Photodisc (br). Photolibrary: Bruno Boissonnet (cl). Science Photo Library: AJ Photo (crb). **73** Science Photo Library: Mark Thomas. **74** Alamy Images: allOver photography (tl). Science Photo Library: Mark Thomas (t). **76** Science Photo Library: Mark Thomas. **77** Photolibrary: Jim Olive (t). Science Photo Library: AJ Photo (bl). **78** Alamy Images: allOver photography (b). Science Photo Library: Mark Thomas (tl) (t). **79** Alamy Images: John Krstenansky. **80** Getty Images: ERproductions Ltd (tl). Science Photo Library: Mark Thomas (t). **81** Photolibrary: Deloche. **82** Science Photo Library: AJ Photo (tl); Mark Thomas (t). **83** Getty Images: James Porter. **84** Science Photo Library: Mark Thomas. **85** Science Photo Library: Antonia Reeve. **86** Science Photo Library: Mark Thomas. **87** Science Photo Library: John Cole. **88** Science Photo Library: Mark Thomas (t). **89** Getty Images: Washington Post. **90** Getty Images: Photodisc (tr). **103** Alamy Images: Mira (t). **109** Getty Images: LWA. **110** Getty Images: LWA (t). **112** Getty Images: LWA. **113** Getty Images: Emma Innocenti. **114** Getty Images: LWA (t). **116** Baby Sense: Pippa Hetherington (br). Getty Images: LWA (t). **118** Getty Images: LWA. **120** Getty Images: LWA (t). **122** Baby Sense: Tess Fraser Grant (tl). Getty Images: LWA (t). **124** Getty Images: LWA (t). **125** Getty Images: Digital Vision (t). **126** Getty Images: LWA (t). **132** Alamy Images: Picture Partners (bc). **151** Getty Images: Derek Lebowski (tr). **157** Baby Sense: Tess Fraser Grant. **175** Photolibrary: Picture Partners (cr). **176** Baby Sense: Tess Fraser Grant (bl). **205** Getty Images: Jupiterimages. **208** PunchStock: Brand X Pictures (br)

更多信息请见：www.dkimages.com